ENGENHARIA DE FUNDAÇÕES

O GEN | Grupo Editorial Nacional – maior plataforma editorial brasileira no segmento científico, técnico e profissional – publica conteúdos nas áreas de ciências exatas, humanas, jurídicas, da saúde e sociais aplicadas, além de prover serviços direcionados à educação continuada e à preparação para concursos.

As editoras que integram o GEN, das mais respeitadas no mercado editorial, construíram catálogos inigualáveis, com obras decisivas para a formação acadêmica e o aperfeiçoamento de várias gerações de profissionais e estudantes, tendo se tornado sinônimo de qualidade e seriedade.

A missão do GEN e dos núcleos de conteúdo que o compõem é prover a melhor informação científica e distribuí-la de maneira flexível e conveniente, a preços justos, gerando benefícios e servindo a autores, docentes, livreiros, funcionários, colaboradores e acionistas.

Nosso comportamento ético incondicional e nossa responsabilidade social e ambiental são reforçados pela natureza educacional de nossa atividade e dão sustentabilidade ao crescimento contínuo e à rentabilidade do grupo.

ENGENHARIA DE FUNDAÇÕES

Paulo José Rocha de Albuquerque
Professor Livre-Docente da Faculdade de Engenharia Civil, Arquitetura e
Urbanismo da Universidade Estadual de Campinas (Unicamp)
Pós-doutorado pela Universitat Politècnica de Catalunya (Espanha)
Doutor em Engenharia Civil pela Escola Politécnica da
Universidade de São Paulo (POLI-USP)
Mestre em Engenharia Civil pela
Universidade Estadual de Campinas (Unicamp)
Engenheiro Civil pela Universidade Estadual de Campinas (Unicamp)

Jean Rodrigo Garcia
Professor da Faculdade de Engenharia Civil da
Universidade Federal de Uberlândia (UFU)
Doutor e Mestre em Engenharia Civil pela
Universidade Estadual de Campinas (Unicamp)
Engenheiro Civil pela Faculdade de Engenharia do Câmpus de Ilha
Solteira da Universidade Estadual Paulista "Júlio de Mesquita Filho"
(FEIS-Unesp)

LTC

- Os autores deste livro e a editora empenharam seus melhores esforços para assegurar que as informações e os procedimentos apresentados no texto estejam em acordo com os padrões aceitos à época da publicação, *e todos os dados foram atualizados pelas autoras até a data de fechamento do livro.* Entretanto, tendo em conta a evolução das ciências, as atualizações legislativas, as mudanças regulamentares governamentais e o constante fluxo de novas informações sobre os temas que constam do livro, recomendamos enfaticamente que os leitores consultem sempre outras fontes fidedignas, de modo a se certificarem de que as informações contidas no texto estão corretas e de que não houve alterações nas recomendações ou na legislação regulamentadora.

- Os autores e a editora se empenharam para citar adequadamente e dar o devido crédito a todos os detentores de direitos autorais de qualquer material utilizado neste livro, dispondo-se a possíveis acertos posteriores caso, inadvertida e involuntariamente, a identificação de algum deles tenha sido omitida.

- **Atendimento ao cliente: (11) 5080-0751 | faleconosco@grupogen.com.br**

- Direitos exclusivos para a língua portuguesa
  Copyright © 2020 by
  LTC | Livros Técnicos e Científicos Editora Ltda.
  Uma editora integrante do GEN | Grupo Editorial Nacional

- Travessa do Ouvidor, 11
  Rio de Janeiro – RJ – CEP 20040-040
  www.grupogen.com.br

- Reservados todos os direitos. É proibida a duplicação ou reprodução deste volume, no todo ou em parte, em quaisquer formas ou por quaisquer meios (eletrônico, mecânico, gravação, fotocópia, distribuição pela Internet ou outros), sem permissão, por escrito, da LTC | Livros Técnicos e Científicos Editora Ltda.

- Designer de capa: Design Monnerat
- Imagem de capa: © Cortesia de Kelly Pedrolli
- Editoração Eletrônica: Anthares

CIP-BRASIL. CATALOGAÇÃO NA PUBLICAÇÃO
SINDICATO NACIONAL DOS EDITORES DE LIVROS, RJ.

A312e

Albuquerque, Paulo José Rocha de
Engenharia de fundações / Paulo José Rocha de Albuquerque, Jean Rodrigo Garcia. - 1. ed. - [Reimpr.] - Rio de Janeiro : LTC, 2022.
; 24 cm.

Inclui bibliografia e índice
ISBN 978-85-216-3678-6

1. Engenharia civil. 2. Fundações (Engenharia). I. Garcia, Jean Rodrigo. II. Título.

19-59199   CDD: 624.15
                                    CDU: 624

Leandra Felix da Cruz - Bibliotecária - CRB-7/6135

Aos meus pais Paulo (*in memoriam*) e Lucy (*in memoriam*), os grandes responsáveis pela minha existência e pelos valiosos ensinamentos que recebi em nosso convívio.
À minha esposa Elisete, meu amor! Sempre paciente, compreensiva e grande incentivadora para a concretização desta obra.
Ao meu filho Rodrigo, fonte perene de alegria.
Ao meu irmão Antônio (*in memoriam*) e minhas irmãs Beth (*in memoriam*), Lúcia e Patrícia, dádivas que Deus me concedeu.
Aos meus adorados sobrinhos e sobrinhas –
Bruno, Natalie, Eric, Flávia, Talitha, Igor e Victória.
Paulo J. R. Albuquerque

Aos meus pais, Francisco e Mercedes, pela vida, amor, ensinamentos e paciência a mim dedicados.
À minha esposa Ana Maria, pelo seu amor, dedicação e incentivo que me permitiram alcançar mais esta conquista.
À minha filha Mariana (um anjo enviado por Deus), pela alegria, serenidade, luz e satisfação em ser pai.
Jean R. Garcia

Prefácio

A Geotecnia é uma ciência aplicada, considerada como uma das mais importantes áreas da Engenharia Civil. A Engenharia de Fundações representa uma das subáreas da Geotecnia, que, devido à sua importância na formação de diversos profissionais, é oferecida nos cursos de graduação e pós-graduação de Engenharia e Arquitetura nas instituições de ensino superior.

Tendo em vista a importância do assunto, os autores perceberam a ausência de uma obra que englobasse todos os temas da Engenharia de Fundações e propiciasse a formação plena de um egresso de um curso de Engenharia Civil e de áreas afins. As obras disponíveis no mercado apresentam seus tópicos de forma particionada, ou seja, o leitor necessitaria adquirir várias obras para abranger todos os assuntos que envolvem o tema de fundações. Assim, os autores decidiram escrever este livro, baseados em notas de aulas dos cursos de fundações ministrados em suas instituições. O material apresentado é atual e compreende informações primordiais para uma formação adequada em Engenharia de Fundações.

A obra é composta por 13 capítulos, que vão desde uma introdução à Engenharia Geotécnica e de Fundações até a elaboração de projetos. O conteúdo foi dimensionado para ser adotado como bibliografia básica da disciplina de Fundações, compreendendo conteúdos teóricos e práticos, além de trazer exercícios resolvidos e propostos em praticamente todos os capítulos. Assim, a presente obra possui muitos diferenciais quando comparada a outras que estão no mercado, pois tem como enfoque principal o desenvolvimento de projetos de fundações por sapatas, tubulões e estacas, esmiuçado em etapas.

O Capítulo 1 apresenta uma visão geral da Geotecnia e os principais aspectos que envolvem a Engenharia de Fundações. Na sequência, o Capítulo 2 define uma fundação, mostrando sua importância nas obras civis, bem como os aspectos relacionados aos colapsos catastróficos e funcionais das edificações. Já o Capítulo 3 categoriza de forma sucinta os tipos de fundações rasas e profundas. Ainda nesse capítulo, é feita uma abordagem acerca da interação solo-elemento estrutural de fundação, apresentando as formas de distribuição das cargas nas fundações rasas e profundas, destacando o comportamento das fundações por estacas.

Aspectos gerais da norma de fundações, ABNT NBR 6122:2019, são apresentados no Capítulo 4, que revela ao leitor os principais pontos relativos às definições, aos termos técnicos e aos critérios de cálculo. Embora o conteúdo desse capítulo seja relativo à norma de fundações, não há intenção de substituir o assunto que esta aborda, mas sim destacar e contextualizar alguns aspectos que serão estudados no decorrer desta obra. Portanto, é imprescindível que o leitor faça a leitura atenta ao conteúdo completo da NBR 6122:2019.

Após a primeira parte deste livro, que definiu os principais aspectos que envolvem a Engenharia de Fundações, estuda-se na sequência um dos tópicos mais importantes e imprescindíveis à elaboração de um projeto geotécnico seguro e econômico: a etapa de investigações geotécnicas. No Capítulo 5 são apresentados os principais tipos de investigação do subsolo: métodos diretos, semidiretos e indiretos, seus processos executivos e a programação de investigação.

Na sequência, o Capítulo 6 desenvolve os tópicos relacionados com as fundações rasas ou diretas, ao detalhar os processos executivos. Para tanto, há extensa incidência de figuras e fotos, de modo a possibilitar ao leitor se aproximar das situações práticas. Após essa etapa, abordam-se as metodologias relacionadas com a capacidade de carga por meio de fórmulas teóricas, fórmulas semiempíricas e provas de carga. Complementarmente, no Capítulo 7 introduzem-se as formas de cálculo de recalque aplicáveis às fundações rasas ou diretas, bem como critérios de recalques diferenciais e as fórmulas para determinação do módulo de deformabilidade do solo. No Capítulo 8, outro aspecto abordado sobre fundações diretas é a influência das suas dimensões na determinação dos recalques, da capacidade de carga e dos resultados das provas de carga. Já o Capítulo 9 aborda os critérios de dimensionamento das sapatas isoladas, associadas e de divisa, detalhando, por meio de ilustrações, figuras e exemplos resolvidos, etapa por etapa do dimensionamento desses elementos.

Concluída a fase de fundações diretas, os Capítulos 10 e 11 estudam os aspectos referentes às fundações profundas, iniciando-se com os tubulões (Capítulo 10) e prosseguindo com as estacas (Capítulo 11). O Capítulo 10 apresenta os tipos de tubulões comumente empregados no Brasil, além de suas técnicas executivas e da geometria empregada no seu uso. Na sequência, aborda as formas de cálculo da capacidade de carga, utilizando métodos teóricos e semiempíricos, e realiza o dimensionamento dos tubulões isolados, base em falsa elipse e de divisa, além dos cálculos de volumes desses elementos de fundação.

Conforme mencionado, o Capítulo 11 trata das fundações em estacas e descreve os tipos mais empregados no Brasil, desde as moldadas *in loco* até as pré-fabricadas em concreto, aço e madeira. Além disso, estuda os métodos teóricos, semiempíricos e dinâmicos de cálculo da capacidade de carga desse elemento de fundação. Outros aspectos abordados referem-se às provas de carga em estacas, seus tipos e sua interpretação. Já no item de dimensionamento discutem-se os principais aspectos relacionados com o projeto em fundações por estacas, inclusive os que se referem às suas cargas estruturais, à disposição nos blocos de coroamento e aos limites de execução das estacas, com base no número de golpes do SPT. Na conclusão desse capítulo, são apresentadas algumas metodologias para avaliar o efeito de grupo por meio do cálculo da eficiência.

Para finalizar a parte conceitual das fundações, o Capítulo 12 discorre sobre o tema "Escolha do Tipo de Fundação", que tem por finalidade iniciar o leitor em uma das fases mais importantes de um projeto de fundação: a escolha adequada do tipo de fundação a ser empregada na obra. O último capítulo, por sua vez, fecha o ciclo de conhecimento da Engenharia de Fundações ao abordar o desenvolvimento de três projetos em sapatas, tubulões e estacas. Para tanto, apresentam-se todas as etapas que envolvem o desenvolvimento de um projeto, desde a interpretação das investigações geotécnicas, passando pelo cálculo da capacidade de carga, pelo dimensionamento e finalizando com a apresentação do projeto geométrico das fundações, em planta e corte.

Engenharia de Fundações, portanto, reúne de forma abrangente e didática todo o conteúdo necessário ao planejamento, execução e avaliação de projetos de fundações. É bibliografia essencial para a concepção de obras de construção civil com a qualidade e a segurança necessárias à sua realização.

Os Autores

Sumário

Capítulo 1 Introdução à Engenharia de Fundações, 1

1.1   A Engenharia de Fundações, 1

Capítulo 2 A Área de Fundações, 3

2.1   Tipos de Fundações, 5

    2.1.1 Fundações Rasas ou Diretas: $H < 2B$, 5

        2.1.1.1 Sapata de Fundação, 5

        2.1.1.2 Blocos de Fundação, 6

        2.1.1.3 *Radier*, 6

    2.1.2 Fundações Profundas: $H > 8B$ e no Mínimo 3 m, 9

        2.1.2.1 Estacas, 9

        2.1.2.2 Tubulões, 9

Capítulo 3 Interação entre Solo e Elemento Estrutural, 14

3.1   Caso Geral, 14

3.2   Casos Típicos, 15

    3.2.1 Fundação Rasa ou Direta ($H < 2B$), 15

    3.2.2 Fundações Profundas ($H > 8B$) e no Mínimo 3 m, 15

Capítulo 4 Definições e Conceitos da ABNT NBR 6122:2019, 18

4.1   Fundação Superficial (Rasa ou Direta), 18

    4.1.1 Sapata, 18

    4.1.2 Bloco, 18

    4.1.3 Bloco de Coroamento, 18

    4.1.4 *Radier*, 19

    4.1.5 Sapata Associada, 19

    4.1.6 Sapata Corrida, 19

4.2   Fundação Profunda, 19

    4.2.1 Estaca, 19

    4.2.2 Tubulão, 19

4.3   Termos, 19

    4.3.1 Investigações Geotécnicas, Geológicas e Observações Locais, 20

    4.3.2 Investigação Geológica, 20

    4.3.3 Investigação Geotécnica, 21

4.4   Ações nas Fundações, 21

4.5   Considerações sobre o Projeto de Fundações Superficiais, 22

    4.5.1 Tensão Admissível, 22

    4.5.2 Determinação da Tensão Admissível a Partir do ELU, 22

ENGENHARIA DE FUNDAÇÕES

4.5.3 Metodologia para Determinação da Tensão Admissível, 22
4.5.4 Casos Particulares, 23
4.5.5 Dimensionamento de Fundações Superficiais, 23
    4.5.5.1 Dimensionamento Geométrico, 23
    4.5.5.2 Dimensionamento Estrutural, 23
    4.5.5.3 Critérios Adicionais, 24
4.6 Fundações Profundas, 25
4.6.1 Carga Admissível ou Força Resistente de Cálculo, 25
4.6.2 Determinação da Carga Admissível ou Força Resistente de Cálculo em Tubulões, 26
    4.6.2.1 Dimensionamento, 27
4.6.3 Outras Solicitações em Fundações Profundas, 27
4.6.4 Efeito de Grupo em Estacas e Tubulões, 28
4.6.5 Orientações Gerais, 28
4.6.6 Dimensionamento Estrutural, 29
    4.6.6.1 Estacas Metálicas, 30
4.7 Desempenho, 30
4.8 Avaliação Técnica de Projeto, 31

Capítulo 5 Investigação do Subsolo para Fundações, 32

5.1 Subsídios Mínimos Requeridos pelo Programa de Investigação do Subsolo, 32
5.2 Fatores de Segurança, 34
5.3 Prospecção Geotécnica, 34
5.3.1 Processos Indiretos, 35
5.3.2 Processos Semidiretos, 35
    5.3.2.1 Ensaio de Palheta (Vane Test), 37
    5.3.2.2 Ensaio de Penetração do Cone, 39
    5.3.2.3 Ensaio Dilatométrico, 42
    5.3.2.4 Ensaio Pressiométrico, 43
5.3.3 Processos Diretos, 45
    5.3.3.1 Poços, 45
    5.3.3.2 Trincheiras, 45
    5.3.3.3 Sondagens a Trado, 45
    5.3.3.4 Sondagens de Simples Reconhecimento (SPT) e com Torque (SPT-T), 46
    5.3.3.5 Sondagem Rotativa, 52
    5.3.3.6 Sondagem Mista, 53
5.4 Programação da Investigação do Subsolo, 53
5.5 Considerações Importantes, 54
5.6 Exercícios Resolvidos, 55
5.7 Exercícios Propostos, 60

Capítulo 6 Fundação Rasa ou Direta, 62

6.1 Capacidade de Carga de Fundação Direta, 64
6.2 Fórmulas de Capacidade de Carga, 64
6.2.1 Teoria de Terzaghi (1943), 65
6.2.2 Teoria de Skempton (1951) – Argilas, 69
6.2.3 Coeficientes de Redução dos Fatores de Capacidade
de Carga para Esforços Inclinados, 70
6.2.4 Influência do Nível d'Água, 71

x

Sumário

6.3   Prova de Carga em Fundação Direta ou Rasa, 74
6.4   Fórmulas Semiempíricas, 77
6.5   Tensão de Projeto (Décourt, 1999, 2017), 78
6.6   Exercícios Resolvidos, 81
6.7   Exercícios Propostos, 92

Capítulo 7 Recalques de Fundações Diretas, 94

7.1   Recalques de Estruturas, 94
7.2   Efeitos de Recalques em Estruturas, 95
      7.2.1 Recalques Admissíveis das Estruturas, 96
      7.2.2 Causas de Recalques, 97
      7.2.3 Recalques Limites (Bjerrum, 1963), 97
7.3   Pressões de Contato e Recalques, 98
7.4   Cálculo dos Recalques, 100
      7.4.1 Recalques por Adensamento, 101
      7.4.2 Recalque Elástico, 103
            7.4.2.1 Método de Schliecher (1926), 103
            7.4.2.2 Método de Schmertmann (1970) e Schmertmann;
                      Hartman; Brown (1978), 105
            7.4.2.3 Método de Janbu; Bjerrum; Kjaernsli (1956), 106
            7.4.2.4 Método de Burland; Broms; De Mello (1977), 107
            7.4.2.5 Método de Schultze e Sherif (1973), 108
      7.4.3 Estimativa do Módulo de Deformabilidade do Solo (E_s), 108
7.5   Exercícios Resolvidos, 112
7.6   Exercícios Propostos, 126

Capítulo 8 Influência das Dimensões das Fundações, 129

8.1   Nos Resultados das Fórmulas de Cálculo de Recalques, 129
      8.1.1 Recalques Elásticos, 129
      8.1.2 Recalques por Adensamento, 130
8.2   Nos Resultados das Fórmulas de Cálculo de Capacidade de Carga, 130
      8.2.1 Fórmula de Terzaghi (1943), 130
      8.2.2 Fórmula de Skempton (1951), 130
8.3   Nos Resultados das Provas de Carga, 131
      8.3.1 Solos Argilosos, 132
      8.3.2 Solos Arenosos, 133
      8.3.3 Observações, 133
8.4   Exercícios Resolvidos, 134
8.5   Exercícios Propostos, 137

Capítulo 9 Dimensionamento de Fundações por Sapatas, 140

9.1   Exercícios Resolvidos, 151
9.2   Exercícios Propostos, 163

Capítulo 10 Fundações Profundas em Tubulões, 166

10.1 Tubulões a Céu Aberto, 167
      10.1.1 Sem Revestimento, 167
      10.1.2 Com Revestimento, 167

ENGENHARIA DE FUNDAÇÕES

10.2 Tubulões a Ar Comprimido ou Pneumáticos, 169
10.3 Capacidade de Carga dos Tubulões, 171
    10.3.1 Fórmula Teórica para Solos Arenosos, 171
    10.3.2 Solos Argilosos ($\phi \approx 0$), 172
    10.3.3 Observações, 172
    10.3.4 Fórmulas Semiempíricas, 173
10.4 Dimensionamento de Tubulões, 175
    10.4.1 Tubulão Isolado, 175
    10.4.2 Superposição de Bases, 177
        10.4.2.1 Caso 1 – Uma Falsa Elipse, 178
        10.4.2.2 Caso 2 – Duas Falsas Elipses, 179
    10.4.3 Pilares de Divisa, 181
10.5 Cálculo do Volume de Concreto, 185
10.6 Exercícios Resolvidos, 187
10.7 Exercícios Propostos, 200

Capítulo 11 Fundações Profundas em Estacas, 203

11.1 Classificação das Estacas, 203
    11.1.1 Estacas de Sustentação, 204
11.2 Implantação ou Procedimentos para Instalação de Estacas, 205
    11.2.1 Estacas Moldadas *in loco* ou de Substituição, 206
    11.2.2 Cravadas ou de Deslocamento, 222
11.3 Capacidade de Carga de Estacas Isoladas, 231
    11.3.1 Fórmulas Estáticas, 232
        11.3.1.1 Fórmulas Teóricas, 232
    11.3.2 Fórmulas Dinâmicas, 234
    11.3.3 Provas de Carga em Fundação Profunda, 236
    11.3.4 Fórmulas Semiempíricas, 240
        11.3.4.1 Método de Aoki e Velloso (Aoki e Velloso, 1975), 241
        11.3.4.2 Método de Décourt e Quaresma (Décourt, 2016; Décourt; Quaresma, 1978), 243
        11.3.4.3 Método de Teixeira (Teixeira, 1996), 246
11.4 Dimensionamento, 247
11.5 Estacas Isoladas e Grupos de Estacas, 267
    11.5.1 Fórmula das Filas e Colunas, 268
    11.5.2 Fórmula de Converse-Labarre, 269
    11.5.3 Método de Feld, 269
11.6 Exercícios Resolvidos, 270
11.7 Exercícios Propostos, 283

Capítulo 12 Escolha do Tipo de Fundação, 286

12.1 Planejamento, 287
12.2 Estimativa dos Esforços nas Fundações, 288
12.3 Limitações, 290
12.4 Exercícios Resolvidos, 291
12.5 Exercícios Propostos, 299

xii

Sumário

Capítulo 13 Projeto, 302

13.1 Projeto de Sapatas, 302
13.2 Projeto de Tubulões, 331
13.3 Projeto de Estacas, 341
      13.3.1 Método de Aoki e Velloso, 343
      13.3.2 Método de Décourt e Quaresma, 345
      13.3.3 Método de Teixeira (1996), 346

Referências, 353

Índice, 357

Material Suplementar

Este livro conta com os seguintes materiais suplementares:

- Cases 1 a 4: quatro vídeos com estudos de caso para apoio ao estudante (acesso livre);
- Ilustrações da obra em formato de apresentação em (.pdf) (restrito a docentes);
- Trilha de aprendizagem: 15 planos de aula para apoio ao professor sobre o ensino de Engenharia de Fundações em (.pdf) (restrito a docentes);
- Videoaulas: 15 videoaulas sobre Engenharia de Fundações para apoio ao estudante (acesso livre).

O acesso ao material suplementar é gratuito. Basta que o leitor se cadastre e faça seu *login* em nosso *site* (www.grupogen.com.br), clicando em GEN-IO, no *menu* superior do lado direito.

O acesso ao material suplementar online fica disponível até seis meses após a edição do livro ser retirada do mercado.

Caso haja alguma mudança no sistema ou dificuldade de acesso, entre em contato conosco pelo e-mail gendigital@grupogen.com.br.

GEN-IO (GEN | Informação Online) é o ambiente virtual de aprendizagem do GEN | Grupo Editorial Nacional

Capítulo 1

Introdução à Engenharia de Fundações

Desde a Antiguidade o homem age de forma a alterar o mundo a sua volta, transformando o meio em que vive, diante de suas necessidades e vontades. Com o crescimento das cidades e necessidade de expansão das fronteiras e intercâmbios comerciais, houve a necessidade da criação de estradas e construções que permitissem superar rios e terrenos problemáticos possibilitando intensificar o comércio e a troca de conhecimentos. Essas situações contribuíram desde os primórdios para a prática de engenharia. Nesse cenário surgiu a Engenharia Civil como área de atuação que tem como objetivo propor soluções alicerçadas na teoria, pesquisa, prática, experiência e julgamento pessoal ao mesmo tempo. Além disso, o engenheiro é frequentemente compelido, pelas circunstâncias dos desafios que enfrenta cotidianamente, a extrapolar sua experiência, e a partir daí o julgamento pessoal e o bom senso são primordiais.

Independente do fato de que os métodos científicos, de maneira geral, não se desenvolveram o suficiente para tratar os problemas de engenharia, existem dificuldades inerentes à sua própria aplicação aos problemas de engenharia civil.

As mais comuns são o grande número de variáveis envolvidas, que, somadas à grande escala em que os problemas de engenharia civil se desenvolvem, tornam extremamente difícil o controle das operações e experimentos de campo.

Nesse complexo contexto, há espaço para colaborar com materiais didáticos que privilegiam a clareza de exposição e a aplicação direta dos conceitos teórico-práticos, no intuito de contribuir com a formação dos estudantes e profissionais recém-formados da Engenharia Civil.

1.1 A Engenharia de Fundações

Os problemas do engenheiro civil, em sua grande parte, agravam-se quando é preciso escavar abaixo da superfície do terreno. Acima da superfície, as construções também podem apresentar problemas, mas é abaixo da superfície do terreno que seus problemas se multiplicam. O grau de incerteza aumenta, e a experiência acumulada com os problemas análogos já vivenciados torna-se um guia duvidoso para solucionar problemas da engenharia de fundações e obras enterradas.

Capítulo 1

Sondagens de simples reconhecimento e outras investigações do subsolo fornecem subsídios para o projeto de fundações, porém é comum se deparar com imprevistos durante a sua execução, pois o solo apresenta heterogeneidade intrínseca à sua formação natural.

Sabe-se que o estudo dos solos envolve mais variáveis do que qualquer outro material de construção. Tal fato pode ser atribuído à variabilidade das suas propriedades ao longo dos horizontes e em profundidade.

No passado, as dificuldades existentes para lidar com o solo na construção de obras enterradas acabaram por estigmatizá-lo como "material problemático", pois não se comportava de acordo com as teorias existentes, talvez por serem puramente baseadas na teoria da elasticidade. Muitos dos problemas decorrentes do comportamento dos solos eram encarados como fortuitos ou de força maior.

Nesse contexto, surgiu a mecânica dos solos criada por Karl Terzaghi, conquistando vários avanços nos estudos do comportamento dos solos, principalmente sobre o aspecto do processo de deformação por adensamento dos solos.

A mecânica dos solos pode ser encarada como a ciência que estuda as propriedades da engenharia dos solos. Com o desenvolvimento da mecânica dos solos, muitas das atitudes do passado mudaram, e, muito embora os problemas relativos ao comportamento dos solos não tenham sido todos resolvidos, já existem explicações racionais para grande parte deles. De maneira geral, o engenheiro está interessado em determinar a resistência, a compressibilidade (ou deformabilidade) e a permeabilidade dos solos. Ele necessita de uma solução que seja praticamente viável, e às vezes as sofisticadas soluções matemáticas não são aplicáveis a seus problemas; e os solos, por sua vez, nem sempre se comportam estritamente de acordo com elas.

Capítulo 2

A Área de Fundações

Videoaula 1

O que é uma fundação? É um sistema formado pelo terreno (maciço de solo) e pelo elemento estrutural de fundação e que transmite a carga ao terreno pela base ou fuste, ou combinação das duas (Fig. 2.1).

Toda obra de engenharia necessita de uma base sólida e estável para ser apoiada. Entende-se por obra de engenharia todo edifício de apartamentos, galpão, barracão, ponte, viaduto, rodovia, ferrovia, barragem de terra ou concreto, porto, aeroporto, estação de tratamento de água etc. A base sólida e estável pode ser entendida como sendo um apoio que proporcione condições de segurança quanto a ruptura e deformações.

É importante lembrar que os solos situados sob as fundações se deformam, e que, consequentemente, toda fundação sofre recalques por causa do acréscimo de tensões introduzido por uma obra de engenharia no solo de fundação, e que todo acréscimo de tensões corresponde a uma deformação do maciço de solo. O importante é

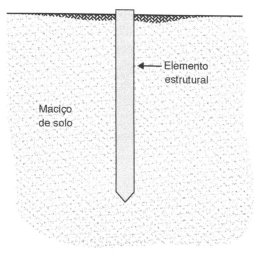

Figura 2.1 Fundação.

CAPÍTULO 2

que não sejam ultrapassados os deslocamentos/recalques limites (admissíveis) que cada edificação pode suportar sem prejuízo de sua utilização pelo tempo previsto para tal.

O colapso de uma obra de engenharia pode ocorrer de duas maneiras diferentes: por ruptura ou por deformação excessiva do maciço de solo sobre o qual a fundação se apoia.

Exemplos de obras de engenharia com problemas de deslocamento/recalques excessivos, sem que, no entanto, tenham entrado em processo de ruptura podem ser pavimentos que apresentam trincas e rachaduras, degraus nos acessos de pontes e viadutos, desaprumo acentuado (visível a olho nu), como por exemplo os vários edifícios em Santos (Brasil) e Torre de Pisa (Itália).

Como qualquer outro material estrutural, o solo chega à ruptura se as solicitações (cargas impostas) ultrapassam determinado valor de resistência.

Nesse contexto, o engenheiro geotécnico tem de levar em consideração a ruptura do solo, atuando preventivamente no controle da deformação do maciço de solo, prevenindo os recalques que a edificação possa vir a sofrer, sem que ocorra limitação do seu uso ou, em situação extrema, o colapso da estrutura.

Na prática, para a solução dos problemas, é conveniente que sejam considerados dois tipos de colapsos:

* Colapso catastrófico, que ocorre quando a resistência do solo é ultrapassada e a fundação afunda rapidamente no solo. A edificação é geralmente destruída ou inutilizada;
* Colapso funcional da edificação, quando ela é impedida de cumprir com a finalidade para a qual foi projetada. Este segundo tipo de colapso resulta de recalques relativamente lentos e pode ocorrer algum tempo após a finalização da construção, e as tensões aplicadas no solo podem ser bem menores que as necessárias para causar o colapso catastrófico.

Para prevenir o colapso catastrófico, é necessário que as cargas aplicadas ao solo (σ_{adm}) estejam abaixo da tensão de ruptura (σ_{rup}) do solo. A relação $\sigma_{rup}/\sigma_{adm}$ = F.S. é o fator de segurança contra o colapso catastrófico (ou ruptura).

Teoricamente, qualquer fator de segurança maior que 1,0 pode ser suficiente para prevenir a ruptura. Na prática, o coeficiente de segurança deve ser adequadamente estudado, pois está sujeito a vários fatores, tais como: variação nas cargas previstas no projeto estrutural, heterogeneidades não previstas e/ou levantadas durante a etapa de investigação do subsolo etc.

De qualquer maneira, a resolução de um problema de fundação implica necessariamente a busca da solução de dois problemas conceitualmente diferentes: o problema da ruptura (estado limite último) e o problema das deformações excessivas (estado limite de serviço).

Para que as fundações apresentem comportamento compatível com as obras para as quais servirão de base, os estudos e projetos deverão ser executados por engenheiros especializados.

A Área de Fundações

Para que esses estudos sejam feitos de maneira satisfatória, é necessário que sejam conhecidos, com detalhes, no mínimo:

a) Grandeza, natureza e locação das cargas que serão descarregadas sobre as fundações;
b) Detalhes sobre os deslocamentos/recalques admissíveis da edificação;
c) Tipo de solo, espessura, profundidade e resistência das camadas que constituem o subsolo local;
d) Localização do nível d'água do lençol freático (N.A.).

Os dados do subsolo podem ser levantados a partir de sondagens de simples reconhecimento realizadas no terreno, com coleta de amostras e avaliação da localização do nível d'água ou linha freática.

2.1 Tipos de Fundações

Videoaula 2

Basicamente, existem dois tipos gerais de fundações: as rasas ou diretas e as profundas ou indiretas:

a) Fundações rasas ou diretas

Trata-se de um elemento de fundação em que a carga é transmitida ao terreno pelas tensões distribuídas sob a base da fundação, e a profundidade de assentamento em relação ao terreno adjacente à fundação é inferior a duas vezes a menor dimensão da fundação (ABNT NBR 6122).

b) Fundações profundas

Trata-se de um elemento de fundação que transmite a carga ao terreno, ou pela base (resistência de ponta), ou por sua superfície lateral (resistência de fuste), ou por uma combinação das duas, devendo sua ponta ou base estar assente em profundidade superior a oito vezes a sua menor dimensão em planta, e no mínimo 3,0 m (ABNT NBR 6122).

2.1.1 Fundações Rasas ou Diretas: $H < 2B$

Apresenta-se a seguir a conceituação básica desses tipos de fundação, que transmitem a carga ao terreno, predominantemente pelas pressões distribuídas sob a base da fundação, e em que a profundidade de assentamento (H) em relação ao terreno adjacente é inferior a duas vezes a menor dimensão da fundação (B). Essas fundações devem ser apoiadas em profundidade mínima de 1,5 m a partir da superfície do terreno, exceto quando apoiada em material com características de rocha. Incluem-se nesse tipo de fundação as sapatas, os blocos, os *radiers*, as sapatas associadas e as sapatas corridas.

2.1.1.1 Sapata de Fundação

As sapatas são elementos de apoio construídos em concreto, podendo ser rígidas e, neste caso, necessitam somente de armadura mínima; ou flexíveis. Então torna-se necessário armá-las especificamente para resistir às tensões de tração por causa da flexão. Esse tipo de elemento de fundação possui menor altura que os blocos de fundação. Sua composição geométrica é formada pelas dimensões em planta e corte. A exemplo, apresenta-se o detalhamento de uma sapata retangular (Fig. 2.2).

As sapatas podem ser:

- Circulares: $B = \phi$
- Quadradas: $L = B$
- Retangulares: $L > B$ e $L \leq 5B$
- Corridas: $L >>> B$ e $L > 5B$

2.1.1.2 Blocos de Fundação

Os blocos de fundação são elementos rígidos, de concreto, que resistem principalmente por compressão; consequentemente, necessitam somente de armadura mínima, uma vez que as alturas destes são relativamente elevadas (Fig. 2.3). Assumem a forma de bloco escalonado (Fig. 2.4) ou pedestal, ou de um tronco de cone, de forma a reduzir o volume de concreto empregado em sua confecção.

2.1.1.3 Radier

Este tipo de fundação é definida como aquela que recebe e distribui mais do que 70 % das cargas da estrutura. As cargas são transmitidas diretamente ao solo por meio de uma grande área em forma de "laje" (Fig. 2.5). Entretanto, a geometria da seção dessa laje pode assumir algumas formas no intuito de melhorar sua rigidez (Fig. 2.6). Em geral, utiliza-se quando a área das sapatas ocupa cerca de 70 % da área coberta pela construção ou quando se deseja reduzir ao máximo os recalques diferenciais.

Os *radiers* podem ser do tipo flexível ou mais rígido.

Para o emprego deste tipo de fundação (radier flexível) é necessário tomar alguns cuidados, como por exemplo, preparo e compactação do terreno de apoio, análise dos deslocamentos em vários pontos do radier para verificação dos recalques admissíveis e diferenciais, e verificações de punção devido às cargas concentradas em determinados pilares. Em alguns casos, dependendo da concepção de projeto, as fundações em

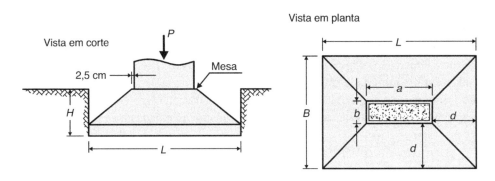

Figura 2.2 Exemplo de sapata isolada de formato retangular.

A Área de Fundações

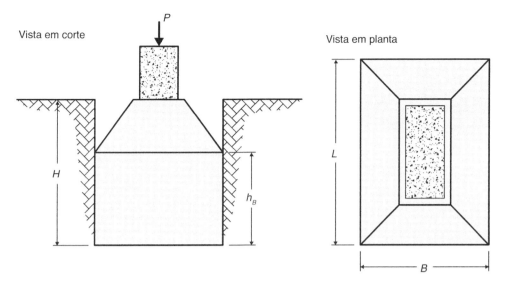

Figura 2.3 Bloco de fundação convencional.

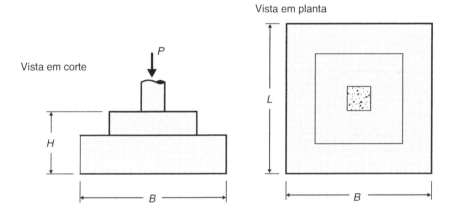

Figura 2.4 Bloco de fundação escalonado.

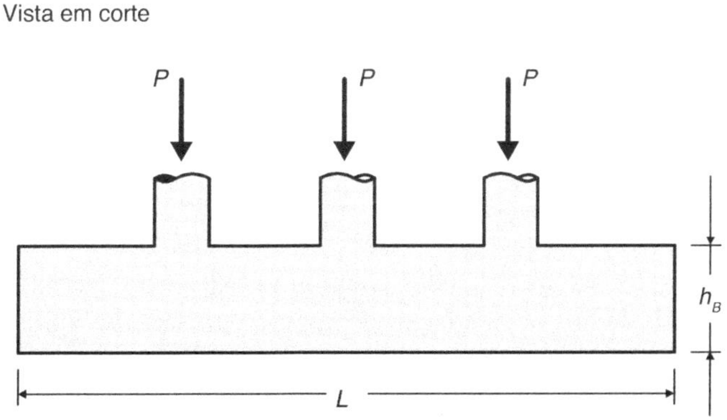

Figura 2.5 Radier isolado.

7

Capítulo 2

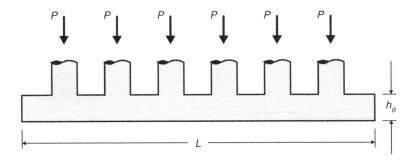

(a) Flexível

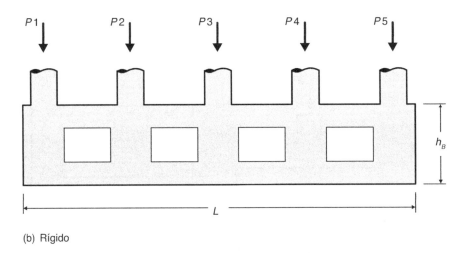

(b) Rígido

Figura 2.6 Tipos de fundação em radier em função da rigidez.

radier podem se tornar onerosas e envolver grandes volumes de concreto, como no caso de *radiers* rígidos aplicados em fundações de edifícios com carga elevada.

Para o caso de fundações superficiais apoiadas em solos de elevada porosidade, não saturados, deve ser analisada a possibilidade de colapso por encharcamento, pois esses solos são potencialmente colapsíveis. Em princípio, deve-se evitar apoiar essas fundações em solos com tais características, a não ser que sejam feitos estudos considerando-se as tensões a serem aplicadas pelas fundações e a possibilidade de encharcamento do solo. O efeito da inundação do maciço em que se apoia uma fundação pode ser observado na Figura 2.7, que mostra o recalque ocorrido por causa de inundação sem alteração das tensões aplicadas. Este efeito pode acarretar danos irreversíveis que podem levar à ruína de uma edificação.

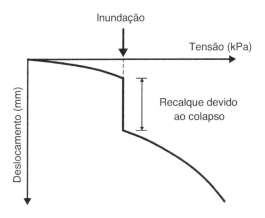

Figura 2.7 Efeito da inundação no comportamento da fundação.

2.1.2 Fundações Profundas: H > 8B e no Mínimo 3 m

2.1.2.1 Estacas

São definidas como elementos esbeltos caracterizados pelo elevado comprimento (L) e pequena seção transversal relativa ao seu diâmetro (ϕ). As estacas são implantadas no maciço de solo por equipamento situado à superfície do terreno. Geralmente, são utilizadas em grupo, solidarizadas por um bloco rígido de concreto armado, denominado bloco de coroamento (Fig. 2.8).

$$P \leq R_L + R_P \qquad \text{Eq. 2.1}$$

em que

R_L é a resistência lateral;
R_P é a resistência de ponta.

Quanto ao seu comportamento, as estacas podem ser classificadas como: de ponta, de atrito (flutuante), ação mista, estacas de compactação, estacas de tração e estacas de ancoragem.

2.1.2.2 Tubulões

São elementos de fundação profunda construídos por meio de escavação mecânica ou manual de um poço circular (às vezes revestido), comumente dotado de base alargada e posteriormente concretado (Figs. 2.9 e 2.10). Diferenciam-se das estacas porque em sua etapa final é necessária a descida de um operário para completar a geometria (base alargada) ou fazer a limpeza. De acordo com a ABNT NBR 6122, não é indicado trabalhar com alturas h_B superiores a 1,8 m, exceto para tubulões pneumáticos que admitem alturas da base de até 3 m. A dimensão mínima do fuste deve ser 0,80 m (NR18: item 18.6.21 – alínea g) ou 0,70 m (NR18: item 18.6.21 – alínea h).

Capítulo 2

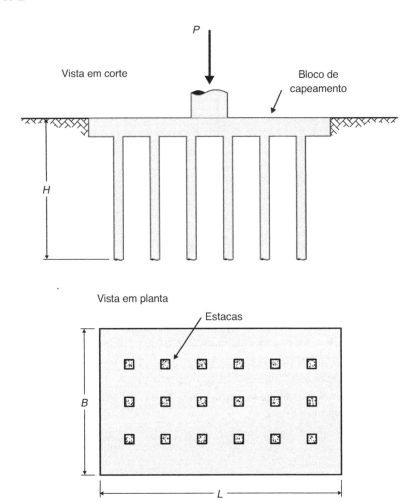

Figura 2.8 Estacas dispostas em grupo.

Por questões de segurança deve-se evitar trabalho simultâneo em bases alargadas de tubulões, cuja distância de centro a centro seja inferior a 2,5 vezes o diâmetro da maior base. Quando for necessário executar abaixo do nível d'água (N.A.) utiliza-se o recurso do ar comprimido (Figs. 2.11 e 2.12). Na execução deste tipo de fundação deve atender às Normas Regulamentadoras: NR18 – "Condições e meio ambiente de trabalho na indústria da construção", NR 33 – "Segurança e saúde nos trabalhos em espaços confinados" e NR 35 – "Trabalho em altura".

Os tubulões a céu aberto são em geral utilizados acima do nível d'água e podem ser:

- Revestidos;
- Não revestidos.

A Área de Fundações

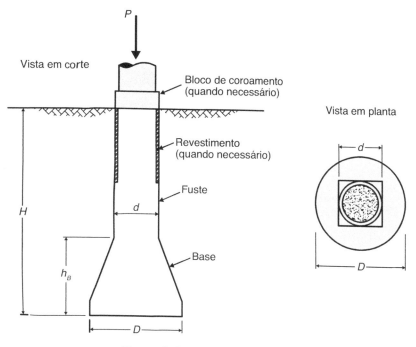

Figura 2.9 Geometria do tubulão.

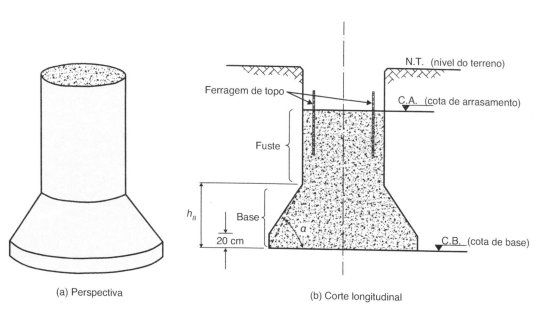

(a) Perspectiva   (b) Corte longitudinal

Figura 2.10 Base de um tubulão.

Capítulo 2

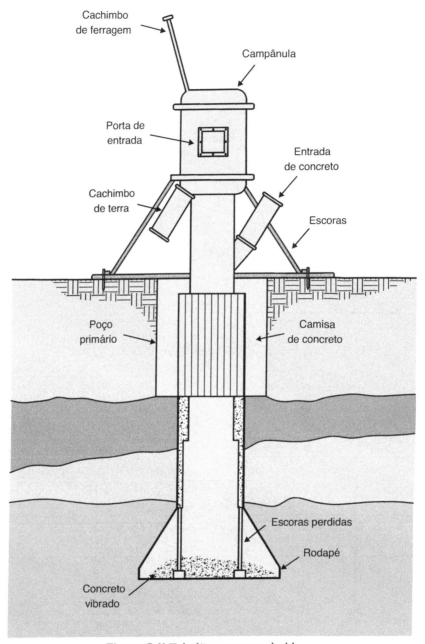

Figura 2.11 Tubulão a ar comprimido.

Os tubulões pneumáticos ou a ar comprimido são utilizados abaixo do nível d'água e podem ser executados com os seguintes revestimentos:

- Concreto armado;
- Aço (*Benoto*).

A Área de Fundações

Figura 2.12 Execução de tubulão a ar comprimido. Campânula (a) e armadura do revestimento (b). Fonte: Roca Fundações, 2018.

No caso de fundação por tubulões, se faz necessária a descida de um técnico para inspecionar o solo de apoio da base, medidas de fuste e base, verticalidade etc. Em geral, apenas um tubulão absorve a carga total de um pilar, uma vez que possuem elevada capacidade de carga.

De acordo com a NBR 18 (Portaria n. 3.733 de 20/02/2020) a execução do tubulão a ar comprimido estará proibida a partir de agosto/2023.

Capítulo 3

Interação entre Solo e Elemento Estrutural

O problema da interação dos elementos estruturais com o solo é estudado partindo-se da premissa de que se trata de um corpo rígido imerso em um meio aproximadamente elástico (solo). Desta forma, o comportamento da fundação será resultante das características do subsolo (geologia, formação, relevo etc.) e do processo executivo para inserção do elemento estrutural.

3.1 Caso Geral

De maneira geral, uma fundação pode trabalhar por resistência lateral e de ponta ou base. A direção e o sentido das forças atuantes em uma estaca podem variar caso a caso (Fig. 3.1).

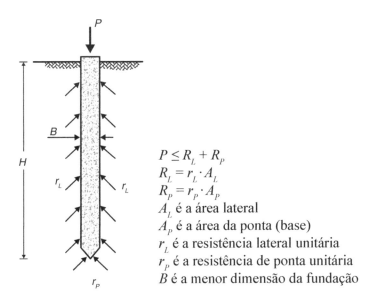

$P \leq R_L + R_P$
$R_L = r_L \cdot A_L$
$R_P = r_P \cdot A_P$
A_L é a área lateral
A_P é a área da ponta (base)
r_L é a resistência lateral unitária
r_P é a resistência de ponta unitária
B é a menor dimensão da fundação

Figura 3.1 Esforços característicos em uma fundação.

Interação entre Solo e Elemento Estrutural

3.2 Casos Típicos

Dependendo do processo executivo de inserção da fundação e das características do subsolo, uma fundação pode trabalhar de diversas formas, conforme apresenta-se a seguir.

3.2.1 Fundação Rasa ou Direta ($H < 2B$)

Neste caso, a resistência lateral é desprezada, principalmente em razão da incerteza de sua mobilização, bem como das possíveis infiltrações de água que podem influenciar na interface de aderência entre o solo e o elemento estrutural. A resistência de ponta é mais apropriadamente denominada de resistência de base, uma vez que existe considerável área de contato (Fig. 3.2).

3.2.2 Fundações Profundas ($H > 8B$) e no Mínimo 3 m

O comportamento das fundações profundas pode ser dividido em três casos: de ponta, de atrito e misto.

a) Caso 1: comportamento de ponta.

Os elementos estruturais de fundação que trabalham preponderantemente por ponta são caracterizados por aqueles que atravessam as camadas de solo não resistente (ou não competente), insuficientes para gerar atrito lateral positivo e se apoiam em um horizonte resistente (Fig. 3.3). Neste caso, podem-se citar as estacas e os tubulões, por se tratar de um caso típico em que somente a resistência de base é considerada nos projetos. Cabe ressaltar que, em alguns projetos de tubulões, há casos relatados em que

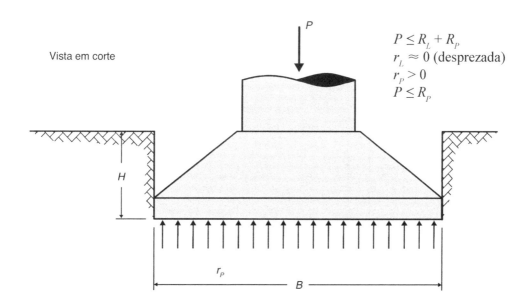

Figura 3.2 Esforços característicos de uma fundação rasa.

CAPÍTULO 3

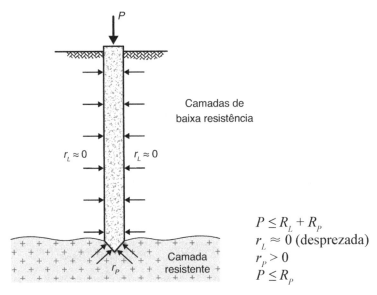

Figura 3.3 Fundação profunda – comportamento de ponta.

alguns projetistas e/ou consultores consideram uma parcela do atrito lateral em seus projetos. No entanto, esta hipótese deve ser utilizada com segurança, a partir de estudos e análise das peculiaridades do projeto.

Há a situação em que o elemento estrutural trabalha, em sua maior parte, por atrito lateral (Fig. 3.4). Neste caso a resistência de ponta é desprezada.

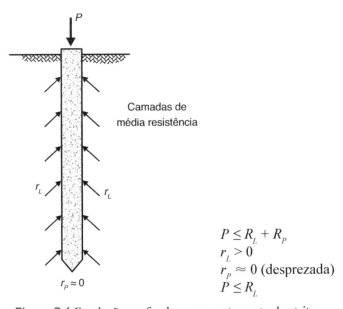

Figura 3.4 Fundação profunda – comportamento de atrito.

b) Caso 2: comportamento de atrito ou flutuante.

Os casos mais comuns são aqueles em que há a contribuição da resistência de ponta e atrito lateral no comportamento da fundação (Fig. 3.5).

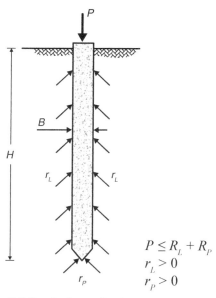

Figura 3.5 Fundação profunda – comportamento misto.

c) Caso 3: comportamento misto

Um dos aspectos mais importantes na Engenharia de Fundações é o conhecimento do comportamento de determinados tipos de elementos estruturais quando embutidos no maciço de solo. Essa premissa se torna mais relevante quando se trata de fundações profundas por estacas, pois o mercado disponibiliza inúmeras técnicas executivas. Cada metodologia empregada incidirá em características de comportamentos distintos, podendo-se destacar por melhorar a resistência proveniente pela ponta ou por atrito lateral, ou ambos. Na sequência desta obra serão descritas as técnicas executivas de fundações mais empregadas no Brasil, bem como as principais características que o engenheiro de fundações deve conhecer para o desenvolvimento de um projeto e acompanhamento de sua execução.

Capítulo 4

Definições e Conceitos da ABNT NBR 6122:2019

Neste capítulo, apresenta-se de forma sucinta alguns tópicos referentes à Norma Brasileira de Fundações (ABNT NBR 6122:2019), cuja leitura e observância são consideradas imprescindíveis à elaboração de projeto, execução ou acompanhamento de qualquer obra de fundação.

A ABNT NBR 6122:2019 adota as seguintes definições para os elementos de fundação mais comumente utilizados.

4.1 Fundação Superficial (Rasa ou Direta)

Elemento estrutural de fundação que recebe as tensões distribuídas que equilibram a carga aplicada. Sua base está apoiada em uma profundidade (H) inferior a duas vezes o seu menor lado (B) em planta.

4.1.1 Sapata

Elemento estrutural de fundação rasa executado em concreto armado. Neste caso as tensões de tração não são resistidas pelo concreto, mas sim pela utilização de armadura de aço.

4.1.2 Bloco

Elemento estrutural de fundação rasa de concreto, ou de outros materiais, como alvenarias ou pedras, dimensionado de modo que as tensões de tração nele produzidas possam ser resistidas pelo material.

4.1.3 Bloco de Coroamento

Elemento estrutura de fundação que transfere a carga dos pilares para os elementos da fundação profunda.

4.1.4 *Radier*

Elemento de fundação rasa com rigidez suficiente para receber e distribuir mais de 70 % das cargas oriundas da estrutura.

4.1.5 Sapata Associada

Sapata comum a dois pilares, que também se aplica a sapata comum a mais de dois pilares, quando não alinhados e desde que representem menos de 70 % das cargas de estruturas.

4.1.6 Sapata Corrida

Sapata sujeita à ação de uma carga distribuída linearmente ou de três ou mais pilares ordenados em um mesmo alinhamento. Devem representar menos de 70 % das cargas da estrutura.

4.2 Fundação Profunda

Elemento estrutural de fundação que transmite os esforços ao maciço de solo pela resistência de ponta (base) ou por meio da resistência lateral ou pela combinação das duas. Deve estar assente em profundidade superior a oito vezes sua menor dimensão em planta, e no mínimo 3 m. Quando não for atingido o limite de oito vezes deve-se justificar. Nesse tipo de fundação incluem-se as estacas e os tubulões.

4.2.1 Estaca

Elemento estrutural de fundação (profunda) executado inteiramente por processo mecanizado (perfuratrizes). Ressalta-se que, no processo executivo, não há nenhum trabalho manual em profundidade. Este elemento de fundação pode ser executado em concreto moldado *in loco*, argamassa, calda de cimento, madeira, aço, concreto pré-moldado ou qualquer uma destas combinações.

4.2.2 Tubulão

Elemento estrutural de fundação profunda que diferencia das estacas, por se fazer necessário a descida de operário para executar o alargamento da base ou ao menos para a limpeza do fundo da escavação, tendo em vista que neste tipo de fundação as cargas são resistidas predominantemente pela base.

4.3 Termos

Carga admissível de uma estaca ou tubulão – carga máxima que aplicada sobre a estaca ou tubulão, isolados, atende com fatores de segurança predeterminados, ao Estado Limite Último (ruptura) e Estado Limite de Serviço (recalques, vibrações etc.). Esta grandeza é utilizada quando se trabalha com ações em valores característicos.

CAPÍTULO 4

Cota de arrasamento – nível em que deve ser deixado o topo da estaca ou tubulão, para que possibilite a integração entre o elemento de fundação, incluindo sua armadura, e o bloco de coroamento.

Efeito de grupo de estacas ou tubulões – resultado da interação das diversas estacas ou tubulões que compõem uma fundação, quando transmitem ao maciço de solo os esforços que lhe são aplicados.

Nega – deslocamento permanente de uma estaca, ocasionado pela aplicação de um golpe do martelo de cravação. Deve ser relacionada com a energia de cravação. Geralmente esse deslocamento é obtido pela média de uma sequência de dez golpes.

Repique – parcela de penetração elástica máxima resultante da cravação de uma estaca em razão da aplicação de um golpe do pilão.

Tensão admissível – máxima tensão que aplicada (quando se emprega com ações em valores característicos) em projeto de fundações rasas ou pela base de tubulões; atende com coeficientes de segurança prefixados ao ELU e ao ELS.

Movimentos verticais da fundação – deslocamento vertical descendente de um elemento estrutural (recalque). O sentido oposto a este deslocamento designa-se por levantamento. Estes podem ser absolutos ou relativos.

Viga alavanca ou de equilíbrio – elemento estrutural que recebe as cargas de um ou dois pilares (ou pontos de carga) e é dimensionado de forma a transmitir os esforços centrados nas fundações. A partir do seu emprego as cargas nas fundações são distintas daquelas atuantes nos pilares e obtidas por equilíbrio estático.

4.3.1 Investigações Geotécnicas, Geológicas e Observações Locais

Para fins de projeto e execução de fundações, é importante que se considere os seguintes aspectos: visita ao local da obra, estudos topográficos, avaliação de taludes (instabilidade), aterros (bota-fora), contaminação do subsolo, a realidade da prática local de fundações, situação das construções circunjacente, presença de matacões e maciço rochoso e afloramento de água.

- Investigações complementares de campo: sondagens mistas e rotativas, SPT-T, CPT/CPTu, Ensaio de Palheta, Prova de Carga Estática em Fundação Direta, Ensaio Pressiométrico, Ensaio Dilatométrico, Ensaios Sísmicos, Ensaio de Permeabilidade e Ensaios de Perda d'água em Rocha.
- Investigações de laboratório: Ensaios de Caracterização, Ensaio Triaxial, Ensaio de Cisalhamento Direto, Ensaio de Adensamento, Ensaio de Expansibilidade, Ensaio de Colapsibilidade, Ensaio de Permeabilidade e Ensaios Químicos.

4.3.2 Investigação Geológica

Sempre que julgado conveniente, deve ser realizado vistoria geológica de campo por profissional especializado e, se necessário, complementada por estudos geológicos adicionais.

Definições e Conceitos da ABNT NBR 6122:2019

4.3.3 Investigação Geotécnica

Um projeto de uma edificação deve ser acompanhado por uma campanha preliminar de investigação geotécnica, empregando no mínimo a sondagem de simples reconhecimento com SPT (ABNT NBR 6484) para obtenção da estratigrafia do subsolo, classificação dos materiais (ABNT NBR 6502), profundidade do lençol freático (N.A.) e determinação da resistência à penetração (N_{SPT}). Os ensaios SPTs quando realizados para projetos de fundações de edifícios devem seguir a norma de programação ABNT NBR 8036. De acordo com os resultados obtidos nesta campanha preliminar de investigação, podem-se requerer ensaios adicionais, tais como: instalação de piezômetros, ensaios de laboratório ou outras técnicas de investigação de campo.

4.4 Ações nas Fundações

A ABNT NBR 6122:2019 estabelece que as ações atuantes sobre uma fundação devem ser fornecidas pelo projetista estrutural, separando-as de acordo com sua natureza, conforme prescreve a ABNT NBR 8681, podendo subdividi-las em:

- Superestrutura: o projetista estrutural deve individualizar o conjunto de esforços para a verificação do ELU e do ELS, e os esforços devem ser apresentados em valores de cálculo, que considera os coeficientes de combinação e ponderação da ABNT NBR 8681. Para o caso de o projeto de fundações ser desenvolvido em termos de fator de segurança global, devem ser solicitados ao projetista estrutural os valores dos coeficientes pelos quais as solicitações de cálculo devem ser divididas, em cada caso, para reduzi-las às solicitações características;
- Terreno: devem-se considerar os empuxos de terra e seu tipo e aqueles oriundos das sobrecargas atuantes no solo;
- Água superficial e subterrânea: há necessidade de considerar os empuxos de água, além da possibilidade de erosão causada pelo fluxo. A decorrência do alívio causado pela subpressão nas fundações (favorável) não poderá ser considerada;
- Especiais: são consideradas em função da finalidade da obra e seu prévio conhecimento, por exemplo: alteração no estado de tensões ocasionadas por obras próximas, tráfego de veículos ou de equipamentos de construção, carregamentos especiais de construção, bem como casos de explosão, colisão de veículos, enchentes, tremores etc.;
- Interações fundação-estrutura: situações em que a deformabilidade da estrutura pode influenciar a distribuição dos esforços, como nas situações em que a carga variável é significativa, estruturas com mais de 55 m de altura (medida do térreo até a laje de cobertura, relação altura largura (menor dimensão) superior a quatro e fundações e estruturas não convencionais;
- Peso próprio das fundações: devem-se considerar no mínimo 5 % da carga vertical permanente ou o peso próprio dos blocos de coroamento ou sapatas;
- Alívio de cargas devido a viga alavanca: quando ocorre redução de carga devido à utilização de viga alavanca, a fundação deve ser dimensionada considerando-se

CAPÍTULO 4

apenas 50 % desta redução. Quando a soma dos alívios totais puder resultar em tração na fundação do pilar aliviado, sua fundação deverá ser dimensionada para suportar a tração total e pelo menos 50 % da carga de compressão deste pilar (sem o alívio);

- Atrito negativo: deve ser considerado no dimensionamento geotécnico e estrutural.

4.5 Considerações sobre o Projeto de Fundações Superficiais

De acordo com a ABNT NBR 6122:2019, quando em um projeto de fundações diretas se utiliza coeficiente de segurança global emprega-se o termo tensão admissível, ou tensão resistente de cálculo, quando se utilizam os fatores de segurança parciais.

Em ambos os casos, as tensões devem seguir o ELU e o ELS concomitantemente, para cada elemento de fundação isolado e para o conjunto.

4.5.1 Tensão Admissível

É preciso considerar os seguintes fatores na sua determinação: características geomecânicas do subsolo, profundidade da fundação, dimensões e forma dos elementos da fundação, características das camadas do terreno abaixo do nível da fundação, influência do NA, eventual alteração das características do solo (expansivo, colapsível) devido a agentes externos (encharcamento, alívio de tensões etc.), características ou peculiaridades da obra, sobrecargas externas, inclinação da carga, inclinação do terreno e estratigrafia do terreno.

4.5.2 Determinação da Tensão Admissível a Partir do ELU

A tensão admissível deve ser estabelecida por um ou mais critérios apresentados a seguir:

- Por métodos teóricos: métodos analíticos que utilizam as teorias da capacidade de carga. Ressalta-se a validade da aplicação de acordo com as particularidades do projeto, levando-se em conta as características do carregamento (drenado ou não drenado).
- Por meio de prova de carga sobre placa: ensaio realizado em placa sobre o terreno de fundação de acordo com as diretrizes da ABNT NBR 6489. Deve-se considerar a relação modelo/protótipo, além da influência em profundidade no subsolo.
- Por métodos semiempíricos: métodos para determinação de tensões admissíveis que utilizam correlações baseadas nos ensaios SPT, CPT etc. Ressalta-se a necessidade de observar a validade da aplicação, bem como as dispersões dos dados e as limitações regionais associadas a cada um dos métodos.

4.5.3 Metodologia para Determinação da Tensão Admissível

As tensões obtidas no item anterior devem também atender ao ELS. O valor máximo da tensão aplicada ao terreno (admissível ou resistente de cálculo) precisa atender às limitações as premissas do ELS.

Definições e Conceitos da ABNT NBR 6122:2019

4.5.4 Casos Particulares

Compõem-se dos seguintes:

a) Fundação sobre rocha: fixada a tensão admissível ou tensão resistente de cálculo de qualquer elemento de fundação sobre rocha, devem-se considerar suas descontinuidades: falhas, fraturas, xistosidades etc. Em situações de superfície inclinada, pode-se escaloná-la ou utilizar chumbadores para impedir o deslizamento do elemento de fundação. Para o caso de calcário ou rochas cársticas, o projetista de fundações deve fazer estudos especiais. Em situações de rochas alteradas ou em decomposição, deve-se considerar o grau de decomposição ou alteração, bem como a natureza da rocha matriz;

b) Solos expansivos: podem ocorrer o levantamento da fundação e a diminuição de resistência por causa de sua expansão;

c) Solos colapsíveis: deve ser considerada a possibilidade de encharcamento (vazamentos de tubulações de água, elevação do lençol freático etc.).

4.5.5 Dimensionamento de Fundações Superficiais

As fundações superficiais são definidas por meio de dimensionamento geométrico e cálculo estrutural.

4.5.5.1 Dimensionamento Geométrico

O dimensionamento geométrico considera as seguintes solicitações:

- Cargas centradas: a tensão transmitida ao terreno em fundação das cargas centradas (uniformemente distribuída) devem satisfazer as exigências de segurança nas fundações.

- Cargas excêntricas: situações em que uma fundação estiver submetida a qualquer arranjo de forças que incluam ou originem momentos. Nesta situação, será conveniente considerar que o solo é um elemento não resistente à tração. No dimensionamento da fundação superficial solicitada, a área comprimida deve ser de, no mínimo, 2/3 de sua área total, se consideradas as solicitações características, ou 50 % da área total se consideradas as solicitações de cálculo. É preciso garantir que a tensão máxima de borda seja menor ou igual à tensão admissível.

- Cargas horizontais: é possível considerar o empuxo passivo (reduzido por um coeficiente de no mínimo 2,0) que atua sobre uma fundação em sapata ou bloco de forma a se equilibrar a força horizontal, além da resistência ao cisalhamento no contato solo-sapata. É importante que se garanta que o solo não seja removido.

4.5.5.2 Dimensionamento Estrutural

Para dimensionamento estrutural, as recomendações são:

- As sapatas devem atender às prescrições da ABNT NBR 6118 no que se refere a seu dimensionamento estrutural. Devem-se levar em consideração os diagramas

23

representativos de tensões na base que são de acordo com as características do terreno de apoio em solo ou rocha.
- Os blocos de fundação e as sapatas devem ter os diagramas de tensões obtidos de forma análoga. Devem ser dimensionados de forma que o ângulo β seja maior ou igual a 60° (Figura 4.1).

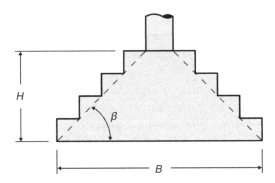

Figura 4.1 Ângulo β no bloco. Fonte: Adaptada de ABNT NBR 6122:2019.

4.5.5.3 Critérios Adicionais

A dimensão mínima em planta, para as sapatas isoladas ou blocos, não pode ser inferior a 60 cm. A base de uma fundação precisa ser assente a uma profundidade tal que garanta que o solo não seja influenciado pelas variações sazonais de clima ou alterações de umidade.

Em situação em que se apoiam sobre solo, deve-se executar, anteriormente à sua realização, uma camada de concreto simples de regularização de no mínimo 5 cm de espessura, ocupando toda a área da cava da fundação. Quando em rocha, esse lastro deve servir para regularização da superfície; portanto, pode ter espessura variável, mas observado um mínimo de 5 cm.

Para situações de divisas com terrenos vizinhos a profundidade de apoio não pode ser inferior a 1,5 m, exceto quando assente em rocha. No caso de sapatas ou blocos com dimensões inferiores a 1,0 m em sua maioria, essa profundidade pode ser reduzida.

No caso de fundações próximas, porém situadas em cotas diferentes, a reta de maior declive que passa pelos seus bordos deve fazer, com a vertical, um ângulo (α), como mostrado na Figura 4.2, com os seguintes valores:

- Solos pouco resistentes: $\alpha \geq 60°$;
- Solos resistentes: $\alpha = 45°$;
- Rochas: $\alpha = 30°$.

A fundação situada em cota mais baixa deve ser executada em primeiro lugar, a não ser que se tomem cuidados especiais.

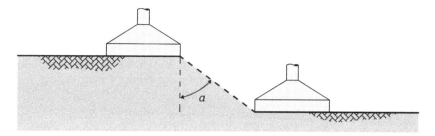

Figura 4.2 Fundações próximas, mas em cotas diferentes. Fonte: Adaptada de ABNT NBR 6122:2019.

4.6 Fundações Profundas

Em um projeto de fundações por estacas, a grandeza fundamental é a carga admissível (se o projeto for feito em termos de valores característicos) ou força resistente de cálculo (quando for considerado coeficientes de ponderação e valores de cálculo). No caso do emprego de tubulões, a grandeza fundamental é a tensão admissível ou tensão resistente de cálculo. Essas grandezas devem obedecer simultaneamente ao ELU e ao ELS, para cada elemento isolado de fundação e para o conjunto. Do projeto de fundações deverá constar memorial de cálculo e dos respectivos desenhos executivos, incluindo todas as informações técnicas necessárias para o perfeito entendimento e execução de obra. A elaboração do memorial de cálculo é obrigatória, devendo estar disponível quando solicitado.

4.6.1 Carga Admissível ou Força Resistente de Cálculo

Para a determinação desta grandeza, são considerados os seguintes fatores: características geomecânicas do subsolo, profundidade da ponta ou base da fundação, geometria do elemento de fundações, posição do nível d'água, eventual alteração das características dos solos (colapsíveis, expansivos etc.) por causa de agentes externos (encharcamento, contaminação, agressividade etc.), alívio de tensões, eventual ocorrência de solicitações adicionais como atrito negativo e esforços horizontais em virtude de carregamentos assimétricos e recalques admissíveis, características e especificidades da obra, sobrecargas externas, inclinação da carga e do terreno, estratigrafia do terreno e recalques.

Deve ser determinada a partir da carga de ruptura; esta é obtida a partir da utilização e interpretação de um ou mais procedimentos conforme segue:

- Provas de carga

A carga de ruptura pode ser determinada por provas de carga executadas de acordo com as prescrições da norma que rege este ensaio em fundações profundas. Contudo, deve-se observar que durante a prova de carga o atrito lateral será sempre positivo, ainda que venha a ser negativo ao longo da vida útil da estaca.

CAPÍTULO 4

- Métodos estáticos

Podem ser teóricos (desenvolvidos pela teoria da Mecânica dos Solos) ou semiempíricos (correlações baseadas na teoria e experiência com ensaios *in situ*). Na análise das frações de resistência de ponta e atrito lateral, devem-se considerar a técnica executiva e as peculiaridades de cada tipo de estaca nas análises da carga de ponta e atrito lateral.

Para situações que consideram o atrito lateral em tubulões, deve-se desprezar um comprimento igual ao diâmetro da base imediatamente acima ao início dela.

É importante ressaltar que, no caso específico de estacas escavadas com fluido estabilizante e estacas hélice contínua, deve sempre explicitar o critério utilizado para a consideração da resistência de ponta. Destaca-se que o executor desses tipos de estacas, deve garantir os procedimentos mínimos que regem o processo de execução de acordo com os Anexos J e N da ABNT NBR 6122. Para essas condições na verificação do ELU a resistência de ponta terá como limite superior o valor da resistência lateral ($R_p < R_{lat}$) e a carga admissível por:

$$R_{adm} = (R_p + R_{lat})/2 \qquad \text{Eq. 4.1}$$

Caso não seja garantido pelo executor o contato efetivo entre o concreto e o solo firme ou rocha, o projeto deve ser revisto, e o comprimento das estacas deve ser estabelecido na condição do ELU para a condição de resistência de ponta nula ($R_p = 0$) e $R_{adm} = R_{lat}/2$,

em que

R_{adm} é a carga admissível da estaca;

R_{lat} é a carga, em função somente do atrito lateral na ruptura;

R_p é a carga de ponta na ruptura.

- Equações dinâmicas

Baseadas na nega ou repique elástico, têm como principal finalidade assegurar a homogeneidade das estacas cravadas. Deve-se levar em conta, na verificação da nega, sua diminuição (cicatrização) ou aumento (relaxação) ao longo do tempo.

- Ensaios de carregamento dinâmico

Têm por finalidade a avaliação de cargas mobilizadas na interface solo-estaca, fundamentada na aplicação da Teoria da Equação da Onda Unidimensional (ABNT NBR 13208). Cabe observar que, durante o ensaio de carregamento dinâmico, o atrito lateral é sempre positivo, ainda que venha a ser negativo ao longo da vida útil da estaca.

4.6.2 Determinação da Carga Admissível ou Força Resistente de Cálculo em Tubulões

Aplicam-se considerações idênticas às descritas para as sapatas, em relação aos seguintes tópicos:

- Tensão admissível ou tensão resistente de cálculo;

Definições e Conceitos da ABNT NBR 6122:2019

- Determinação da tensão admissível ou tensão resistente de cálculo a partir do ELU e do ELS;
- Elementos de fundação sobre rocha;
- Dimensionamento geométrico (cargas excêntricas, cargas centradas e cargas horizontais).

4.6.2.1 Dimensionamento

O dimensionamento dos tubulões possui as seguintes características:

- As bases dos tubulões a céu aberto não devem ter alturas superiores a 1,8 m;
- No caso de tubulões a ar comprimido, as bases podem ter alturas de até 3,0 m. No entanto, deve-se avaliar se as condições do maciço são adequadas, de forma que seja garantida a estabilidade da base durante sua abertura;
- Caso o tubulão tenha base alargada, deve-se executar no formato de um tronco de cone sobreposto a um rodapé em formato de cilindro de no mínimo 20 cm de altura e um ângulo β maior e igual a 60° (Fig. 4.3);
- Se for necessário, o tubulão deverá dispor de armadura no fuste conectando-o ao bloco e na ligação do fuste com a base. Tais armaduras são projetadas e realizadas de modo a garantir sua concretagem total.

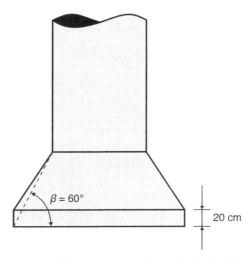

Figura 4.3 Base de um tubulão. Fonte: Adaptada de ABNT NBR 6122:2019.

4.6.3 Outras Solicitações em Fundações Profundas

São elas:

- Tração: quando submetidas a esforços de tração, deve ser avaliado o eventual comportamento diferente entre o atrito lateral à tração e compressão;
- Esforços transversais: no caso de ação de esforços horizontais e momentos no topo das estacas ou tubulões, pode suceder a plastificação do solo ou do elemento estrutural, o que deve ser considerado no projeto com as respectivas deformações;

Capítulo 4

- Atrito negativo: será considerado em projeto quando houver a possibilidade de sua ocorrência;
- Carregamentos transversais aplicados pelo terreno ao fuste: quando atuantes no fuste das estacas ou tubulões, oriundos de assimetria topográfica, aterro, qualquer assimetria do terreno deve ser verificada nos estados ELU e ELS, principalmente quando há ocorrência de empuxos laterais quando se transpõe solos moles.

4.6.4 Efeito de Grupo em Estacas e Tubulões

É o processo de interação das várias estacas ou tubulões que constituem uma fundação ou parte de uma fundação, ao transmitirem as cargas aplicadas ao subsolo. Este processo ocasiona uma superposição de tensões, o que acarreta uma diferença entre os recalques obtidos para uma estaca ou tubulão isolado, em comparação a um grupo de estacas ou tubulões. A carga admissível ou resistente de projeto de um grupo (estacas ou tubulões) não deve ser maior que a de uma sapata hipotética de mesmo contorno quando comparada à de um grupo assente em uma profundidade acima da ponta das estacas ou tubulões igual a 1/3 do comprimento de penetração (f) na camada de suporte (Fig. 4.4).

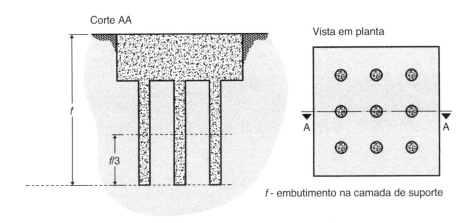

Figura 4.4 Efeito de grupo. Fonte: Adaptada de ABNT NBR 6122:2019.

4.6.5 Orientações Gerais

São as seguintes:

- Verificar, no processo executivo de estacas, o levantamento e o deslocamento de estacas quando fizerem parte de um grupo, bem como os efeitos sobre as estacas executadas. Tal fato pode ser minimizado por meio da escolha da estaca e seu espaçamento, da técnica e da sequência executiva;
- No processo de escavação do terreno para a execução dos blocos de coroamento com auxílio de máquinas (retroescavadeira ou similar), observar as seguintes condições: as caçambas dos equipamentos de escavação não devem possuir largura

superior a 50 % do espaço disponível entre as estacas do bloco; deve-se avaliar a integridade estrutural de todas as estacas do bloco após sua escavação;
- No preparo da cabeça das estacas é preciso garantir a integridade estrutural das estacas até a cota de arrasamento, bem como do seu topo; deve ser plana e perpendicular ao seu eixo. A ligação estaca-bloco de coroamento é especificada em projeto. Deve-se atentar às especificações dos Anexos da ABNT NBR 6122:2019 para cada tipo de estaca. É obrigatório o emprego de lastro de concreto magro com espessura não inferior a 5 cm para execução do bloco de coroamento; além disso, a estaca deve ficar 5 cm acima do lastro do bloco de coroamento (Fig. 4.5);
- É aceitável, sem nenhuma correção adicional, um desvio entre o eixo da estaca e o ponto de aplicação resultante das solicitações do pilar de 10 % da menor dimensão da estaca (qualquer dimensão de estaca);
- No caso da ocorrência de desaprumos, não há necessidade de verificação de estabilidade e resistência, nem de medidas corretivas para desvios de execução, em relação ao projeto, menores do que 1/100.

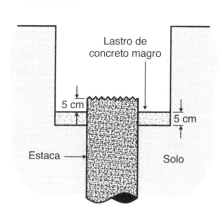

Figura 4.5 Detalhe da preparação do bloco de coroamento.

4.6.6 Dimensionamento Estrutural

As orientações para seu estabelecimento são:

- Em situações de estacas em terrenos erodíveis, embutidas em solos muito moles ou em situações em que sua cota de arrasamento esteja acima do nível do terreno, deve-se analisar o efeito de segunda ordem (flambagem).
- As espessuras de cobrimento devem obedecer à ABNT NBR 6118 em função da classe de agressividade, da avaliação da fissuração de estacas submetidas à tração e/ou flexão. Pode-se considerar uma redução de 2 mm no diâmetro das barras longitudinais como espessura de sacrifício no seu dimensionamento.
- Para o caso de estacas metálicas que venham a ser expostas (cota de arrasamento acima da superfície do terreno ou por erosão do solo), elas devem ser protegidas ou ter sua espessura de sacrifício definida em projeto.

CAPÍTULO 4

- Em estacas moldadas *in loco* ou tubulões quando solicitados à compressão e que tenham suas tensões limitadas aos valores da Tabela 4 da NBR 6122:2019, podem ser executadas em concreto não armado, exceto quanto à armadura de ligação com o bloco. Caso essas fundações estejam submetidas a solicitações que resultem em tensões superiores às indicações da Tabela 4 da NBR 6122:2019, elas devem ser dotadas de armadura dimensionada de acordo com a ABNT NBR 6118.
- A resistência de cálculo do concreto (f_{cd}) deve ser calculada de acordo com as prescrições da ABNT NBR 6118. Deve-se ainda atentar a especificação dos traços nos Anexos B, C, G, H, I, J < N, O e P da ABNT NBR 6122:2019 de forma a garantir a qualidade e as propriedades do concreto.
- Em situações após a execução, o projetista pode aceitar, a seu critério, concretos com resistência característica inferior à da classe indicada limitado a 10 % do total das estacas da obra. No entanto, não deve ser inferior à classe C20 em nenhuma situação.

4.6.6.1 Estacas Metálicas

São dimensionadas seguindo as prescrições da ABNT NBR 8800, considerando-se a redução da seção. Nos casos em que estiverem total e permanentemente enterradas, independentemente da posição do nível d'água, dispensam tratamento especial, no entanto, desde que sua espessura seja reduzida conforme valores da Tabela 5 da ABNT NBR 6122:2019. Caso sua parte superior fique desenterrada, é obrigatória a proteção com camisa de concreto ou outra forma de proteção de aço, ou aumento de espessura de sacrifício definida em projeto.

4.7 Desempenho

Avaliar o desempenho de uma fundação é de extrema importância para análise da interação solo-estrutura. Com base nos dados do monitoramento é possível avaliar o comportamento da fundação mediante o carregamento, bem como propor soluções para remediação dos problemas. De acordo com a ABNT NBR 6122:2019, é obrigatório verificar o desempenho das fundações nos seguintes casos:

- Estruturas em que a carga variável é significativa quando comparada com a carga total;
- Estruturas com mais de 55 m de altura;
- Relação altura/largura (menor dimensão) superior a quatro;
- Fundação ou estruturas não convencionais.

A referida norma (ABNT NBR 6122:2019) destaca a necessidade de aprovação do solo de apoio para sapatas e tubulões, por engenheiro, antes da concretagem. No caso de fundações por estacas, esta norma destaca em seu item 9.2.2 a obrigatoriedade da realização de provas de carga, e indica, em sua Tabela 6, as condições em que são necessários o ensaio, sua interpretação, substituição por ensaios dinâmicos (ABNT NBR

Definições e Conceitos da ABNT NBR 6122:2019

13208) e casos particulares. O método de ensaio para realização de prova de carga em estaca se encontra descrito na referida norma de provas de carga estática em fundações profundas.

4.8 Avaliação Técnica de Projeto

Deve-se realizar a avaliação técnica dos projetos para os casos citados no item 4.7 supra, e que devem ser avaliados anteriormente à construção, e preferencialmente concomitante ao desenvolvimento do projeto. A ABNT NBR 6122:2019 indica as atividades que devem contemplar a avaliação técnica do projeto.

Capítulo 5

Investigação do Subsolo para Fundações

Uma obra civil será adequadamente projetada se houver conhecimento adequado da natureza e da estrutura do terreno onde ela será implantada. Situações em que não se consideram determinados conceitos de investigação ou mesmo omissão perante a dados do subsolo podem conduzir a ruínas totais ou parciais das obras.

Em geral o custo de um programa de prospecção bem conduzido situa-se entre 0,5 e 1,0 % do valor da obra. Os ensaios de campo são largamente empregados no levantamento de informações e na determinação de parâmetros do subsolo necessários à concepção de projetos geotécnicos. Tais ensaios permitem uma definição satisfatória da estratigrafia, bem como de uma estimativa apropriada das propriedades geomecânicas do solo.

A solução do problema de fundação de qualquer obra de engenharia (ponte, viaduto, edifício, residência, rodovia, ferrovia, porto, aeroporto, barragem, galpão, residência etc.) requer conhecimento prévio das características do subsolo no local a ser estudado. Nesse aspecto, é imprescindível que se faça um planejamento adequado do programa de investigação no local onde será construída a obra. Tal plano de investigação deve ser adequado em função do tipo de obra e da necessidade do conhecimento do subsolo. Existem outros fatores que influem um programa de investigação do subsolo: tipo, porte e valor da obra, disponibilidade de equipamento, tempo disponível para a investigação, verba destinada aos serviços, heterogeneidades encontradas à medida que os serviços vão sendo executados etc.

5.1 Subsídios Mínimos Requeridos pelo Programa de Investigação do Subsolo

De acordo com as necessidades práticas mais frequentemente encontradas, os requisitos mínimos necessários para a elaboração de um projeto de fundações são:

- Determinação dos tipos de solo que ocorrem nas diferentes camadas em profundidades;
- Determinação das condições de resistência, em termos de compacidade e/ou consistência de cada tipo de solo;

Investigação do Subsolo para Fundações

- Determinação do nível do terreno para construção das fundações em relação ao perfil de sondagem e à espessura das camadas para cada tipo de solo;
- Avaliação da orientação das camadas ao longo do horizonte (mergulhos e afloramentos);
- Informação sobre a ocorrência e variação sazonal do nível d'água no subsolo, horário de esgotamento da perfuração, horário de medida do nível d'água (N.A.), artesianismo, lençol empoleirado etc.

É importante que as sondagens sejam realizadas até a profundidade que atenda às necessidades de projeto, e que se faça com a simultânea retirada de amostras dos solos durante a perfuração e realização do ensaio SPT.

São apresentadas, a seguir, algumas sugestões que podem auxiliar nas diretrizes a serem adotadas para a elaboração de uma programação de sondagens satisfatória:

- Na determinação dos tipos de solo que ocorrem nas diferentes camadas, são necessárias amostras deformadas, resgatadas do amostrador-padrão, de forma a obter a granulometria do solo, massa específica dos grãos e umidade natural. Normalmente, as amostras passam uma classificação táctil-visual em campo e caracterização em laboratório (granulometria conjunta, limites de consistência, massa natural e específica dos sólidos, cor etc.). É importante que a classificação realizada em campo seja ratificada por um engenheiro geotécnico ou geólogo;
- Para a obtenção das condições de compacidade e consistência, podem-se realizar ensaios *in situ* (frasco de areia e método da frigideira) e laboratoriais (limites de Atterberg), respectivamente. Entretanto, esses parâmetros podem ser analisados por meio de comparação com a resistência à penetração medida (N_{SPT}), obtida durante a execução de sondagens;
- Para determinação do nível do terreno para construção das fundações em relação ao perfil de sondagem e à espessura das camadas para cada tipo de solo, é necessário examinar os solos coletados ou provenientes dos avanços da perfuração, à medida que esta avança em profundidade;
- A amostragem realizada a cada metro de avanço na sondagem tem se mostrado suficiente para a maioria dos casos;
- Avaliação da orientação das camadas ao longo do horizonte é obtida por meio de uma distribuição adequada e planejada dos pontos de sondagem em planta;
- A ocorrência de água no subsolo pode ser verificada durante o avanço da sondagem. Entretanto, a posição do nível d'água somente é determinada após 12 horas, no mínimo, do fim da sondagem. Além dos registros da cota do nível d'água é necessário registrar as cotas, da "boca" e do final do furo de sondagem;
- Subsolos com camadas alternadas de solos arenosos e argilosos podem apresentar mais de um N.A. (lençóis empoleirados). Neste caso, a sua determinação deverá ser realizada por meio do emprego de piezômetros instalados nas camadas de interesse;
- A identificação do artesianismo também é muito importante e pode ocultar a verdadeira posição do nível d'água.

CAPÍTULO 5

Durante a elaboração do planejamento de uma investigação geotécnica, tem-se como premissa apresentar e atingir os seguintes objetivos:

- Apresentar o projeto da área a ser investigada, contendo a identificação dos pontos de investigação, assim como o detalhamento qualitativo e quantitativo da amostragem e dos ensaios que deverão ser realizados naquele local;
- Compacidade dos solos granulares e a consistência dos coesivos;
- Profundidade da ocorrência de impenetrabilidade em virtude da presença de material muito resistente, com características de rocha;
- Identificação da rocha e suas características (litologia, área em planta, profundidade, grau de decomposição etc.);
- Posição do nível d'água;
- Extração de amostras indeformadas para ensaios mecânicos do solo.

5.2 Fatores de Segurança

A escolha de fatores de segurança é uma decisão importante nos projetos geotécnicos. Eles têm como objetivo compatibilizar as metodologias empregadas no dimensionamento às imprecisões decorrentes das hipóteses simplificadoras utilizadas nos cálculos, estimativas de cargas de projetos e estimativa das propriedades mecânicas do solo. Na Tabela 5.1 são apresentados os fatores de segurança de acordo com a qualidade da investigação e característica da obra. Como se pode verificar, quanto pior a qualidade da investigação, maior o fator de segurança a ser adotado; isto acarreta um custo maior para a obra, independente do porte da estrutura. Portanto, quando o projeto é elaborado com base em uma campanha de investigação adequada ao tipo de estrutura, entende-se como investimento e não custo, pois neste caso os fatores de segurança serão menores, assim como o risco.

Tabela 5.1 Fatores de segurança

| Tipo de Estrutura | Investigação | | |
	Precária	Normal	Precisa
Monumental	3,5	2,3	1,7
Permanente	2,8	1,9	1,5
Temporária	2,3	1,7	1,4

Fonte: Adaptada de Schnaid e Odebrecht, 2012.

5.3 Prospecção Geotécnica

Existem diversas formas de prospecção geotécnica, entre as quais serão apresentadas, neste item, as mais empregadas.

5.3.1 Processos Indiretos

São processos que não fornecem diretamente os tipos de solos prospectados, mas sim correlações entre estes e suas respectivas resistividades elétricas e velocidades de propagação de ondas sonoras. Nesse sentido, eles podem identificar diferentes tipos de materiais e suas descontinuidades. A Geofísica é a área responsável por esses processos, a qual realiza estudos da parte profunda do terreno, o que não é possível observar pelos processos diretos a partir da utilização de medidas físicas obtidas em superfície. Empregam-se ferramentas sofisticadas para a realização de tais estudos, que têm como principal finalidade complementar e corroborar formas diretas de investigação do solo ao projetista/consultor. Existem vários métodos geofísicos que podem ser utilizados, tais como:

- Sísmicos (*crosshole*, *downhole*, sísmica de refração, sísmica de reflexão, MASW – análise multicanal de superfícies de onda); e
- Geoelétricos (eletrorresistividade, GPR – radar de penetração no solo, potencial espontâneo).

Entre os vários processos existentes, o da resistividade elétrica e o da sísmica de refração são os de uso frequente. São processos rápidos e econômicos, principalmente em obras extensas. Propiciam resultados satisfatórios quando se pretende determinar as profundidades do substrato; entretanto, recomenda-se sua aplicação como ensaios complementares, pois não são conclusivos quando empregados isoladamente.

- Resistividade elétrica: parte do princípio de que vários materiais do subsolo possuem valores característicos de resistividade. Para sua execução são instalados quatro eletrodos equidistantes, posicionados na superfície do terreno, sendo dois externos conectados a uma bateria e um amperímetro. Os centrais são ligados a um voltímetro. A resistividade é medida a partir de um campo elétrico gerado artificialmente a partir de uma corrente elétrica no subsolo (Fig. 5.1).
- Sísmica de refração: esse processo apoia-se no princípio de que a velocidade de propagação de ondas sonoras é função do módulo de elasticidade do material, coeficiente de Poisson e massa específica. Produz-se uma emissão sonora no terreno por meio de pancadas ou explosões; com o uso de geofones registra-se o tempo gasto das ondas desde a explosão até a chegada aos geofones (Fig. 5.2).

5.3.2 Processos Semidiretos

Fornecem características mecânicas dos solos prospectados. Os valores obtidos possibilitam, por meio de correlações indiretas, informações sobre a natureza dos solos, como por exemplo: Ensaio de Palheta (*Vane Test*), Ensaio de Penetração do Cone (CPT, CPTu, SCPTu), Ensaio Pressiométrico (PMT), Ensaio Dilatométrico (DMT), entre outros. Foram desenvolvidos em decorrência da dificuldade em amostrar alguns tipos de solos, tais como areias puras e argilas moles, possibilitando, por meio da realização de ensaios executados *in situ*, a determinação das características de comportamento mecânico, obtidas mediante utilização de ábacos disponíveis na literatura.

Capítulo 5

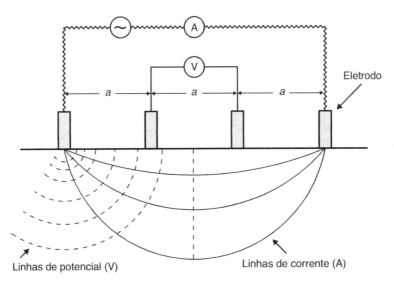

Figura 5.1 Sistema de funcionamento do ensaio de resistividade elétrica.

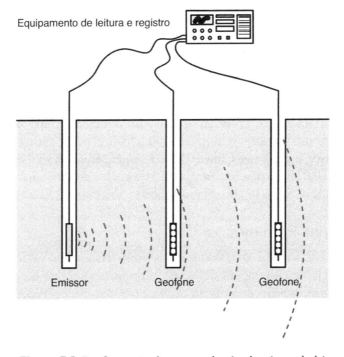

Figura 5.2 Configuração de um ensaio sísmico (*crosshole*).

5.3.2.1 Ensaio de Palheta (Vane Test)

Desenvolvido para medir a resistência ao cisalhamento não drenado (S_u) das argilas *in situ*. Consiste na cravação de uma palheta em solos moles, efetuando-se a medida do torque necessário à sua rotação, causando o cisalhamento do solo. Fornece também uma ideia da sensibilidade da argila. Sua aplicação pode ser realizada por cravação direta no solo, em furos de sondagens ou em pré-furos específicos para este fim.

O equipamento necessário à execução do ensaio é constituído por lâminas delgadas soldadas a uma haste, em cuja extremidade superior é aplicado um torque (momento) de valor suficiente para provocar a ruptura do solo no qual a palheta está inserida. O torque máximo medido (M) terá que vencer as resistências mobilizadas no topo, base e superfície lateral do cilindro de ruptura, à medida que a palheta vai girando no solo. O equipamento mais comum é o de quatro lâminas, que pode ser visto esquematicamente na Figura 5.3.

A resistência não drenada (S_u) pode ser obtida aplicando a Equação 5.1.

$$S_u = \frac{6}{7} \frac{M}{\pi \cdot D^3} \text{ (em kN/m}^2\text{)} \qquad \text{Eq. 5.1}$$

em que

M é o torque máximo medido (em kN · m) e D é o diâmetro da palheta (em m).

A Figura 5.4 mostra o posicionamento do equipamento no subsolo a ser ensaiado, assim como as etapas de execução do ensaio. A rotação do equipamento configura no solo uma superfície de ruptura em forma de cilindro, com dimensões aproximadamente iguais às da palheta, isto é, altura H e diâmetro D (Fig. 5.5). A Figura 5.6 mostra a execução do ensaio em campo.

Figura 5.3 Vista da palheta. Fonte: Cortesia de Damasco Penna.

Capítulo 5

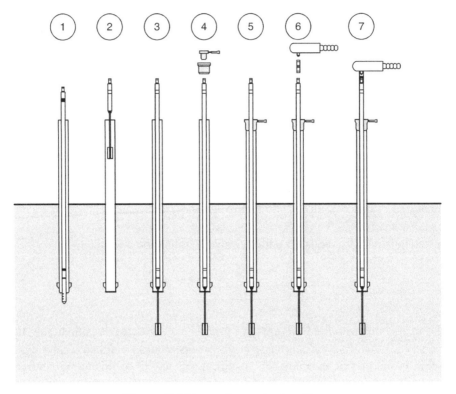

Figura 5.4 Etapas do ensaio de palheta.

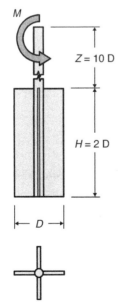

Figura 5.5 Detalhe da palheta.

Figura 5.6 Ensaio de palheta em execução. Fonte: Cortesia de Damasco Penna.

5.3.2.2 Ensaio de Penetração do Cone

É um sistema semiestático mais utilizado atualmente. Os ensaios executados com este equipamento são conhecidos internacionalmente com várias denominações diferentes. Entre elas, as mais comuns são: ensaio de penetração contínua (EPC), *deep sounding*, *diep sondering*, *cone penetration test* (CPT), *piezocone* (CPTU), *piezocone* sísmico (SCPTU), *cone resistivo*, entre outros.

Também conhecido como *deep sounding*, o CPT foi desenvolvido na Holanda com o propósito de simular a cravação de estacas. Neste ensaio a resistência lateral é obtida pela diferença entre a resistência total, correspondente ao esforço estático necessário para a penetração do conjunto em uma extensão de aproximadamente 25 cm, e a resistência de ponta, quando se cravam somente 4 cm da ponta móvel.

A execução do ensaio utilizando cone mecânico é relativamente simples e acontece em três etapas (Fig. 5.7), conforme se apresenta a seguir:

- Quando a força F_1 é aplicada, o cone é forçado a penetrar no terreno pela haste interna, e então é medida a resistência de ponta do terreno (q_c) na profundidade de execução do ensaio;
- Quando a força F_2 é aplicada, a haste externa penetra no terreno até encostar na base do cone, e então é determinada a resistência por atrito lateral do terreno (f_s) na profundidade de ensaio;
- Quando as duas hastes são forçadas a penetrar no terreno, pode-se medir a resistência total ($q_t = q_c + f_s$) na profundidade desejada;
- Os resultados são usualmente fornecidos em forma de gráficos, que apresentam as resistências de ponta (q_c) e atrito lateral (f_s) em função da profundidade.

O ritmo de cravação da ponteira no solo deve ser mantido constante durante a realização do ensaio, pois as variações na velocidade de cravação podem influenciar os

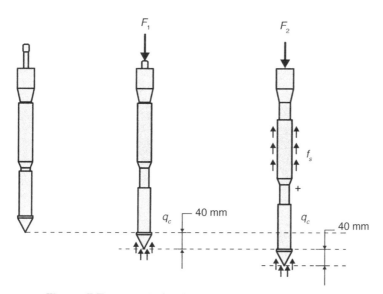

Figura 5.7 Etapas de funcionamento do cone mecânico.

Capítulo 5

resultados de q_c e f_s. Nesse aspecto, a ponteira deve estar em perfeitas condições de uso, sem nenhuma deformidade que possa afetar as suas características geométricas padronizadas (Fig. 5.8), inclusive na posição e funcionamento das pedras empregadas para medidas de poro-pressão (Fig. 5.9).

O equipamento utilizado para cravação pode ser acoplado e/ou instalado em caminhões, porém existem equipamentos desenvolvidos especificamente para esta finalidade que possuem autonomia de locomoção limitada e destinada para pequenos deslocamentos no próprio terreno da investigação (Fig. 5.10). Depois de posicionado e ancorado no terreno, a operação do equipamento pode ser feita por pessoal treinado para a execução do ensaio (Fig. 5.11).

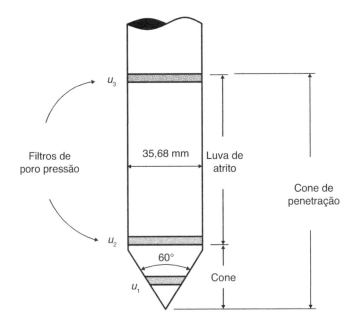

Figura 5.8 Geometria da ponteira.

Figura 5.9 Posicionamento da pedra porosa nas posições u_1 e u_2.

Investigação do Subsolo para Fundações

Figura 5.10 Equipamento para cravação do cone.   Figura 5.11 Execução do ensaio.

Recomenda-se que a realização deste ensaio seja precedida por uma sondagem de simples reconhecimento, permitindo conhecer as condições mínimas do terreno de forma a evitar danos à ponteira e ao equipamento do ensaio do cone.

Após a execução do ensaio CPTU, os resultados obtidos são apresentados em profundidade. A classificação do tipo de solo depende do emprego de ábacos e da análise conjunta dos diagramas de resistência de ponta (q_t), atrito lateral (f_s), razão de atrito ($R_f = f_s/q_t$) e medida de poro-pressão (u_2) (Fig. 5.12).

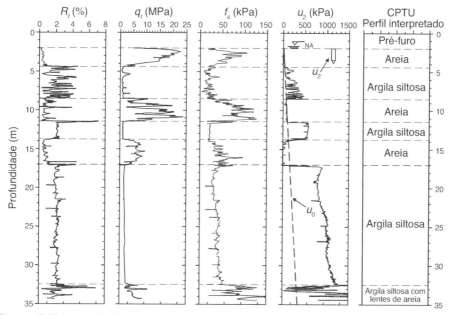

Figura 5.12 Exemplo de resultado do ensaio CPTU. Fonte: Adaptada de De Mio, 2005.

Capítulo 5

5.3.2.3 Ensaio Dilatométrico

O ensaio foi desenvolvido na década de 1970, na Itália, pelo Prof. Silvano Marchetti e tem sido empregado como ferramenta de investigação do subsolo em mais de 50 países. Trata-se de um ensaio de penetração efetuado por meio de cravação de uma lâmina de aço inoxidável no terreno (Fig. 5.13) e pela ação de uma membrana metálica muito fina, de aço, de 6,0 cm de diâmetro, que é expandida contra o solo pela ação do gás de nitrogênio (extrasseco). O processo é realizado em intervalos de 20 cm ao longo da profundidade, momento em que a sonda é estacionada. O ensaio é limitado pela capacidade de cravação do equipamento, sendo possível executá-lo, sem necessidade de pré-furo, para solos com $N_{SPT} \leq 25$.

O conjunto para realização do ensaio é composto por hastes de cravação, tubo para alimentação do gás e lâmina acoplada no primeiro segmento de haste a ser cravado (Fig. 5.14). Em cada etapa do ensaio são realizadas duas leituras de pressões por um equipamento medidor (Fig. 5.15). A primeira leitura é referente ao início da expansão da membrana (leitura P_0) e a segunda referente à expansão de 1,1 mm no centro da lâmina, agindo contra o terreno (leitura P_1).

A partir dos valores das pressões P_0 e P_1 é possível obter: módulo dilatométrico (E_D), índice do material (I_D) e índice de tensão horizontal (K_D). Com a crescente aplicação deste ensaio foram desenvolvidas diversas correlações para obtenção dos parâmetros de resistência e deformabilidade do solo, tais como: coeficiente de empuxo em repouso (K_0), razão de sobreadensamento (RSA) ou *Over Consolidation Ratio* (OCR), módulo de deformabilidade do solo (E), resistência ao cisalhamento não drenada de argilas (S_u) e ângulo de atrito interno das areias (ϕ), além do reconhecimento da estratigrafia do subsolo.

Figura 5.13 Detalhe da lâmina de cravação – DMT.

Figura 5.14 Lâmina acoplada às hastes de cravação.

Investigação do Subsolo para Fundações

Figura 5.15 Equipamento de leitura das pressões.

O ensaio DMT apresenta uma forma sísmica; é denominado DMT sísmico que possibilita obter as velocidades de onda necessárias para o cálculo do módulo de cisalhamento inicial do solo (G_0).

A forma de apresentação gráfica sugerida dos resultados do ensaio DMT é mostrada na Figura 5.16. O ensaio é composto por quatro perfis dos parâmetros mais significativos obtidos, I_D, M, S_u e K_D.

5.3.2.4 Ensaio Pressiométrico

Utilizado para obtenção do módulo de elasticidade e da resistência ao cisalhamento dos solos e rochas. Existem alguns tipos de pressiômetros empregados para realização deste ensaio: PBP ou pressiômetro em perfuração, SBP ou autoperfurante, e PIP ou cravado. A exemplo do pressiômetro em perfuração, tem-se o ensaio do pressiômetro

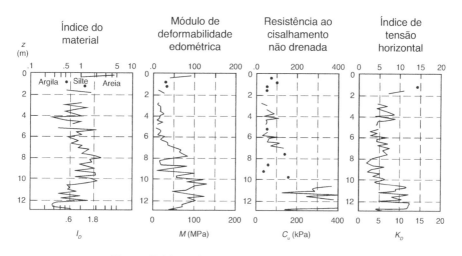

Figura 5.16 Gráficos obtidos no ensaio DMT.

43

Capítulo 5

de *Ménard*, que consiste em uma sonda (Fig. 5.18), que é introduzida em furos de sondagem e está ligada a aparelhos de medições de pressões e volumes (Fig. 5.17).

No caso do autoperfurante, tem-se o modelo denominado CamKoMeter (Fig. 5.19), que permite obter os parâmetros do solo com melhor acurácia, uma vez que os ensaios são realizados na camada de interesse, sem a necessidade de pré-furo, preservando as características confinantes do solo ensaiado.

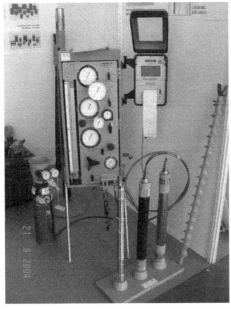 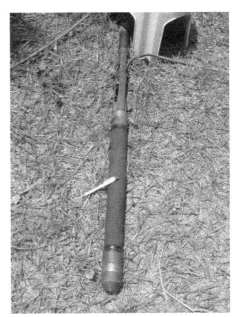

Figura 5.17 Equipamento completo – pressiômetro de *Ménard*.

Figura 5.18 Sonda do pressiômetro de *Ménard*.

Figura 5.19 Detalhe do *CamKoMeter*.

5.3.3 Processos Diretos

Permitem o reconhecimento do solo prospectado mediante análise de amostras, provenientes de furos executados. Essas amostras fornecem subsídios para um exame táctil-visual e permitem a realização de alguns ensaios de caracterização.

5.3.3.1 Poços

São perfurados manualmente, com auxílio de pás e picaretas. Para que haja facilidade de escavação, o diâmetro mínimo deve ser da ordem de 60 cm (Fig. 5.20). A profundidade atingida é limitada pela presença do nível d'água (N.A.) ou desmoronamento, quando então se faz necessário revestir o poço para dar prosseguimento à escavação. Esse tipo de investigação permite um exame visual das camadas do subsolo e de suas características de consistência e compacidade, por meio do perfil exposto em suas paredes, além da coleta de amostras deformadas e indeformadas em forma de blocos.

5.3.3.2 Trincheiras

As trincheiras são valas profundas, executadas mecanicamente com o auxílio de escavadeiras. Essas escavações permitem um exame visual contínuo do subsolo, em determinada direção e, assim como nos poços, é possível efetuar coleta de amostras deformadas e indeformadas.

5.3.3.3 Sondagens a Trado

Trata-se de uma ferramenta manual de perfuração, composta por uma barra de torção horizontal conectada a uma luva em forma de "T", adicionalmente a um conjunto de hastes de avanço, em cuja extremidade se acopla uma cavadeira ou broca em formato helicoidal ou espiral (Fig. 5.21). A prospecção por trado é de simples execução, rápida e econômica. No entanto, as informações obtidas são apenas amostras do tipo de solo, espessura de camada e posição do lençol freático. As amostras coletadas são deformadas e situam-se acima do N.A.

Figura 5.20 Abertura manual de poço.

Capítulo 5

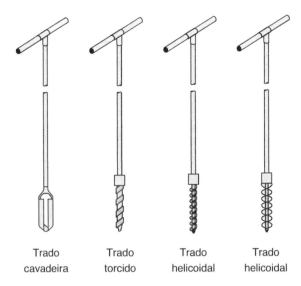

Figura 5.21 Tipos de trado.

5.3.3.4 Sondagens de Simples Reconhecimento (SPT) e com Torque (SPT-T)

Videoaula 3 – SPT ▶

O método de sondagem à percussão é amplamente utilizado no Brasil e no mundo, e foi considerado como um equipamento de uso comum e de excelente custo-benefício aplicado para determinar características físicas e mecânicas dos solos. Permite a determinação da compacidade de solos granulares e a identificação da consistência de solos coesivos e até mesmo de rochas brandas.

Durante a execução da sondagem de simples reconhecimento, realiza-se o ensaio SPT (*Standard Penetration Test*) que permite a determinação da resistência mecânica do solo, por meio do número de golpes necessários à cravação de um amostrador-padrão (N_{SPT}). A perfuração é realizada por tradagem ou circulação de água utilizando-se um trépano de lavagem como ferramenta de escavação. As amostras representativas do solo são coletadas a cada metro de profundidade por meio de amostrador-padrão do tipo *Raymond* (ϕ_{ext} = 50,8 mm e ϕ_{int} = 34,93 mm). O procedimento de ensaio consiste na cravação deste amostrador no fundo de uma escavação (revestida ou não), usando um martelo pesando 65 kg, que cai de uma altura livre de 75 cm, e tubos de aço "Schedule" com 1 polegada de diâmetro interno e massa de 3,2 kg/m (Fig. 5.22).

A cravação do amostrador é realizada em três trechos iguais de 15 cm cada. O valor do N_{SPT} é o número de golpes necessários para fazer o amostrador-padrão penetrar 30 cm, após uma cravação inicial de 15 cm (Fig. 5.23).

É importante ressaltar que, mesmo para as obras de engenharia de pequeno porte, é necessário realizar uma programação adequada de investigação do subsolo. Deve

Investigação do Subsolo para Fundações

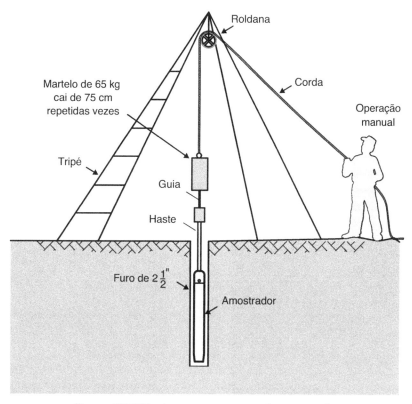

Figura 5.22 Equipamentos empregados no ensaio.

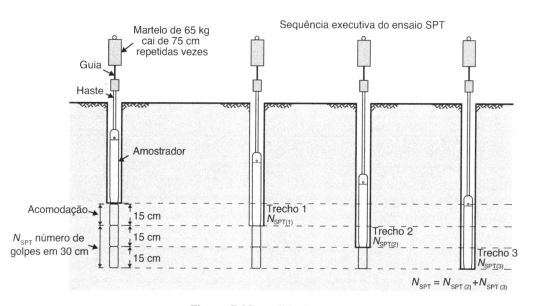

Figura 5.23 Medida do N_{SPT}.

Capítulo 5

permitir obter parâmetros mínimos necessários à escolha do tipo de fundações e possibilitar a elaboração de um projeto de fundações que venha a ser viável técnica e economicamente.

A execução das sondagens à percussão representa a condição mínima aceitável como investigação geotécnica para subsidiar a elaboração de um projeto para qualquer obra de engenharia.

A realização desse tipo de sondagem é ilustrada por meio das Figuras 5.24 a 5.28, mostrando os equipamentos utilizados para sua execução.

O ensaio também pode ser executado com equipamento mecânico, conforme mostrado na Figura 5.29.

Figura 5.24 Vista do tripé.

Figura 5.25 Martelo e cabeça de bater.

Figura 5.26 Amostrador bipartido.

Figura 5.27 Marcação dos 15 cm.

Investigação do Subsolo para Fundações

Figura 5.28 Perfuração por lavagem.   Figura 5.29 Vista do caminhão.

A correlação entre o número de golpes e os estados dos solos argilosos e arenosos é mostrada nas Tabelas 5.2 e 5.3, conforme prescreve a ABNT NBR 6484.

Tabela 5.2 Solos argilosos

N_{SPT}	Argila e siltes argilosos
≤ 2	Muito mole
3 a 5	Mole
6 a 10	Média(o)
11 a 19	Rija(o)
20 a 30	Muito rija(o)
> 30	Dura(o)

Fonte: Adaptada de ABNT NBR 6484.

Tabela 5.3 Solos arenosos

N_{SPT}	Areias e siltes arenosos
≤ 4	Fofa(o)
5 a 8	Pouco compacta(o)
9 a 18	Medianamente compacta(o)
19 a 40	Compacta(o)
> 40	Muito compacta(o)

Fonte: Adaptada de ABNT NBR 6484.

Na década de 1980, o Prof. Ranzini propôs a realização do ensaio SPT com medida do torque, denominando-o SPT-T. Esse ensaio consiste na execução do ensaio SPT, normatizado pela ABNT NBR 6484; logo depois de terminada a cravação do amostrador, é aplicada uma rotação ao conjunto haste-amostrador com o auxílio de um torquímetro (Figs. 5.30 e 5.31). Durante a rotação, obtém-se a leitura do torque máximo necessário para romper a adesão entre o solo e o amostrador, permitindo a obtenção do atrito lateral amostrador-solo. Outra medida que também pode ser obtida é a do torque residual, que consiste em continuar girando o amostrador até que a leitura se mantenha constante, quando, então, faz-se uma segunda medida.

A medida do torque possui a vantagem de não ser afetada pelas conhecidas fontes de erros do valor tradicional do SPT (contagem do número de golpes, altura de queda, peso da massa cadente, drapejamento e atrito das hastes, mau estado da sapata cortante, roldana, corda etc.). Outra vantagem desse procedimento é a possibilidade de se obter um valor mais confiável da resistência lateral mediante o SPT, e por um baixo custo adicional. Apresenta-se, a seguir, a equação para o cálculo do atrito lateral a partir do torque (Ranzini, 1988).

$$f_T = \left(\frac{T}{40{,}5366h - 3{,}1711} \right) * 100 \qquad \text{Eq. 5.2}$$

em que f_T é o atrito lateral unitário (kPa), T é o torque máximo (kgf · cm) e h é o comprimento do amostrador (cm).

Para melhor ilustrar, apresenta-se um exemplo de relatório de sondagem (Fig. 5.32), onde existem várias colunas; uma delas indica o número de golpes necessários para a cravação dos últimos 30 cm do amostrador e também outras colunas, em que são indicados os valores do *TM* (torque máximo), *TR* (torque residual) e *H* (comprimento cravado do amostrador).

Figura 5.30 Leitura do torque.

Figura 5.31 Detalhe do torquímetro.

Investigação do Subsolo para Fundações

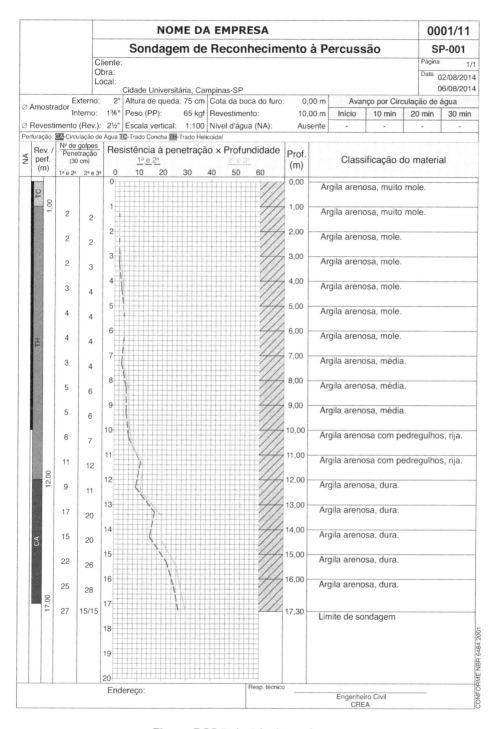

Figura 5.32 Relatório de sondagem.

CAPÍTULO 5

5.3.3.5 Sondagem Rotativa

É empregada na perfuração de rochas, de solos de alta resistência e matacões ou blocos de natureza rochosa. O equipamento (Fig. 5.33) compõe-se de uma haste metálica rotativa, dotada, na extremidade, de um amostrador, que dispõe de uma coroa de diamante (Fig. 5.34).

O movimento de rotação da haste é proporcionado pela sonda rotativa que se constitui de um motor, de um elemento de transmissão de um fuso que imprime nas hastes os movimentos de rotação, recuo e avanço. É possível a retirada de testemunhos de rochas (Fig. 5.35) para avaliar, entre outras coisas, a qualidade do maciço rochoso, denominado RQD (*Rock Quality Designation*).

O índice RQD estabelece a qualidade do maciço de rocha de acordo com a relação entre a soma dos comprimentos dos segmentos resgatados pelo amostrador com comprimento maior ou igual a 10 cm pelo comprimento total do testemunho resgatado (Deere, 1988), classificada de acordo com a Tabela 5.4.

Figura 5.33 Equipamento – sonda rotativa.

Figura 5.34 Coroa de diamante.

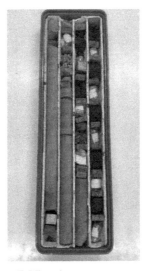

Figura 5.35 Caixa com testemunhos.

Investigação do Subsolo para Fundações

Tabela 5.4 Classificação da qualidade da rocha

RQD	Qualidade da rocha
0-25 %	Muito fraca
25-50 %	Fraca
50-75 %	Razoável
75-90 %	Boa
90-100 %	Excelente

Fonte: Adaptada de Deere; 1988.

5.3.3.6 Sondagem Mista

A sondagem mista é a conjugação dos processos à percussão e rotativo. Quando os processos manuais forem incapazes de perfurar solos de alta resistência, matacões ou blocos de natureza rochosa, utiliza-se o processo rotativo para complementar a investigação.

5.4 Programação da Investigação do Subsolo

A programação de uma investigação do subsolo, para efeito do projeto da fundação de uma obra de engenharia, depende significativamente do tipo de obra a ser construída.

De acordo com a ABNT NBR 8036, o número de perfurações deve ser de, no mínimo, 1 (um) para cada 200 m² de área construída até 1200 m² de área.

Entre 1200 m² e 2400 m², deve ser feita mais uma perfuração para cada 400 m² que exceder 1200 m².

Acima de 2400 m², o número de perfurações será fixado de acordo com cada caso particular, a critério do responsável pelo projeto das fundações.

Em quaisquer circunstâncias, o número mínimo de perfurações deverá ser de:

* Duas para terrenos de até 200 m²;
* Três para terrenos entre 200 m² e 400 m².

As especificações da Norma 8036 estão resumidas na Tabela 5.5.

Tabela 5.5 Quantidade de sondagens

Área construída (m²)	Número mínimo de perfurações
< 200	2
200 a 400	3
400 a 600	3
600 a 800	4
800 a 1000	5
1000 a 1200	6
1200 a 1600	7
1600 a 2000	8
2000 a 2400	9
> 2400	A critério do projetista

Fonte: Adaptada da ABNT NBR 8036.

Capítulo 5

Notas:
- No caso de mais de três sondagens, é importante que não seja no mesmo alinhamento;
- A profundidade mínima das sondagens deve ser tal que não haja influência no subsolo das cargas estruturais, podendo-se fixar aquela em que o acréscimo de pressão for menor que 10 % da pressão geostática efetiva.

5.5 Considerações Importantes

Conforme visto, existem várias formas e ferramentas para a realização de uma investigação geotécnica. Certamente aquelas realizadas *in situ* são as mais empregadas no mundo e no Brasil. No entanto, não é possível comparar diretamente os valores obtidos nos diferentes ensaios *in situ*, pois estão envolvidos diferentes modelos de ensaio e também diversas condições no campo (Peixoto, 2001). De maneira geral os ensaios impõem ao terreno diferentes formas de penetração e solicitação inerentes a cada ferramenta empregada (Fig. 5.36).

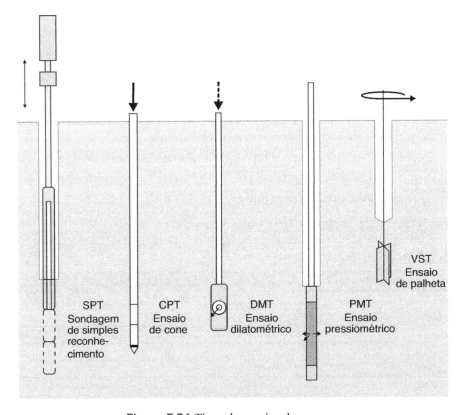

Figura 5.36 Tipos de ensaios de campo.

5.6 Exercícios Resolvidos

1) Quais os subsídios mínimos que uma campanha de investigação do subsolo, destinada a um projeto de fundações, deve fornecer?

Resposta:
- Os tipos de solo que ocorrem nas diferentes camadas em profundidades e as respectivas espessuras de cada uma delas;
- As condições de resistência, em termos de compacidade e/ou consistência de cada tipo de solo;
- O nível do terreno para construção das fundações em relação ao perfil de sondagem;
- A orientação das camadas ao longo do horizonte (mergulhos e afloramentos);
- Além de informações sobre a ocorrência e variação sazonal do nível d'água no subsolo, horário de esgotamento da perfuração, horário de medida do nível d'água (N.A.), artesianismo, lençol empoleirado etc.

2) Qual a justificativa para que sejam desprezados os primeiros 15 cm de penetração do amostrador, no ensaio SPT (*Standard Penetration Test*)?

Resposta:
Os primeiros 15 cm representam a porção de solo que teve sua estrutura alterada pela ação do trado na fase de escavação do furo (avanço), justificando assim a não utilização, pois não representa o terreno na condição natural. Adicionalmente a isso, existe o fato de que, nesse trecho, o amostrador, juntamente com a composição de hastes, apoia-se promovendo uma penetração por acomodação nos primeiros 15 cm, comprometendo a determinação do N_{SPT}.

3) Como é feita a avaliação do tipo de subsolo em uma sondagem, na fase de avanço por trépano e lavagem (55 cm)?

Resposta:
Na fase de avanço, a avaliação é feita por meio da análise táctil visual da lama que retorna do tubo de revestimento durante o processo.

4) A amostra de solo coletada pelo amostrador-padrão usado no ensaio SPT (*Standard Penetration Test*) serve para a execução de ensaios destinados a avaliar resistência em laboratório (triaxiais, cisalhamento direto, compressão simples etc.)?

Resposta:
Não. O solo extraído do interior do amostrador-padrão somente resgata amostras deformadas de solo, uma vez que sua estrutura é modificada pela ação de cravação à percussão.

5) Completar a tabela com o número de golpes (N_{SPT}) que poderá caracterizar as diversas camadas exemplificadas abaixo.

CAPÍTULO 5

PENETRAÇÃO				
Camada	1º trecho (15 cm)	2º trecho (15 cm)	3º trecho (15 cm)	N_{SPT}
1	2	4	7	11
2	0	1/14	3/13	4/27
3	0	1/20	2/35	3/55
4	10	15	18	33
5	12	18	25	43
6	33	57	–	57/15
7	0/30	–	1/40	1/40
8	55	–	–	55/15*
9	55/10	–	–	–
10	42	50/8	–	50/8

*O número de golpes se refere aos primeiros 15 cm de penetração.

6) Antes de ser atingido o N.A., é aconselhável utilizar o processo de (trépano + lavagem por circulação de água), para avanço da sondagem? Justificar.

Resposta:

Não se aconselha avançar com utilização de água antes de se alcançar o N.A., pois a ação da água vai alterar a estrutura do solo, resultando em um número de golpes diferente, caso tivesse sido realizado sem água. Somente deve-se empregar o processo de lavagem por circulação de água em caso da impossibilidade do avanço com trado comum (espiral, concha ou helicoidal), tendo em vista a elevada resistência do solo.

7) Para o Exercício 6 (anterior), em caso negativo, como poderia ser feito o avanço antes de ser atingido o N.A.?

Resposta:

A etapa de avanço em sondagens deve ser efetuada com trado comum (espiral, concha ou helicoidal) até que se encontre camada de solo resistente ou rocha que impeça seu uso.

8) Determinar o número mínimo de sondagens e sua distribuição em planta para as seguintes situações:
   • Edificação com 500 m² de área construída projetada.

Resposta:

De acordo com a prescrição da ABNT NBR 8036, para áreas entre 400 e 600 m² devem-se utilizar no mínimo três sondagens. Recomenda-se que a distribuição dos furos de sondagem seja da seguinte forma:

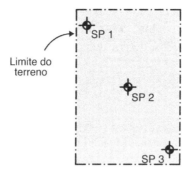

- Edificação com 850 m² de área construída projetada.

Resposta:
Para área entre 800 e 1000 m² devem-se utilizar, no mínimo, cinco sondagens. A distribuição recomendada deve ser da seguinte forma:

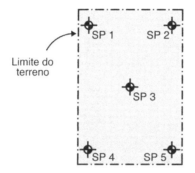

- Edificação com 1700 m² de área construída projetada.

Resposta:
Para área entre 1600 e 2000 m² devem-se utilizar, no mínimo, oito sondagens. A distribuição recomendada deve ser da seguinte forma:

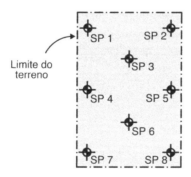

9) Foi realizado um ensaio de palheta (*Vane Test*) para determinação do valor aproximado da resistência não drenada, S_u, de uma argila. O ensaio foi executado com

uma lâmina de 10 cm de largura (*D*). No campo foi obtido um valor de torque máximo (*M*) de 2,35 kgf · m (0,023 kN · m) para cisalhar a amostra de argila. A partir das informações fornecidas, determinar o valor de S_u da argila.

Resposta:

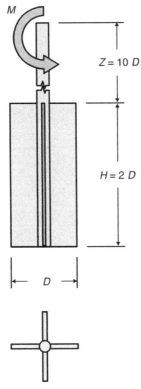

Dados:

$$S_u = \frac{6}{7} \frac{M}{\pi \cdot D^3} \text{ (em kN/m}^2)$$

$M = 0,023$ kN · m
$D = 0,10$ m

Resposta:

$$S_u = \frac{6}{7} \frac{0,023}{\pi \cdot 0,1^3} = 6,3 \text{ kN/m}^2$$

10) Com base no relatório simplificado de uma sondagem de simples reconhecimento, responda:
   a) Qual a posição do lençol freático?
   b) Qual a profundidade máxima da sondagem?
   c) Por que houve a necessidade do revestimento?
   d) A indicação da compacidade e consistência das três camadas identificadas está correta?

Investigação do Subsolo para Fundações

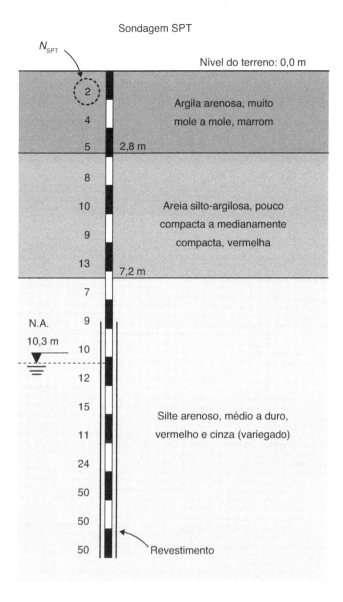

Resposta:
a) O lençol freático está posicionado a 10,3 m de profundidade.
b) O limite da sondagem foi de 17 m.
c) O revestimento deve ser instalado sempre que for identificada a presença do lençol freático. Ele deve ser posicionado em nível superior à posição do nível d'água verificado na perfuração.
d) A identificação da primeira e da segunda camadas está correta; no entanto, no caso da terceira camada, foi indicado com características de consistência (média a duro), o que está incorreto, pois trata-se de um silte *arenoso*, ou seja, deveria ser indicado com características de compacidade.

Capítulo 5

11) Para a situação abaixo, determine a quantidade de sondagens e faça a distribuição dos furos.

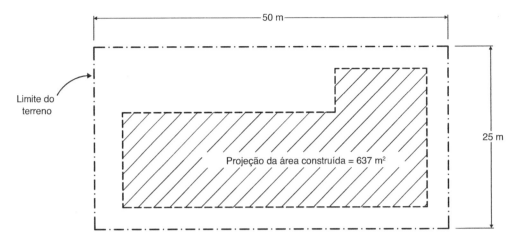

Resposta:

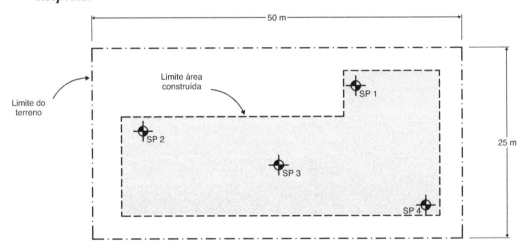

5.7 Exercícios Propostos

1) Qual o motivo do aumento do custo de uma obra, tendo em vista a variação do fator de segurança de acordo com a qualidade da investigação e característica da obra?
2) Quais são os processos de prospecção geotécnicas? Descreva de forma sucinta cada um deles.
3) Faça uma descrição do processo executivo do ensaio CPTu. Quais são os parâmetros obtidos neste ensaio?
4) Qual a finalidade do ensaio de palheta (*Vane Test*)? Em que tipo de solo ele pode ser empregado?

Investigação do Subsolo para Fundações

5) Complete a tabela com o número de golpes (N_{SPT}), indicando as características de consistência ou compacidade de cada camada, de acordo com as indicações da NBR 6484 (Tabelas 5.2 e 5.3), que poderão caracterizar as diversas camadas exemplificadas abaixo:

Camada	1º 15 cm	2º 15 cm	3º 15 cm	N_{SPT}	Solo
1	0	1	2		Argila arenosa, _____
2	1	1/14	3/13		_____
3	0	2/20	5/35		marrom-avermelhada.
4	1	3	6		
5	5	4	8		Silte argiloso, _____
6	8	8	9		_____
7	10	9	12		amarelado
8	32	35	50/12		Areia fina, _____
9	50	50/8	–		_____
10	50/3	–	–		bege

6) Você será responsável técnico pela elaboração de um projeto de fundação para um edifício de 20 andares. Os dados enviados pelo projetista não trazem nenhuma outra informação da implantação do prédio, além dos dados médios do ensaio SPT realizados em três furos de sondagem e a respectiva locação destes. Substanciado nestas informações (topografia e SPT), você considera que tem informações suficientes para a elaboração do projeto? Justifique sua resposta.

SP 1 – Profundidade máxima 8,0 m – $N_{SPT\,(média)}$ = 8 (silte arenoso)

SP 2 – Profundidade máxima 7,9 m – $N_{SPT\,(média)}$ = 15 (silte argiloso)

SP 3 – Profundidade máxima 8,2 m – $N_{SPT\,(média)}$ = 50 (argila siltosa)

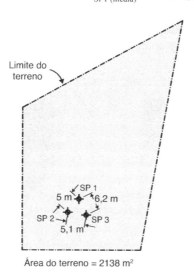

Área do terreno = 2138 m²

Capítulo 6

Fundação Rasa ou Direta

Videoaula 4

Em situações em que o solo da camada superficial apresenta resistência suficiente e características adequadas para suportar cargas, emprega-se esse tipo de fundação (Fig. 6.1). Em geral as fundações rasas são apoiadas em solo; no entanto, há casos em que podem ser apoiadas diretamente em rocha. Conforme visto anteriormente, as fundações rasas são: sapatas, sapatas corridas, blocos de fundação e *radiers*.

O processo executivo requer a escavação da camada superficial até a cota de apoio. O processo pode ser feito por meio de escavação mecânica ou manual. No caso de processo mecânico, há a necessidade de interromper o processo anteriormente à cota de apoio para que não ocorram desagregação e desestruturação do solo de apoio, seguindo então por meio de processo manual (ABNT NBR 6122).

Anteriormente à concretagem, deve haver a liberação da superfície de apoio por engenheiro geotécnico com a finalidade de confirmar as características e resistência do solo conforme especificado em projeto. Conforme prescrito na ABNT NBR 6122, há necessidade de preparar um lastro de concreto magro sobre a superfície, evitando que a armadura entre em contato com o terreno natural. Não é preciso utilizar formas na confecção da uma sapata, desde que o solo tenha coesão suficiente para isso (Figs. 6.2 e 6.3). É aconselhável que a concretagem seja feita logo após a finalização da colocação da armadura (Fig. 6.4).

Figura 6.1 Vista de obra de fundação por sapatas.

Figura 6.2 Detalhe da armadura e gabarito de sapata isolada.

Fundação Rasa ou Direta

Após a conclusão da concretagem (Fig. 6.5), é importante que se faça um reaterro com compactação mecânica (placa vibratória ou compactador tipo "sapo") para evitar algum recalque da camada superficial após conclusão do processo.

O radier flexível tem sido empregado em obras de edificações térreas em função da praticidade e simplicidade de execução (Fig. 6.6).

Um *radier* rígido requer uma quantidade superior de materiais (aço e concreto), escavação (Fig. 6.7).

Figura 6.3 Detalhe da armadura e gabarito de sapatas de divisa.

Figura 6.4 Concretagem da sapata.

Figura 6.5 Detalhe da sapata após concretagem.

Figura 6.6 Execução de radier flexível: preparação (a), concretagem (b). Fonte: Cortesia do Engenheiro Marcello Paniago.

Capítulo 6

Figura 6.7 Exemplo de radier rígido. Fonte: Cortesia do Professor Maurício Sales.

6.1 Capacidade de Carga de Fundação Direta

Videoaula 5

A capacidade de carga de um solo (σ_r) é a tensão que, aplicada ao solo através de uma fundação direta, causa a sua ruptura. Alcançada essa tensão, a ruptura é caracterizada por recalques incessantes, sem que haja aumento da tensão aplicada.

A tensão admissível (σ_{adm}) de um solo é obtida dividindo-se a capacidade de carga (σ_r) por um fator de segurança (FS) adequado a cada caso.

$$\sigma_{adm} = \frac{\sigma_r}{FS} \qquad \text{Eq. 6.1}$$

A determinação da tensão admissível dos solos é feita das seguintes formas:

- Pelo cálculo da capacidade de carga, utilizando fórmulas teóricas;
- Pela execução de provas de carga;
- Pela adoção de taxas advindas da experiência acumulada em cada tipo de região.

Os fatores de segurança em relação à ruptura, no caso de fundações rasas, situam-se geralmente entre 3 (exigidos em casos de cálculos e estimativas) e 2 (em casos de disponibilidade de provas de carga). Portanto, no geral,

- $FS \geq 2$ → com resultados de prova de carga;
- $FS \geq 3$ → utilizando fórmulas teóricas.

A capacidade de carga dos solos varia em função dos seguintes parâmetros:

- Do tipo e do estado do solo (areias e argilas nos vários estados de compacidade e consistência);
- Da dimensão e da forma da sapata (sapatas corridas, retangulares, quadradas ou circulares);
- Da profundidade da fundação (rasa ou profunda).

6.2 Fórmulas de Capacidade de Carga

Existem várias fórmulas para o cálculo da capacidade de carga dos solos, todas elas aproximadas, porém de grande utilidade para o engenheiro de fundações, e conduzindo a resultados satisfatórios para o uso geral (Tabela 6.1). Para a utilização dessas fórmulas, é necessário o conhecimento adequado da resistência ao cisalhamento do solo em estudo, ou seja, da sua equação geral: $\tau = c + \sigma \tan \phi$.

Tabela 6.1 Métodos de análises para cálculo de carga de ruptura – fundações rasas

Tipo de solo		Compacidade ou consistência	Método de análise
Areia		Compacta	Terzaghi – ruptura geral, ruptura local e ruptura intermediária ou Meyerhof
		Fofa	
		Intermediária	
Argila saturada		Qualquer	Skempton
Argila parcialmente saturada		Acima da média	Meyerhof
Argila porosa		Qualquer	Não aplicável
Silte	Não plástico	Qualquer	Tratar como areia fina
	Plástico		Tratar como argila

6.2.1 Teoria de Terzaghi (1943)

Terzaghi, em 1943, propôs uma fórmula para a estimativa da capacidade de carga de um solo, abordando os casos de sapata corrida, e que depois foi adaptada para sapatas quadradas e circulares, apoiadas à pequena profundidade abaixo da superfície do terreno ($H < B$), conforme a Figura 6.8.

Mediante a introdução de um fator de correção para levar em conta a forma da sapata, as equações de Terzaghi podem ser generalizadas. Terzaghi chegou a essa equação por meio das seguintes considerações: a capacidade de carga do solo depende do tipo e da resistência do solo, da fundação e da profundidade de apoio na camada. A proposta do autor foi desenvolvida para o cálculo da capacidade de carga para areias compactas e argilas rijas.

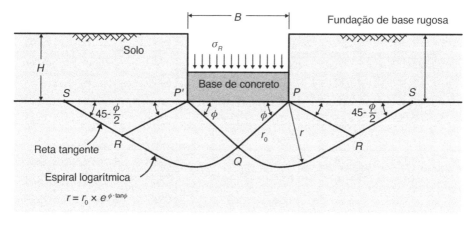

Figura 6.8 Hipótese de Terzaghi.

CAPÍTULO 6

As várias regiões consideradas por Terzaghi são:

- PQP' – Zona em equilíbrio (solidária à base da fundação);
- PQR – Zona no estado plástico;
- PRS – Zona no estado elástico.

a) Ruptura geral (areias compactas e argilas duras)

$$\sigma_{rup} = c \cdot S_c \cdot N_c + q \cdot S_q \cdot N_q + 0{,}5 \cdot \gamma \cdot B \cdot S_\gamma \cdot N_\gamma \qquad \text{Eq. 6.2}$$

em que

σ_{rup} é o acréscimo efetivo de tensões
$c \cdot S_c \cdot N_c$ é a parcela relativa a coesão do solo
$q \cdot S_q \cdot N_q$ é a parcela relativa a profundidade
$0{,}5 \cdot \gamma \cdot B \cdot S_\gamma \cdot N_\gamma$ é função do peso próprio do solo
q é a tensão efetiva na cota de apoio da fundação (γz)
S_c, S_q, S_γ são fatores de forma (*shape*)
N_c, N_q, N_γ são fatores de carga para ruptura geral (função do ângulo de atrito do solo)
B é o menor lado da fundação (para sapata circular é igual a ϕ)
γ é o peso específico do solo dentro da zona de ruptura
$\overline{q} = \gamma \cdot h$ é a tensão efetiva na cota de apoio da sapata.

Caso o terreno esteja submerso, $\gamma = \gamma_{sub}$; caso contrário $\gamma = \gamma_{nat}$
Os coeficientes de capacidade de carga dependem do ângulo de atrito (ϕ) do solo e são apresentados na Tabela 6.2.

Tabela 6.2 Coeficientes de capacidade de carga para ruptura geral

ϕ (°)	N_c	N_q	N_γ	ϕ (°)	N_c	N_q	N_γ
0	5,70	1,00	0,00	26	27,09	14,21	9,84
1	6,00	1,10	0,01	27	29,24	15,90	11,60
2	6,30	1,22	0,04	28	31,61	17,81	13,70
3	6,62	1,35	0,06	29	34,24	19,98	16,18
4	6,97	1,49	0,10	30	37,16	22,46	19,13
5	7,34	1,64	0,14	31	40,41	25,28	22,65
6	7,73	1,81	0,20	32	44,04	28,52	26,87
7	8,15	2,00	0,27	33	48,09	32,23	31,94
8	8,60	2,21	0,35	34	52,64	36,50	38,04
9	9,09	2,44	0,44	35	57,75	41,44	45,41
10	9,61	2,69	0,56	36	63,53	47,16	54,36
11	10,16	2,98	0,69	37	70,01	53,80	65,27
12	10,76	3,29	0,85	38	77,50	61,55	78,61
13	11,41	3,63	1,04	39	85,97	70,61	95,03
14	12,11	4,02	1,26	40	95,66	81,27	115,31

(continua)

Fundação Rasa ou Direta

ϕ (°)	N_c	N_q	N_γ	ϕ (°)	N_c	N_q	N_γ
15	12,86	4,45	1,52	41	106,81	93,85	140,51
16	13,68	4,92	1,82	42	119,67	108,75	171,99
17	14,60	5,45	2,18	43	134,58	126,50	211,56
18	15,12	6,04	2,59	44	151,95	147,74	261,60
19	16,57	6,70	3,07	45	172,28	173,28	325,34
20	17,69	7,44	3,64	46	196,22	204,19	407,11
21	18,92	8,26	4,31	47	224,55	241,80	512,84
22	20,27	9,19	5,09	48	258,28	287,85	650,67
23	21,75	10,23	6,00	49	298,71	344,63	831,99
24	23,36	11,40	7,08	50	347,50	415,14	1072,80
25	25,13	12,72	8,34				

Fonte: Adaptada de Das, 2009.

Os fatores de forma são apresentados na Tabela 6.3.

Tabela 6.3 Fatores de forma

	Fatores de forma		
Forma da sapata	S_c	S_q	S_γ
Corrida	1,0		1,0
Quadrada	1,3	1,0	0,8
Circular	1,3		0,6
Retangulares ($L > B$ e $L < 5B$)	1,1		0,9

Fonte: Adaptada de Terzaghi, 1943.

A partir de seus estudos experimentais, Vésic (1975) propõe os fatores de forma (Tabela 6.4), levando em consideração alguns aspectos relacionados à forma de ruptura verificada em sua pesquisa.

Tabela 6.4 Fatores de forma

	Fatores de forma		
Forma da sapata	S_c	S_q	S_γ
Corrida	1,0	1,0	1,0
Quadrada ou circular	$1 + \left(\dfrac{N_q}{N_c} \right)$	$1 + \tan \phi$	0,6
Retangulares ($L > B$ e $L < 5B$)	$1 + \left(\dfrac{B}{L} \right) \cdot \left(\dfrac{N_q}{N_c} \right)$	$1 + \left(\dfrac{B}{L} \right) \cdot \tan \phi$	$1 + 0,4 \cdot \left(\dfrac{B}{L} \right)$

Fonte: Adaptada de Vésic, 1975.

CAPÍTULO 6

Para a determinação do S_q no caso de ruptura intermediária, utilizar o valor médio do ângulo de atrito (ϕ) para o caso de ruptura geral ($\tan \phi$) e ruptura local $\left(\tan \phi' = \dfrac{2}{3}\tan \phi\right)$ conforme a expressão a seguir:

$$\tan \phi'' = \frac{\tan \phi + \left(\dfrac{2}{3}\tan \phi\right)}{2} = \frac{5}{6}\tan \phi \qquad \text{Eq. 6.3}$$

b) Ruptura local (areias fofas e argilas moles)

$$\sigma_{\text{rup}} = c' \cdot S_c \cdot N'_c + q \cdot S_q \cdot N'_q + 0,5 \cdot \gamma \cdot B \cdot S_\gamma \cdot N'_\gamma \qquad \text{Eq. 6.4}$$

em que

N'_c, N'_q, N'_γ são fatores de carga para ruptura local (função do ângulo de atrito do solo) e podem ser obtidos na Tabela 6.5. Entretanto, deve-se aplicar uma redução ao valor de ϕ para obter ϕ', conforme segue:

$$c' = \frac{2}{3}c \text{ e } \tan \phi' = \frac{2}{3} \cdot \tan \phi$$

Tabela 6.5 Coeficientes de capacidade de carga – ruptura puncionamento

ϕ' (°)	N'_c	N'_q	N'_γ	ϕ' (°)	N'_c	N'_q	N'_γ
0	5,70	1,00	0,00	26	15,53	6,05	2,59
1	5,90	1,07	0,005	27	16,03	6,54	2,88
2	6,10	1,14	0,02	28	17,13	7,07	3,29
3	6,30	1,22	0,04	29	18,03	7,66	3,76
4	6,51	1,30	0,055	30	18,99	8,31	4,39
5	6,74	1,39	0,074	31	20,03	9,03	4,83
6	6,97	1,49	0,10	32	21,16	9,82	5,51
7	7,22	1,59	0,128	33	22,39	10,69	6,32
8	7,47	1,70	0,16	34	23,72	11,67	7,22
9	7,74	1,82	0,20	35	25,18	12,75	8,35
10	8,02	1,94	0,24	36	26,77	13,97	9,41
11	8,32	2,08	0,30	37	28,51	15,32	10,90
12	8,63	2,22	0,35	38	30,43	16,85	12,75
13	8,96	2,38	0,42	39	32,53	18,56	14,71
14	9,31	2,55	0,48	40	34,87	20,50	17,22
15	9,67	2,73	0,57	41	37,45	22,70	19,75
16	10,06	2,92	0,67	42	40,33	25,21	22,50
17	10,47	3,13	0,76	43	43,54	28,06	26,25
18	10,90	3,36	0,88	44	47,13	31,34	30,40

(continua)

Fundação Rasa ou Direta

ϕ' (°)	N'_c	N'_q	N'_γ	ϕ' (°)	N'_c	N'_q	N'_γ
19	11,36	3,61	1,03	45	51,17	35,11	36,00
20	11,85	3,88	1,12	46	55,73	39,48	41,70
21	12,37	4,17	1,35	47	60,91	44,54	49,30
22	12,92	4,48	1,55	48	66,80	50,46	59,25
23	13,51	4,82	1,74	49	73,55	57,41	71,45
24	14,14	5,20	1,97	50	81,31	65,60	85,75
25	14,80	5,60	2,25				

Fonte: Adaptada de Das, 2009.

c) Ruptura local (areias medianamente compactas e argilas médias)

$$\sigma_{rup} = c'' \cdot S_c \cdot N''_c + q \cdot S_q \cdot N''_q + 0,5 \cdot \gamma \cdot B \cdot S_\gamma \cdot N''_\gamma \qquad \text{Eq. 6.5}$$

N''_c, N''_q, N''_γ são fatores de carga para ruptura intermediária (função do ângulo de atrito do solo), e o valor médio entre o N' e N.

$$c'' = \frac{c + c'}{2} = \frac{5}{6}c \qquad \text{Eq. 6.6}$$

$$N'' = \frac{N + N'}{2} \qquad \text{Eq. 6.7}$$

Os casos extremos, descritos por Terzaghi como de ruptura geral e ruptura local, são mostrados na Figura 6.9.

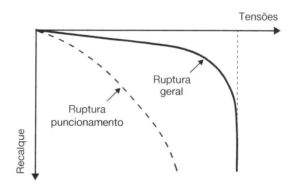

Figura 6.9 Curvas de ruptura geral e puncionamento.

6.2.2 Teoria de Skempton (1951) – Argilas

Skempton analisou as teorias para cálculo de capacidade de carga das argilas, a partir de inúmeros casos de ruptura de fundações, propôs em 1951 a seguinte equação para o caso das argilas saturadas ($\phi = 0°$), resistência constante com a profundidade.

$$\sigma_{rup} = c \cdot N_c + \gamma \cdot H \qquad \text{Eq. 6.8}$$

Capítulo 6

em que

    c é a coesão da argila
    N_c é o coeficiente de capacidade de carga
    $N_c = f(H/B)$, que considera a relação H/B, conforme abaixo.
    H é a profundidade de embutimento da sapata em planta.
    B é a menor dimensão da sapata em planta.

- Sapatas corridas: $N_c = 5 \cdot \left(1 + 0{,}2 \cdot \dfrac{H}{B}\right)$, limitando $N_c = 7{,}5$ para $\dfrac{H}{B} > 2{,}5$

- Sapatas quadradas ou circulares: $N_c = 6 \cdot \left(1 + 0{,}2 \cdot \dfrac{H}{B}\right)$, limitando $N_c = 9$ para $H/B > 2{,}5$

- Sapatas retangulares:
  - Para $\dfrac{H}{B} \leq 2{,}5 \Rightarrow N_c = 5 \cdot \left(1 + 0{,}2 \cdot \dfrac{B}{L}\right) \cdot \left(1 + 0{,}2 \cdot \dfrac{H}{B}\right)$
  - Para $\dfrac{H}{B} > 2{,}5 \Rightarrow N_c = 7{,}5 \cdot \left(1 + 0{,}2 \cdot \dfrac{B}{L}\right)$

6.2.3 Coeficientes de Redução dos Fatores de Capacidade de Carga para Esforços Inclinados

Nos casos em que as solicitações estejam inclinadas (Fig. 6.10), se faz necessária a utilização de coeficiente de redução dos fatores de capacidade de carga (Tabela 6.6) nos cálculos efetuados.

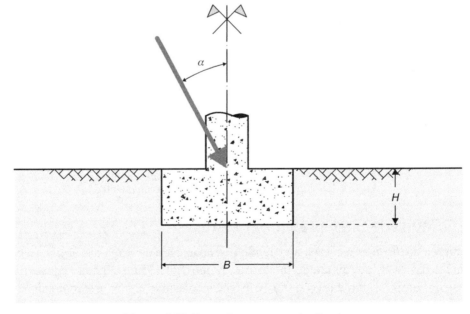

Figura 6.10 Correção para carga inclinada.

Fundação Rasa ou Direta

Tabela 6.6 Fatores de correção para carga inclinada

Fator	z	\multicolumn{6}{c}{Inclinação da carga em relação à vertical (α)}
		0°	10°	20°	30°	45°	60°
N_γ e N_c	0	1,0	0,5	0,2	0	–	–
	B	1,0	0,6	0,4	0,25	0,15	0,05
	0 a B	1,0	0,8	0,6	0,40	0,25	0,15

6.2.4 Influência do Nível d'Água

A posição do nível d'água (N.A.) em relação à cota de apoio da fundação pode afetar os valores dos pesos específicos efetivos dos solos para os quais a capacidade de carga é calculada.

Quando o nível d'água atinge a região do solo situada acima da cota de apoio da fundação (sobrecarga), a determinação do peso específico efetivo é relativamente simples. No entanto, quando o N.A. está abaixo ou próximo da cota de apoio da fundação, esta determinação se torna mais difícil de ser realizada, pois o solo que está sendo forçado para baixo é constituído por uma parte submersa e por uma parte apenas umedecida, sendo a definição de cada parte praticamente impossível sem a definição da superfície de ruptura. Visando proporcionar uma solução aproximada para o problema, Das (2011) propôs uma correção para cada caso:

- **Caso A:** Quando o nível d'água está situado acima da cota de apoio da fundação (Fig. 6.11), tem-se que a tensão efetiva (q) é dada por

$$q = \gamma_{nat}(H - H_f) + \gamma_{sub}H_f \qquad \text{Eq. 6.9}$$

em que:

γ_{nat} é o peso específico natural do solo, H é a altura entre a cota do terreno e a de apoio da fundação, H_f é a altura entre a cota de apoio da fundação e a posição do nível d'água, γ_{sub} é o peso específico submerso do solo ($\gamma_{sub} = \gamma_{sat} - \gamma_w$), γ_{sat} é o peso específico saturado do solo e γ_w é o peso específico da água.

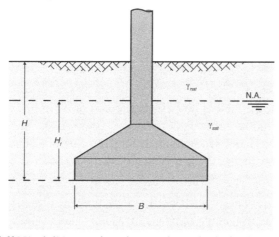

Figura 6.11 Nível d'água acima da cota de apoio da fundação (Caso A).

Capítulo 6

- **Caso B:** Quando o nível d'água coincide com a cota de apoio da fundação (Fig. 6.12), tem-se que a tensão efetiva (q) é dada por

$$q = \gamma_{sat} H \qquad \text{Eq. 6.10}$$

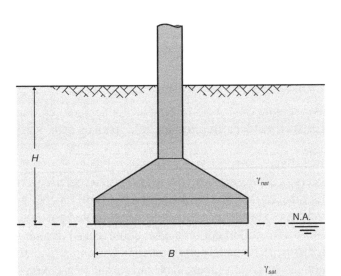

Figura 6.12 Nível d'água na cota de apoio da fundação (Caso B).

- **Caso C:** Quando o nível d'água está situado abaixo da cota de apoio da fundação (Fig. 6.13). Dessa forma, o valor do peso específico do solo utilizado no terceiro termo da equação de Terzaghi deve ser corrigido de acordo com as seguintes condições:

  - primeira situação: $H_f \leq B$; então $\gamma_c = \dfrac{1}{B}[\gamma_{nat} H_f + \gamma_{sub}(B - H_f)]$
  - segunda situação: $H_f > B$; então $\gamma_c = \gamma_{nat}$ (não sofre correção)

  em que:

  γ_c é o peso específico do solo corrigido.

  A fórmula geral de Terzaghi pode ser escrita com o fator de correção do N.A. como

$$\sigma_{rup} = c \cdot S_c \cdot N_c + q \cdot S_q \cdot N_q + 0{,}5 \cdot \gamma_c \cdot B \cdot S_\gamma \cdot N_\gamma \qquad \text{Eq. 6.11}$$

De maneira geral, os valores do peso específico do solo (γ), ângulo de atrito (ϕ) e coesão (c) são obtidos a partir da realização de ensaios de laboratório. No entanto, existem algumas correlações semiempíricas da geotecnia brasileira que utilizam dados do N_{SPT} para obtenção do ângulo de atrito e coesão, conforme a seguir:

a) Coesão

Para a estimativa da coesão não drenada (c_u), quando não se dispõe de resultados de ensaios de laboratório, Teixeira e Godoy (2016) sugerem a seguinte correlação com o valor de N_{SPT}:

Fundação Rasa ou Direta

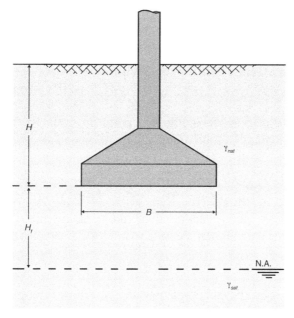

Figura 6.13 Nível d'água abaixo da cota de apoio da fundação (Caso C).

$$c_u = 10 \cdot N_{SPT} \qquad \text{Eq. 6.12}$$

(em kPa)

Pode obter-se uma estimativa aproximada da resistência de cisalhamento não drenada do solo pelas seguintes propostas de correlações com o N_{SPT}:

$$\frac{c_u}{p_a} = 0{,}29 \cdot N_{SPT(60)}^{0{,}72} \text{ (Hara } et\ al.,\ 1974) \qquad \text{Eq. 6.13}$$

$$\frac{c_u}{p_a} = 0{,}06 \cdot N_{SPT(60)} \text{ (Kulhawy; Mayne, 1990)} \qquad \text{Eq. 6.14}$$

$$c_u = K \cdot N, \qquad \text{Eq. 6.15}$$

em que

$$K \approx 6 \text{ e } N \approx N_{60} \text{ (Terzaghi; Peck, 1967)}$$

b) Ângulo de atrito

Para a estimativa do ângulo de atrito (ϕ):

$$\text{Godoy (1983): } \phi = 28° + 0{,}4 \cdot N_{SPT} \qquad \text{Eq. 6.16}$$

$$\text{Teixeira (1996): } \phi = 15° + \sqrt{20 N_{SPT}} \qquad \text{Eq. 6.17}$$

$$\text{Hatanaka e Uchida (1996): } \phi = 20° + \sqrt{20 N_{SPT(60)}} \qquad \text{Eq. 6.18}$$

CAPÍTULO 6

$$\text{De Mello (1971): } \phi = 27,1° + 0,3 \cdot N_{SPT} - 0,00054 \cdot N_{SPT}^2 \qquad \text{Eq. 6.19}$$

$$\text{Kulhawy e Mayne (1990): } \phi = \arctan\left[\frac{N_{SPT}}{12,2 + 20,3 \cdot (\sigma_0' / p_a)}\right]^{0,34} \qquad \text{Eq. 6.20}$$

Cabe ressaltar que os resultados obtidos a partir do emprego das fórmulas de correlações apresentam em geral uma ordem de grandeza dos parâmetros por elas determinados, devendo sua utilização ser feita com muita atenção e cuidado inerentes às particularidades de cada caso.

c) Peso específico do solo (γ)

Para a estimativa do peso específico do solo (γ), Godoy (1972) apresenta valores aproximados em função do número de golpes do SPT e da textura do solo (Tabelas 6.7 e 6.8).

Tabela 6.7 Peso específico dos solos argilosos (modificado de Godoy, 1972)

Consistência	N_{SPT}	γ (kN/m³)
Muito mole	< 2	13
Mole	2-5	15
Média	6-10	17
Rija	11-19	19
Dura	> 19	21

Tabela 6.8 Peso específico dos solos arenosos (modificado de Godoy, 1972)

	γ (kN/m³)		
	Pouco compacta $5 \leq N_{SPT} \leq 8$	Medianamente compacta $9 \leq N_{SPT} \leq 18$	Compacta $19 \leq N_{SPT} \leq 41$
Seca	16	17	18
Úmida	18	19	20
Saturada	19	20	21

6.3 Prova de Carga em Fundação Direta ou Rasa

Este ensaio é realizado pela aplicação de carga sobre uma placa rígida, de aço ou concreto, apoiada sobre o solo analisado. Segundo a ABNT NBR 6489, o lado não deve ser inferior a 0,30 m. Para a realização dos ensaios é necessária a preparação de um sistema de reação, como por exemplo, sistema em cargueira (Fig. 6.14) ou tirantes (Fig. 6.15).

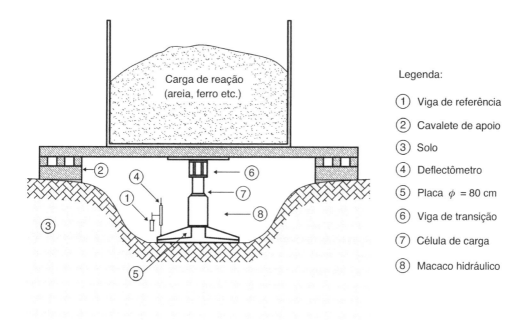

Figura 6.14 Ilustração de prova de carga sobre placa com cargueira de reação.

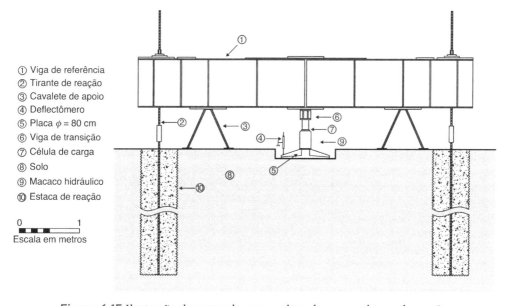

Figura 6.15 Ilustração de prova de carga sobre placa com tirante de reação.

O sistema montado utilizado para execução deste tipo de prova de carga em placa é apresentado nas Figuras 6.16 e 6.17.

Capítulo 6

Figura 6.16 Detalhe da placa.   Figura 6.17 Vista da prova de carga.

Recomenda-se o seguinte, para provas de carga:

- A prova de carga deve ser executada seguindo as recomendações da ABNT NBR 6489.
- Os carregamentos são aplicados até que
  - Ocorra ruptura do terreno;
  - O deslocamento da placa atinja 25 mm;
  - A carga aplicada atinja valor igual ao dobro da taxa de trabalho presumida para o solo.

Os resultados devem ser apresentados como mostrado na Figura 6.18.

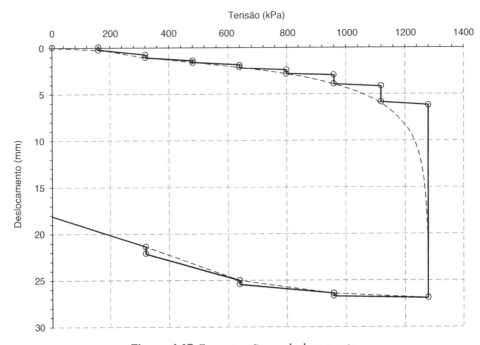

Figura 6.18 Curva tensão *vs.* deslocamento.

Observações:

- Geralmente, para solos de resistência elevada, prevalece o critério da ruptura, pois as deformações são pequenas;
- Para solos de baixa resistência, prevalece o critério de recalque admissível, pois as deformações do solo serão sempre elevadas.

A tensão admissível de um solo (σ_{adm}) deve ser fixada pelo valor mais desfavorável entre os critérios:

- critério de ruptura: $\sigma_{adm} \leq \dfrac{\sigma_{rup}}{FS}$ (FS $\geq$ 2);

- se não ocorrer ruptura: $\sigma_{adm} = \dfrac{\sigma_{máx}}{FS}$ (FS $\geq$ 2).

Caso não ocorra ruptura, pode-se aplicar o critério de obras da cidade de Boston, conforme relatado por Teixeira e Godoy (2016):

- critério de recalque: $\sigma_{adm} \leq \begin{cases} \sigma_{10\,mm} \\ \dfrac{\sigma_{25\,mm}}{2} \end{cases}$.

Nota: Para todos os casos, FS $\geq$ 2.

6.4 Fórmulas Semiempíricas

No Brasil é comum o emprego de fórmulas semiempíricas com base em ensaios de campo (SPT e CPT) para auxiliar na determinação da tensão admissível. Essas fórmulas utilizam o valor médio de N_{SPT} compreendidos no bulbo de tensões para determinar a tensão admissível; portanto, é necessário levar em consideração a provável geometria da sapata, que pode ser obtida a partir da seção transversal dos pilares da edificação. A profundidade do bulbo varia em função dos formatos da sapata, conforme exposto na Figura 6.19.

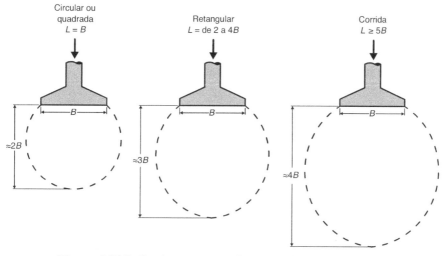

Figura 6.19 Bulbo de tensões em função do formato da sapata.

CAPÍTULO 6

A partir do valor de N_{SPT} médio, pode-se estimar a tensão admissível do solo empregando-se as seguintes proposições:

a) Com base no SPT (*Standard Penetration Test*)

- A partir da experiência e de testes realizados em argilas do Terciário da cidade de São Paulo, De Mello (1975) apresenta as seguintes propostas:

$$\sigma_{adm} = 20 \cdot \overline{N}_{SPT} \, (kPa) \rightarrow 4 \leq N_{SPT} \leq 16 \text{ ou} \qquad \text{Eq. 6.21}$$

$$\sigma_{adm} = 100 \cdot (\sqrt{\overline{N}_{SPT}} - 1) \, (kPa) \rightarrow 4 \leq N_{SPT} \leq 16 \qquad \text{Eq. 6.22}$$

- Teixeira (1996) propôs para argilas pouco a medianamente plásticas e fator de segurança igual a 3:

$$\sigma_{adm} = 20 \cdot \overline{N}_{SPT} \, (kPa) \rightarrow 5 \leq N_{SPT} \leq 25 \qquad \text{Eq. 6.23}$$

- Teixeira (1996) propôs para sapatas apoiadas em areias ($\gamma = 18$ kN/m³) a 1,5 m de profundidade, e fator de segurança igual a 3:

$$\sigma_{adm} = 50 + (10 + 4 \cdot B) \cdot \overline{N}_{SPT} \, (kPa) \rightarrow 5 \leq N_{SPT} \leq 25 \qquad \text{Eq. 6.24}$$

em que
B é a menor dimensão da sapata (m).
A exemplo, tem-se um perfil do subsolo e a atuação do bulbo de tensões (Fig. 6.20).

b) Com base no CPT (*Cone Penetration Test*)

- Para argilas:

$$\sigma_{adm} = \frac{q_{c-médio}}{10} \leq 4 \text{ MPa} \qquad \text{Eq. 6.25}$$

- Para areias:

$$\sigma_{adm} = \frac{q_{c-médio}}{15} \leq 4 \text{ MPa} \qquad \text{Eq. 6.26}$$

Na Figura 6.21 é mostrado um exemplo para determinação do q_c médio de uma camada argilosa utilizando a fórmula apresentada supra.

6.5 Tensão de Projeto (Décourt, 1999, 2017)

Décourt (1999, 2017) apresenta um estudo amplo em que enfoca os princípios relativos ao projeto de fundações rasas. Em seu trabalho o autor faz uma análise entre os conceitos teóricos e os resultados de provas de carga, a partir de mais de 145 resultados de ensaios. Após análise dos resultados, Décourt propôs a correlação entre tensão (q/q_r) e recalques (s/B_{eq}) normalizados (Fig. 6.22). Introduz também o coeficiente de compressibilidade intrínseca do solo (C), sugerindo um valor de 0,42 ± 10 % para os solos brasileiros de forma geral.

Fundação Rasa ou Direta

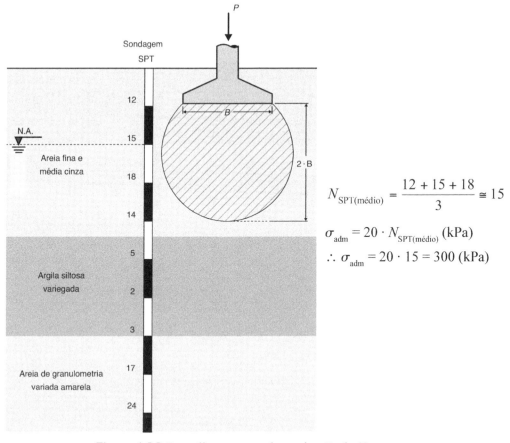

$$N_{SPT(médio)} = \frac{12 + 15 + 18}{3} \cong 15$$

$$\sigma_{adm} = 20 \cdot N_{SPT(médio)} \text{ (kPa)}$$

$$\therefore \sigma_{adm} = 20 \cdot 15 = 300 \text{ (kPa)}$$

Figura 6.20 Procedimento para determinação do $N_{SPT(médio)}$.

Desta forma o autor sugere a Equação 6.27 para determinação da tensão de projeto a ser adotada em projetos de sapatas ou tubulões:

$$\log\left(\frac{q}{q_r}\right) = 0{,}42 + 0{,}42 \cdot \log\left(\frac{s}{B_{eq}}\right) \qquad \text{Eq. 6.27}$$

em que:

q é a tensão de projeto, q_r é a tensão de referência, s é o recalque da sapata e B_{eq} é o lado equivalente da sapata:

$$B_{eq} = \sqrt{A} \qquad \text{Eq. 6.28}$$

em que:

A é a área da sapata.

Para a determinação de q_r, o autor propõe as correlações apresentadas na Tabela 6.9.

Capítulo 6

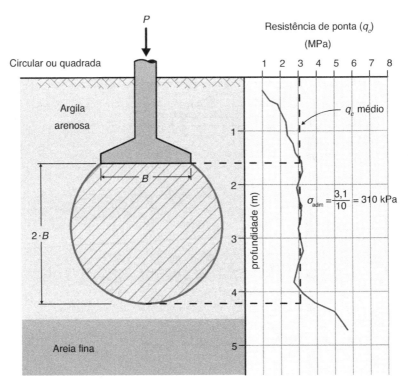

Figura 6.21 Determinação do q_c médio e determinação da tensão admissível.

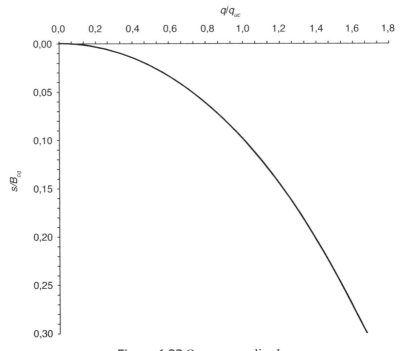

Figura 6.22 Curva normalizada.

Fundação Rasa ou Direta

Tabela 6.9 Correlação para determinação de q_r (Décourt, 1999)

Solo	q_r (kPa)
Areias	$120 \cdot N_{SPT} \approx 120 \cdot N_{eq}$
Solos intermediários	$100 \cdot N_{SPT} \approx 100 \cdot N_{eq}$
Argilas saturadas	$80 \cdot N_{SPT} \approx 80 \cdot N_{eq}$

Obs.: N_{SPT} é o número de golpes para eficiência de 72 % e N_{eq} é o valor do torque dividido por um fator de 1,2.

Com base na equação anteriormente proposta e nos valores de q_r obtidos na Tabela 6.9 e adotando um recalque para fundação (s), é possível obter a tensão de projeto e seu lado equivalente (B_{eq}). Desta forma é possível estimar a carga máxima que pode ser aplicada na sapata.

Com a metodologia também é possível estimar o recalque das sapatas, por meio da adoção de uma tensão de projeto (q), que pode ser uma porcentagem de q_r.

Observa-se que a tensão de projeto será maior, quanto mais recalque for adotado em projeto. Cabe ressaltar que todas as sapatas serão projetadas para ter o mesmo recalque.

6.6 Exercícios Resolvidos

1) Determinar a tensão admissível de um solo cuja envoltória de resistência de ensaios rápidos é $\tau = 15 + \sigma \cdot \tan 20°$ (em kPa) e $\gamma = 14$ kN/m³, para uma sapata de 2,5 m × 4,0 m, apoiada a 1,5 m de profundidade em uma areia fofa (utilize o método de Terzaghi). Indicar também a máxima carga que pode ser aplicada na sapata.

Resposta:

- Tensão admissível:

Areia fofa → ruptura puncionamento (Terzaghi)

$\sigma_{rup} = c' \cdot S_c \cdot N_c' + q \cdot S_q \cdot N_q' + 0,5 \cdot \gamma \cdot B \cdot S_\gamma \cdot N_\gamma'$

Para ângulo de atrito de 20° → $N_c = 11,85$; $N_q = 3,88$ e $N_\gamma = 1,12$

Para sapata retangular → $S_c = 1,1$; $S_q = 1,0$ e $S_\gamma = 0,9$

$c' = \dfrac{2}{3} \cdot c = \dfrac{2}{3} \cdot 15 = 10$ kPa

A tensão efetiva (q) na cota de apoio → $q = \gamma \cdot z = 18 \times 1,5 = 27$ kPa

$\sigma_{rup} = 10 \cdot 1,1 \cdot 11,85 + 27 \cdot 1,0 \cdot 3,88 + 0,5 \cdot 14 \cdot 2,5 \cdot 0,9 \cdot 1,12$

$\sigma_{rup} = 253$ kPa → $\sigma_{adm} = \dfrac{\sigma_{rup}}{FS} = \dfrac{253}{3} = 84$ kPa

Capítulo 6

- Carga da sapata:

A área de uma sapata pode ser calculada como $L \cdot B = \dfrac{1,05 \cdot P}{\sigma_{adm}}$, desta forma a

carga é calculada como $P = \dfrac{L \cdot B \cdot \sigma_{adm}}{1,05} = \dfrac{2,5 \cdot 4,0 \cdot 84}{1,05} = 800 \text{ kN}$

2) Para o solo representado por sua envoltória de ensaios triaxiais rápidos, calcular a capacidade de carga para uma sapata circular, de 2,0 m de diâmetro, apoiada a 2,0 m de profundidade. O subsolo local é composto por argila siltosa média, marrom-clara (utilize o método de Terzaghi).

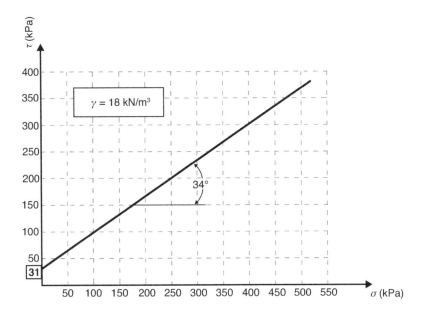

Resposta:

- Tensão admissível:

Argila média → ruptura local (Terzaghi)

$\sigma_{rup} = c' \cdot S_c \cdot N'_c + q \cdot S_q \cdot N'_q + 0,5 \cdot \gamma \cdot B \cdot S_\gamma \cdot N'_\gamma$

Para $\phi = 34° \to N'' = \dfrac{N' + N}{2}$

Ruptura geral → $N_c = 52,64$; $N_q = 36,50$ e $N_\gamma = 38,04$
Ruptura puncionamento → $N'_c = 23,72$; $N'_q = 11,67$ e $N'_\gamma = 7,22$
Ruptura local → $N''_c = 38,18$; $N''_q = 24,08$ e $N''_\gamma = 22,63$
Para sapata circular → $S_c = 1,3$; $S_q = 1,0$ e $S_\gamma = 0,6$

$c'' = \dfrac{5}{6} \cdot c = \dfrac{5}{6} \cdot 31 = 25,8 \text{ kPa}$

A tensão efetiva (q) na cota de apoio → $q = \gamma \cdot z = 18 \times 2,0 = 36 \text{ kPa}$

Fundação Rasa ou Direta

$\sigma_{rup} = 25,8 \cdot 1,3 \cdot 38,19 + 36 \cdot 1,0 \cdot 24,08 + 0,5 \cdot 18 \cdot 2,0 \cdot 0,6 \cdot 22,63$

$\sigma_{rup} = 2392 \text{ kPa} \rightarrow \sigma_{adm} = \dfrac{\sigma_{rup}}{FS} = \dfrac{2392}{3} = 797 \text{ kPa}$

Repetir o Exercício 2, com sapata retangular $L/B = 1,5$ com largura (B) de 2,0 m.

- Tensão admissível:

Argila média $\rightarrow$ ruptura local (Terzaghi)

$\sigma_{rup} = c' \cdot S_c \cdot N_c' + q \cdot S_q \cdot N_q' + 0,5 \cdot \gamma \cdot B \cdot S_\gamma \cdot N_\gamma'$

Para $\phi = 34° \rightarrow N'' = \dfrac{N' + N}{2}$

Ruptura geral $\rightarrow N_c = 52,64$; $N_q = 36,50$ e $N_\gamma = 38,04$

Ruptura puncionamento $\rightarrow N_c' = 23,72$; $N_q' = 11,67$ e $N_\gamma' = 7,22$

Ruptura local $\rightarrow N_c' = 38,18$; $N_q' = 24,08$ e $N_\gamma' = 22,63$

Para sapata retangular $\rightarrow S_c = 1,1$; $S_q = 1,0$ e $S_\gamma = 0,9$

$c' = \dfrac{5}{3} \cdot c = \dfrac{5}{3} \cdot 31 = 25,8 \text{ kPa}$

A tensão efetiva (q) na cota de apoio $\rightarrow q = \gamma \cdot z = 18 \cdot 2,0 = 36 \text{ kPa}$

$\sigma_{rup} = 25,8 \cdot 1,1 \cdot 38,18 + 36 \cdot 1,0 \cdot 24,08 + 0,5 \cdot 18 \cdot 2,0 \cdot 0,9 \cdot 22,63$

$\sigma_{rup} = 2317 \text{ kPa} \rightarrow \sigma_{adm} = \dfrac{\sigma_{rup}}{FS} = \dfrac{2317}{3} = 772 \text{ kPa}$

3) Calcular a tensão admissível para uma fundação corrida de 2,0 m de largura, apoiada a 1,8 m de profundidade e nível d'água a 1,2 m, apoiada em uma camada homogênea de argila rija cuja resistência à compressão simples é de 150 kPa e o peso específico natural é de 15 kN/m³.

Resposta:

A coesão será $c = \dfrac{R_c}{2} = \dfrac{150}{2} = 75 \text{ kPa}$ e ângulo de atrito (ϕ) igual a zero

- Tensão admissível:

Argila rija $\rightarrow$ ruptura geral (Terzaghi)

$\sigma_{rup} = c \cdot S_c \cdot N_c + q \cdot S_q \cdot N_q + 0,5 \cdot \gamma \cdot B \cdot S_\gamma \cdot N_\gamma$

Para ângulo de atrito igual a zero $\rightarrow N_c = 5,7$; $N_q = 0$ e $N_\gamma = 0$

Para sapata retangular $\rightarrow S_c = 1,0$; $S_q = 1,0$ e $S_\gamma = 1,0$

$\sigma_{rup} = c \cdot S_c \cdot N_c + 0 + 0 = 75 \cdot 1,0 \cdot 5,7$

$\sigma_{rup} = 428 \text{ kPa} \rightarrow \sigma_{adm} = \dfrac{\sigma_{rup}}{FS} = \dfrac{428}{3} = 143 \text{ kPa}$

4) A partir das informações do exercício anterior, determinar a tensão admissível se a carga for aplicada com um ângulo (α) de 30° com a vertical, conforme a figura a seguir.

Capítulo 6

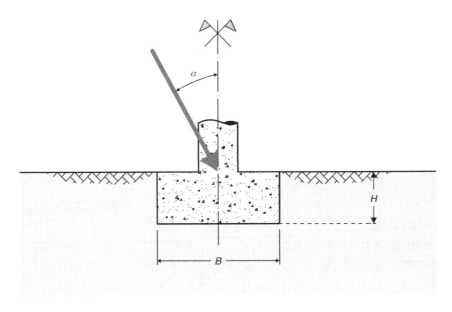

Resposta:
A aplicação de uma carga inclinada será necessária para reduzir o valor dos fatores de capacidade de carga N_γ e N_c, conforme visto anteriormente.

Para um ângulo de 30°, H = 1,8 m e B = 2,0; aplicando a Tabela 6.5, obtêm-se os fatores de redução de 0,4 para N_γ e N_c. Assim,

$\sigma_{rup} = c \cdot S_c \cdot (N_c \cdot 0,4) + 0 + 0 = 75 \cdot 1,0 \cdot (5,7 \cdot 0,40) = 171$ kPa

$\sigma_{adm} = \dfrac{\sigma_{rup}}{FS} = \dfrac{171}{3} = 57$ kPa

5) Para a sapata da figura abaixo, calcular o coeficiente de segurança relativo à ruptura para as camadas de areia fina e média e argila siltosa.

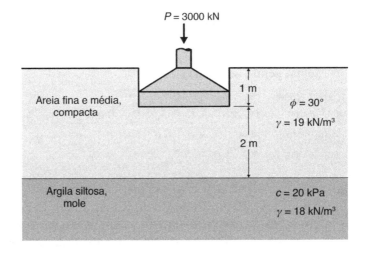

Fundação Rasa ou Direta

Resposta:
Sapata: dimensões $(B \times L) = 3,0$ m $\times$ 4,0 m
Adotar distribuição de tensões $2\ V : 1\ H$
Camada de areia fina e média
Cálculo da tensão de ruptura:
Areia compacta $\rightarrow$ ruptura geral (Terzaghi)
$\sigma_{rup} = c \cdot S_c \cdot N_c + q \cdot S_q \cdot N_q + 0,5 \cdot \gamma \cdot B \cdot S_\gamma \cdot N_\gamma$
Para ângulo de atrito de $30° \rightarrow N_c = 37,16; N_q = 22,46$ e $N_\gamma = 19,13$
Para sapata retangular $\rightarrow S_c = 1,1; S_q = 1,0$ e $S_\gamma = 0,9$
Coesão $c = 0$
A tensão efetiva (q) na cota de apoio $\rightarrow q = \gamma \cdot z = 19 \cdot 1,0 = 19$ kPa
$\sigma_{rup} = 0 + 19 \cdot 1,0 \cdot 22,46 + 0,5 \cdot 19 \cdot 3,0 \cdot 0,9 \cdot 19,13$
$\sigma_{rup} = 917$ kPa
Como $\sigma_{adm} = \dfrac{\sigma_{rup}}{FS}$, então o fator de segurança pode ser calculado como

$\sigma_{adm} = \sigma_{aplicada} = \dfrac{\sigma_{rup}}{FS}$, então FS $= \dfrac{\sigma_{up}}{\sigma_{aplicada}}$

Como $\sigma_{aplicada} = \dfrac{P}{L \cdot B} = \dfrac{3000}{3 \cdot 4} = 250$ kPa, então FS $= \dfrac{917}{250} = 3,67$

Camada de argila siltosa mole
Cálculo da tensão de ruptura:
Argila mole $\rightarrow$ ruptura puncionamento (Terzaghi)
$q = 19 \times 3 = 57$ kPa,

$\sigma_{rup} = c' \cdot S_c \cdot N'_c + q \cdot S_q \cdot N'_q + 0,5 \cdot \gamma \cdot B \cdot S_\gamma \cdot N'_\gamma$
Para ângulo de atrito igual a zero $\rightarrow N_c = 5,7; N_q = 1,0$ e $N_\gamma = 0$
Para sapata retangular $\rightarrow S_c = 1,1; S_q = 1,0$ e $S_\gamma = 0,9$

Coesão $c = 20$ kPa, ficando $c' = \dfrac{2}{3} \cdot c = \dfrac{2}{3} \cdot 20 = 13,3$ kPa

$\sigma_{rup} = 13,3 \cdot 1,1 \cdot 5,7 + 57 \cdot 1,0 = 140$ kPa

Empregando o método 2:1 de distribuição de tensões, por meio da figura a seguir, tem-se

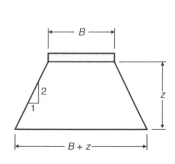
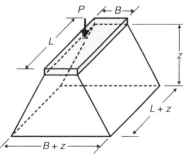

CAPÍTULO 6

Empregando a metodologia de distribuição de tensão (2:1), a projeção da sapata na profundidade de –3 m (início da camada) de argila, em que a altura entre a base da sapata e a camada é de 2 m, resulta em

$B + z = 3,0 + 2,0 = 5,0$ m   e $L + z = 4,0 + 2,0 = 6,0$ m

Assim, a tensão que chega na camada de argila é calculada como

$$\sigma_{aplicada} = \frac{P}{L \cdot B} = \frac{3000}{5 \cdot 6} = 100 \text{ kPa}$$

sendo o $FS = \dfrac{\sigma_{rup}}{\sigma_{aplicada}} = \dfrac{140}{100} = 1,4$

6) Considerando o Exercício 5, qual a espessura necessária para a camada de areia compacta, para que o coeficiente de segurança à ruptura seja 3?

Resposta:

Cálculo da tensão de ruptura:

Areia compacta → ruptura geral (Terzaghi)

$\sigma_{rup} = c \cdot S_c \cdot N_c + q \cdot S_q \cdot N_q + 0,5 \cdot \gamma \cdot B \cdot S_\gamma \cdot N_\gamma$

Para ângulo de atrito de $30°$ → $N_c = 37,16$; $N_q = 22,46$ e $N_\gamma = 19,13$

Para sapata retangular → $S_c = 1,1$; $S_q = 1,0$ e $S_\gamma = 0,9$

Coesão $c = 0$

A tensão efetiva (q) na cota de apoio → $q = \gamma \cdot z = 19 \cdot z$

$\sigma_{rup} = 0 + 19 \cdot z \cdot 1,0 \cdot 22,46 + 0,5 \cdot 19 \cdot 3,0 \cdot 0,9 \cdot 19,13 = 426,7 \cdot z + 491,7$

$\sigma_{adm} = \sigma_{aplicada} = \dfrac{\sigma_{rup}}{FS}$, então $250 = \dfrac{426,7 \cdot z + 491,7}{3}$

Isso resulta em uma altura $z = 0,61$ m para $FS = 3$.

7) Determinar a tensão admissível de uma argila muito rija, com coesão de 150 kPa e peso específico igual a $\gamma = 15$ kN/m³, para uma sapata quadrada de lado igual a 1,5 m, apoiada a 2,0 m de profundidade. Comparar os resultados a partir do emprego da fórmula geral de Terzaghi e de Skempton.

Resposta:

- Fórmula de Terzaghi:

Argila muito rija → ruptura geral (Terzaghi)

$\sigma_{rup} = c \cdot S_c \cdot N_c + q \cdot S_q \cdot N_q + 0,5 \cdot \gamma \cdot B \cdot S_\gamma \cdot N_\gamma$

Coesão $c = 150$ kPa

Ângulo de atrito igual a zero → $N_c = 5,7$; $N_q = 1,0$ e $N_\gamma = 0,0$

Para sapata quadrada → $S_c = 1,3$; $S_q = 1,0$ e $S_\gamma = 0,8$

A tensão efetiva (q) na cota de apoio → $q = \gamma \cdot z = 15 \cdot 2 = 30$ kPa

$\sigma_{rup} = c \cdot S_c \cdot N_c + 30 \cdot 1,0 \cdot 1,0 + 0 = 150 \cdot 1,3 \cdot 5,7 = 1142$ kPa

$\sigma_{adm} = \dfrac{\sigma_{rup}}{FS} = \dfrac{1142}{3} = 381$ kPa

- Fórmula de Skempton:

$\sigma_{rup} = c \cdot N_c + q$

Para sapatas quadradas, tem-se $N_c = 6 \cdot \left(1 + 0,2 \cdot \dfrac{H}{B}\right)$, limitando $N_c = 9$ para $H/B > 2,5$

A tensão efetiva (q) na cota de apoio → $q = \gamma \cdot z = 15 \cdot 2 = 30$ kPa

$$N_c = 6 \cdot \left(1 + 0,2 \cdot \dfrac{2,0}{1,5}\right) = 7,6$$

resulta em

$\sigma_{rup} = c \cdot S_c + q = 150 \cdot 7,6 + 30 = 1170$ kPa

$\sigma_{adm} = \dfrac{\sigma_{rup}}{FS} = \dfrac{1170}{3} = 390$ kPa

A fórmula de Terzaghi subestimou a tensão em 5 %.

8) Calcular a tensão admissível para uma sapata quadrada de lado (B) igual a 3,0 m, apoiada a 2,0 m de profundidade e nível d'água a 3,5 m, sobre uma camada homogênea de areia média, compacta, conforme figura abaixo. Para tanto, utilize o método de Terzaghi.

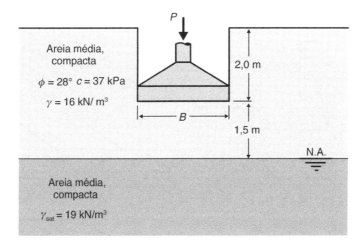

Resposta:

Areia compacta → ruptura geral (Terzaghi)

$\sigma_{rup} = c \cdot S_c \cdot N_c + q \cdot S_q \cdot N_q + 0,5 \cdot \gamma \cdot B \cdot S_\gamma \cdot N_\gamma$

Devem-se avaliar a influência do N.A. e a necessidade de correção do peso específico do solo a ser empregado na equação de Terzaghi. Observa-se que o lençol freático está posicionado a 1,5 m (H_f) da base da sapata (Caso C). Como $H_f < B$, então

$$\gamma_c = \dfrac{1}{B} \cdot [\gamma_{nat} \cdot H_f + \gamma_{sub} \cdot (B - H_f)]$$

Capítulo 6

Sendo assim, o peso específico (γ) deve ser substituído por γ_c, conforme abaixo:
$\sigma_{rup} = c \cdot S_c \cdot N_c + q \cdot S_q \cdot N_q + 0,5 \cdot \gamma_c \cdot B \cdot S_\gamma \cdot N_\gamma$
Para ângulo de atrito de 28° → $N_c = 31,61$; $N_q = 17,81$ e $N_\gamma = 13,70$
Para sapata quadrada → $S_c = 1,3$; $S_q = 1,0$ e $S_\gamma = 0,8$
A tensão efetiva (q) na cota de apoio → $q = \gamma \cdot z = 16 \cdot 2,0 = 32$ kPa
Peso específico submerso → $\gamma_{sub} = \gamma_{sat} - \gamma_w = 19 - 10 = 9$ kPa
Cálculo de $\gamma_c = \dfrac{1}{3} \cdot [16 \cdot 1,5 + 9 \cdot (3 - 1,5)] = 12,5$ kN/m³
Assim a tensão de ruptura é dada por
$\sigma_{rup} = 37 \cdot 1,3 \cdot 31,61 + 32 \cdot 1,0 \cdot 17,81 + 0,5 \cdot 12,5 \cdot 3 \cdot 0,8 \cdot 13,7 = 2296$ kPa
$\sigma_{adm} = \dfrac{\sigma_{rup}}{FS} = \dfrac{2296}{3} = 765$ kPa

9) Determinar a dimensão (B) de uma sapata corrida apoiada em uma camada de areia siltosa compacta apoiada na cota −1,2 m (figura abaixo). A carga distribuída aplicada à sapata é de 60 kN/m. A envoltória de resistência ao cisalhamento é dada por $\tau = 48 + \sigma \cdot \tan 25°$ (kPa) e o peso específico do solo é de 16 kN/m³.

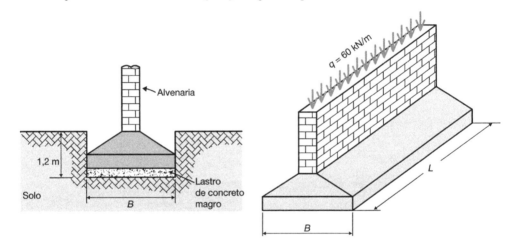

Resposta:
Areia compacta → ruptura geral (Terzaghi)
$\sigma_{rup} = c \cdot S_c \cdot N_c + q \cdot S_q \cdot N_q + 0,5 \cdot \gamma \cdot B \cdot S_\gamma \cdot N_\gamma$
Para ângulo de atrito de 25° → $N_c = 25,13$; $N_q = 12,72$ e $N_\gamma = 8,34$
Para sapata corrida → $S_c = 1,0$; $S_q = 1,0$ e $S_\gamma = 1,0$
A tensão efetiva (q) na cota de apoio → $q = \gamma \cdot z = 16 \cdot 1,2 = 19,2$ kPa
Na equação o termo referente à largura (B) será uma incógnita a ser determinada posteriormente. Como trata-se de uma sapata corrida, o lado (maior) L é adotado como unitário, ou seja, igual a 1 m.
$\sigma_{rup} = 48 \cdot 1,0 \cdot 25,13 + 19,2 \cdot 1,0 \cdot 12,72 + 0,5 \cdot 16 \cdot B \cdot 1,0 \cdot 8,34 = 1450 + 66,7 \cdot B$

$$\sigma_{adm} = \sigma_{aplic} = \frac{\sigma_{rup}}{FS}$$

Sendo $\sigma_{aplic} = \frac{q}{B \cdot L} = \frac{60}{B \cdot 1}$ então $\frac{60}{B} = \frac{1450,4 + 66,7 \cdot B}{3} \rightarrow 22,2 \cdot B^2 + 483,5 \cdot B - 60 = 0$,

o que resulta em $B = 0,12$ m; entretanto, a ABNT NBR 6122 prescreve que a largura mínima de uma sapata deve ser de 0,6 m. Sendo assim, neste caso adota-se o valor mínimo, ou seja, $B = 0,60$ m.

10) Para uma sapata de dimensões 2 m × 2 m, apoiada na cota – 2 m conforme perfil de subsolo abaixo, calcular a tensão admissível utilizando as correlações desenvolvidas para resultados do ensaio SPT.

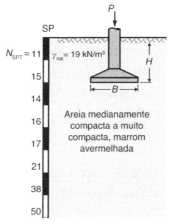

Resposta:

Deve-se determinar a média do N_{SPT} para o bulbo de tensões que atua sob a sapata, que em geral atua até uma profundidade de $2 \cdot B$ (figura abaixo). Como a sapata tem o menor lado (B) igual a 2 m, então tem-se 4 m.

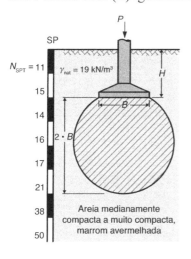

$$\overline{N}_{SPT} = \frac{15 + 14 + 16 + 21}{4} = 16,5$$

De Mello (1975) e Teixeira (1996):

$\sigma_{adm} = 20 \cdot \bar{N}_{SPT}$ (kPa) $= 20 \cdot 16,5 = 330$ kPa.

De Mello (1975):

$\sigma_{adm} = 100 \cdot (\sqrt{N_{SPT}} - 1) = 100 \cdot (\sqrt{16,5} - 1) = 306$ kPa.

Teixeira (1996):

$\sigma_{adm} = 50 + (10 + 4 \cdot B) \cdot \bar{N}_{SPT} = 50 + (10 + 4 \cdot 2) \cdot 16,5 = 327$ kPa.

A média dos resultados é da ordem de 327 kPa. A adoção da tensão admissível a ser empregada em projeto deverá ser com base na experiência e conhecimento do subsolo local.

11) Utilizando a proposta de Décourt (1999, 2007), determinar a tensão resistente admissível do solo, de acordo com as dimensões da sapata (1,25 m x 1,25 m) e a carga máxima que esta poderá suportar. O solo superficial é caracterizado por areia siltosa com número de golpes médio (N_{SPT}) igual a 10.

Resposta:
A partir do valor do $N_{SPT} = 10$ obtém-se o valor de q_r por meio da relação proposta pelo autor (Tabela 6.9):

$q_r = 120 \cdot 10 = 1200$ kPa.

Desta forma, fixa-se o recalque das sapatas e, por meio da equação proposta pelo autor, determina-se a largura equivalente de cada sapata, sua área e a tensão que atuará em cada elemento.

Assim, para este exercício, fixando-se um recalque de 15 mm, aplicando-se a equação $\log\left(\dfrac{q}{q_r}\right) = 0,42 + 0,42 \cdot \log\left(\dfrac{s}{B_{eq}}\right)$, resultaria em uma sapata com $B_{eq} = 1,25$ m e com uma tensão de 493 kPa (veja a tabela a seguir).

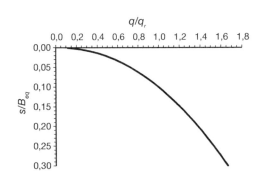

q_r = 1200		s (m) = 0,015		B_{eq} =	
s/B_{eq}	log(q/q_r)	q/q_r	q	B_{eq} =	A (m²)
0,3000	0,20	1,59	1904	0,05	0,00
0,2900	0,19	1,56	1877	0,05	0,00
0,2800	0,19	1,54	1849	0,05	0,00
0,2700	0,18	1,52	1821	0,06	0,00
...	...	...	...	...	...
0,0160	−0,33	0,46	556	0,94	0,88
0,0150	−0,35	0,45	541	1,00	1,00
0,0140	−0,36	0,44	525	1,07	1,15
0,0130	−0,37	0,42	509	1,15	1,33
0,0120	−0,39	0,41	493	1,25	1,56
0,0110	−0,40	0,40	475	1,36	1,86
0,0100	−0,42	0,38	456	1,50	2,25
0,0090	−0,44	0,36	436	1,67	2,78
0,0080	−0,46	0,35	415	1,88	3,52

Fundação Rasa ou Direta

A carga máxima a ser aplicada neste caso seria de $P_k = B_{eq}^2 \cdot q = 1{,}25^2 \cdot 493 = 770$ kN, ou seja, para as características de solo apresentadas no enunciado do exercício e limitação de recalque em 15 mm, ter-se-ia para uma fundação quadrada de lado ($B = 1{,}25$ m) uma capacidade de carga admissível igual a 770 kN. No entanto, caso a estrutura admita um recalque maior por exemplo, poder-se-ia fixar o recalque em 20 mm, e uma mesma sapata de $B_{eq} = 1{,}25$ m receberia uma tensão (q) de 556 kPa.

$q_r = 1200$		s (m) = 0,015		$B_{eq} =$	
s/B_{eq}	$\log(q/q_r)$	q/q_r	q	$B_{eq} =$	A (m²)
0,3000	0,20	1,59	1904	0,07	0,00
0,2900	0,19	1,56	1877	0,07	0,00
0,2800	0,19	1,54	1849	0,07	0,01
0,2700	0,18	1,52	1821	0,07	0,01
...	...	...	...	...	...
0,0200	−0,29	0,51	610	1,00	1,00
0,0190	−0,30	0,50	597	1,05	1,11
0,0180	−0,31	0,49	584	1,11	1,23
0,0170	−0,32	0,48	570	1,18	1,38
0,0160	−0,33	0,46	556	1,25	1,56
0,0150	−0,35	0,45	541	1,33	1,78
0,0140	−0,36	0,44	525	1,43	2,04
0,0130	−0,37	0,42	509	1,54	2,37
0,0120	−0,39	0,41	493	1,67	2,78

A carga máxima a ser aplicada neste caso seria de $P_k = 1{,}25^2 \cdot 556 = 869$ kN.

Nota-se que, quanto maior o recalque a ser adotado em projeto, maior carga poderá ser aplicada na sapata.

12) Com base nos elementos fornecidos pela prova de carga em placa ($\phi = 0{,}8$ m), estimar a tensão admissível para uma fundação direta por meio de sapatas.

Resposta:

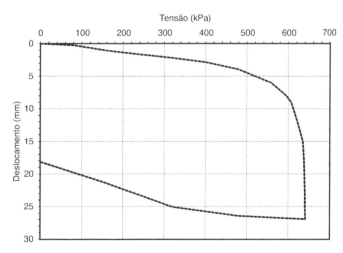

Observa-se que a máxima tensão foi da ordem de 640 kPa e que para um deslocamento de 25 mm obteve-se um mesmo valor. A tensão referente a 10 mm é da ordem de 610 kPa.

CAPÍTULO 6

Empregando-se as metodologias apresentadas neste capítulo, tem-se como tensão admissível a menor entre:

$$\sigma_{adm} = \frac{\sigma_{rup}}{2} = \frac{640}{2} = 320 \text{ kPa}$$

$$\sigma_{adm} = \frac{\sigma_{25}}{2} = \frac{640}{2} = 320 \text{ kPa}$$

$\sigma_{adm} = \sigma_{10} = 610$ kPa. Desta forma, adota-se a tensão admissível de 320 kPa.

6.7 Exercícios Propostos

1) Uma sapata quadrada (figura seguinte) será projetada para uma carga admissível de 294 kN. Utilizando o método de Terzaghi, determinar seu lado B (fator de segurança = 3).

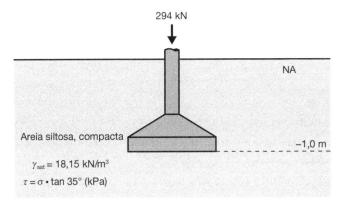

2) Para o solo representado por sua envoltória de ensaios triaxiais rápidos, calcular a capacidade de carga para uma sapata retangular de $2,0 \times 2,5$ m² (figura abaixo) (utilize o método de Terzaghi).

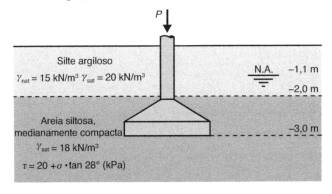

3) Utilizando o método de Terzaghi, determinar as tensões admissíveis de uma sapata apoiada na cota -1 m, com dimensões de $1,0$ m × $1,5$ m, empregando as rupturas local, intermediária e geral (FS = 3,0). Dados:
$S = 20 + \sigma \tan 28°$ (kPa) e $\gamma = 15,5$ kN/m³

Fundação Rasa ou Direta

4) Determinar a tensão admissível de uma argila média com coesão de 50 kPa e peso específico igual a $\gamma = 14$ kN/m^3, para uma sapata retangular ($L/B = 1,5$) de lado igual a 2,0 m, apoiada a 1,0 m de profundidade. Comparar os resultados a partir do emprego da fórmula geral de Terzaghi e de Skempton.

5) Para uma sapata de dimensões 1,5 m × 2,0 m, apoiada na cota –2 m conforme perfil de subsolo abaixo, calcular a tensão admissível utilizando as correlações desenvolvidas para resultados do ensaio SPT.

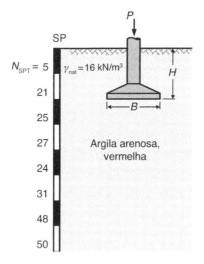

6) Para uma sapata de dimensões 2 m × 2 m, apoiada em areia medianamente compacta na cota –2 m conforme perfil de subsolo, calcular a tensão admissível utilizando as correlações desenvolvidas para ensaio CPT.

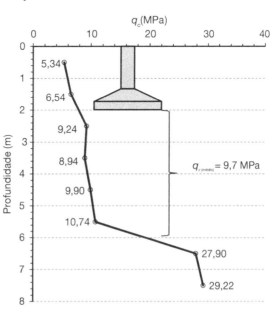

Capítulo 7

Recalques de Fundações Diretas

O dimensionamento das fundações de qualquer obra de engenharia deve assegurar coeficientes de segurança adequados à ruptura do terreno e às deformações excessivas nele provocadas. Essa garantia de segurança é obtida pela aplicação de dois critérios: ruptura e deslocamentos. A equação geral para o cálculo dos recalques de uma fundação pode ser expressa por

$$s = s_e + s_a + s_{cs} \qquad \text{Eq. 7.1}$$

em que s é o recalque total, s_e é o recalque elástico ou recalque imediato, s_a é o recalque por adensamento primário e s_{cs} é o recalque por compressão secundária.

O recalque elástico (s_e) ocorre por causa das deformações elásticas do solo. Ocorre imediatamente após a aplicação das cargas, e é muito importante nos solos arenosos e relativamente importante nas argilas não saturadas.

O recalque por adensamento (s_a) ocorre em virtude da expulsão da água e do ar, dispersos nos vazios do solo. Tende a ocorrer mais lentamente, pois sua ocorrência é predominante em solos argilosos saturados, e pode acontecer em situações intermediárias do grau de saturação. A velocidade da sua ocorrência dependerá das características de permeabilidade do solo.

O recalque por compressão secundária (s_{cs}) ocorre em função da expulsão da fração de água intersticial contida entre as partículas do solo. É causado pelo rearranjo estrutural decorrente de tensões de cisalhamento. Ocorre muito lentamente nos solos argilosos saturados, e é geralmente desprezado no cálculo de fundações, salvo em casos particulares, se assumir importância significativa.

7.1 Recalques de Estruturas

Para o dimensionamento de uma estrutura, verifica-se que, além dos critérios de segurança à ruptura, critérios de deslocamentos limites são também satisfeitos para o comportamento adequado das fundações. Na maioria dos problemas correntes, os critérios de deslocamentos é que condicionam a solução. Serão apresentadas, a seguir, algumas

Recalques de Fundações Diretas

definições relativas ao assunto. Os deslocamentos de uma fundação direta estão inter-relacionados de acordo com a sua posição inicial e em relação aos demais elementos de fundação (Fig. 7.1). A exemplo, tem-se o efeito do recalque diferencial e o que este pode ocasionar nas estruturas (Fig. 7.2).

A seguir, apresentam-se as definições de determinados tipos de recalques.

a) Recalque total (ΔH_M) é o recalque final a que estará sujeito determinado ponto ou elemento da fundação ($s_e + s_a$). Por exemplo: ΔH_1, ΔH_2, ΔH_3, ..., ΔH_n;
b) Recalque diferencial (δ) é a diferença entre os recalques totais de dois pontos quaisquer da fundação. Por exemplo: δ_{1-2}, δ_{2-3}, δ_{3-4}, ..., δ_{i-j};
c) Recalque diferencial específico (δ/ℓ) é a relação entre o recalque diferencial. Senso, (δ), é a distância horizontal (ℓ) entre dois pontos quaisquer da fundação. Por exemplo: δ_{1-2}/ℓ_{1-2}, δ_{2-3}/ℓ_{2-3}, δ_{3-4}/ℓ_{3-4}, ..., δ_{i-j}/ℓ_{i-j};
d) Recalque admissível (δ_{adm}) de uma edificação é o recalque limite que uma edificação pode tolerar, sem que haja prejuízo para a sua utilização, ou seja, no estado limite de serviço (ELS).

7.2 Efeitos de Recalques em Estruturas

Os efeitos dos recalques nas estruturas podem ser classificados em três grupos:

- Danos estruturais: são aqueles causados à estrutura propriamente dita (pilares, vigas e lajes);
- Danos arquitetônicos: são aqueles causados à estética da construção, tais como trincas em paredes e acabamentos, rupturas de painéis de vidro ou mármore etc.;
- Danos funcionais: são os causados à utilização da estrutura, como refluxo de esgotos ou ruptura de redes de esgoto e galerias, emperramento das portas e janelas, desgaste excessivo de elevadores (desaprumo da estrutura) etc.

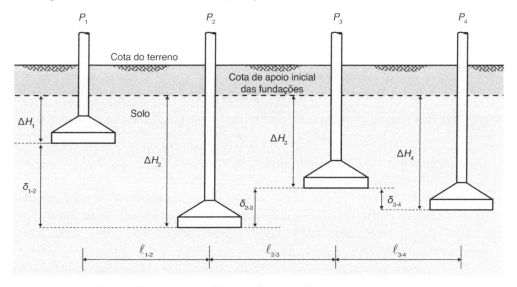

Figura 7.1 Recalque diferencial entre pilares de uma estrutura.

Capítulo 7

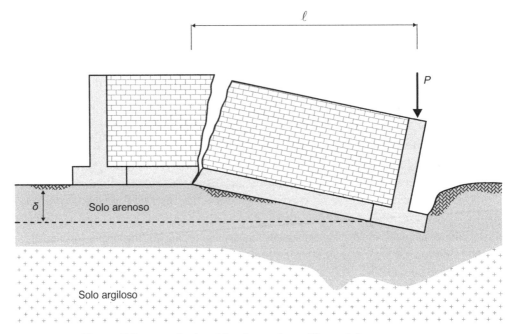

Figura 7.2 Exemplo do efeito do recalque diferencial em estruturas.

Em estudos realizados por Skempton e MacDonald (1956), em que foram estudados da ordem de 100 edifícios (danificados ou não), os autores verificaram que os danos funcionais dependem principalmente da magnitude dos recalques totais. Entretanto, os danos estruturais e arquitetônicos dependem essencialmente dos recalques diferenciais específicos. Ainda segundo os mesmos autores, no caso de estruturas normais (concreto ou aço), como painéis de alvenaria, o recalque diferencial específico não deve ser maior que:

- 1:300 – para evitar danos arquitetônicos;
- 1:150 – para evitar danos estruturais.

7.2.1 Recalques Admissíveis das Estruturas

A grandeza dos recalques que podem ser tolerados por uma estrutura depende essencialmente:

- Dos materiais constituintes da estrutura: quanto mais flexíveis os materiais, maiores serão as deformações toleráveis.
- Da velocidade de ocorrência do recalque: quando lentos (em razão do adensamento de uma camada argilosa, por exemplo) permitem uma acomodação da estrutura, e esta passa a suportar recalques diferenciais maiores do que suportaria se esses recalques ocorressem em maior velocidade.
- Da finalidade da construção: 30 mm de recalque podem ser aceitáveis para o piso de um galpão industrial, enquanto 10 mm podem ser considerados como exagerados

Recalques de Fundações Diretas

para um piso que suporta máquinas sensíveis a pequenos desníveis ocasionados por recalques.

• Da localização da construção: recalques totais, que poderiam ser considerados toleráveis na Cidade do México ou em Santos (argilas moles saturadas), seriam totalmente inaceitáveis em locais com solos de características distintas a essas.

7.2.2 Causas de Recalques

a) Rebaixamento do lençol freático: caso haja presença de solo compressível no subsolo, ocorre aumento das tensões geostáticas efetivas nessa camada, independentemente da aplicação de carregamentos externos.

b) Solos colapsíveis: solos de elevada porosidade, nos quais, quando em contato com a água, ocorre a destruição da cimentação intergranular, provocando o colapso súbito desses solos, caracterizado por uma redução significativa em seu volume. Cabe ressaltar a importância da avaliação do potencial de colapso nos solos brasileiros, tendo em vista sua vasta ocorrência em território brasileiro.

c) Escavações em áreas adjacentes à fundação: mesmo prevendo-se contenção, submuração ou qualquer outro tipo de arrimo, é inevitável que ocorram movimentos, que porventura venham a ocasionar recalques nas edificações vizinhas.

d) Efeitos dinâmicos: vibrações oriundas da operação de equipamentos, por exemplo, bate-estacas, rolos compactadores vibratórios, tráfego viário etc.

e) Escavação de túneis: qualquer que seja o método de execução, ocorrerão recalques na superfície do terreno.

7.2.3 Recalques Limites (Bjerrum, 1963)

O controle do recalque diferencial é fundamental para o atendimento aos estados limites último e de serviço. Para tanto, Bjerrum (1963) estabelece os limites para os quais passam a ser observados determinados danos (Fig. 7.3).

Várias publicações existentes na literatura recomendam que as características da superestrutura e de sua sensibilidade a recalques sejam consideradas nos cálculos do projeto de fundações. Na prática, a estimativa de recalques é dificultada por fatores muitas vezes fora do controle do engenheiro, como por exemplo:

a) Heterogeneidade do subsolo: normalmente o perfil geotécnico é inferido a partir de alguns pontos de prospecção do subsolo; entretanto, podem existir heterogeneidades no maciço que não foram detectadas no programa de investigação;

b) Variações nas cargas previstas para a fundação: advindas de imprecisão nos cálculos, cargas acidentais imprevisíveis, redistribuição de esforços etc.;

c) Imprecisão dos métodos de cálculo: apesar do crescente desenvolvimento da mecânica dos solos, os métodos disponíveis para estimativa do recalque ainda não apresentam resultados satisfatórios;

d) Propriedade dos solos: a estimativa dos parâmetros do solo é realizada em amostras que, teoricamente, são representativas do subsolo investigado; portanto, as

Capítulo 7

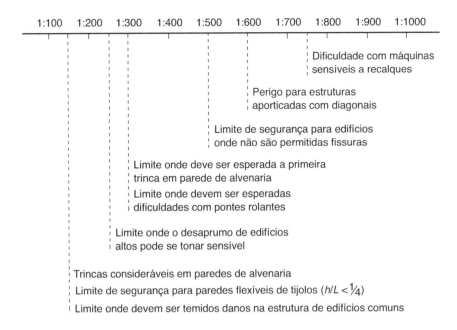

Figura 7.3 Recalque diferencial específico (δ/ℓ).

variações existentes em profundidade e ao longo do horizontal não são levadas em consideração. Dessa forma, a estimativa dos recalques se torna prejudicada, às vezes pela qualidade do ensaio de laboratório empregado ou pela correlação adotada a partir dos ensaios de campo, resultando em valores de recalque distantes da realidade.

7.3 Pressões de Contato e Recalques

O recalque de uma fundação depende de alguns fatores, entre eles a forma da distribuição das pressões de contato, aplicada por uma placa uniformemente carregada ao terreno. Essas pressões dependem do tipo de solo e da rigidez da placa, conforme casos apresentados a seguir.

- Solos arenosos

Em solos arenosos, as deformações são causadas predominantemente por tensões cisalhantes. Neste caso, consideram-se placas totalmente flexíveis e totalmente rígidas.

a) Placas totalmente flexíveis

Quando carregadas uniformemente, uma placa totalmente flexível aplica à superfície do solo uma tensão uniformemente distribuída. Como a resistência ao cisalhamento de uma areia é proporcional à tensão confinante, então a areia é dotada de maior resistência no centro da área carregada (área da placa), e consequentemente sofrerá menores deformações nesta região. No entanto, em um ponto mais próximo das bordas da área carregada, o confinamento é menor, a resistência ao cisalhamento diminui, e as deformações no solo são maiores, remetendo a valores mais elevados de recalque

(Fig. 7.4). Em resumo, para uma placa flexível uniformemente carregada, apoiada em areia, os recalques serão maiores nas bordas e menores no centro, e as tensões de contato serão uniformes em toda a área carregada.

b) Placas totalmente rígidas

Uma placa perfeitamente rígida e uniformemente carregada produzirá deformações na areia e recalques uniformes na superfície do terreno. Comparando-se com o caso anterior (placas flexíveis), pode-se concluir que no centro, onde a tensão de confinamento é mais elevada, as tensões de contato são maiores que nas bordas (região de baixas tensões confinantes) e consequentemente geram uniformidade dos recalques. A distribuição das tensões de contato terá a forma aproximada de uma parábola (Fig. 7.5).

- Solos argilosos

Nos solos argilosos (coesivos), predominam as deformações volumétricas, estimadas mediante a teoria do adensamento.

a) Placas totalmente flexíveis

Uma placa totalmente flexível, uniformemente carregada, aplica à superfície do solo uma tensão também uniforme. A distribuição de tensões na superfície produz

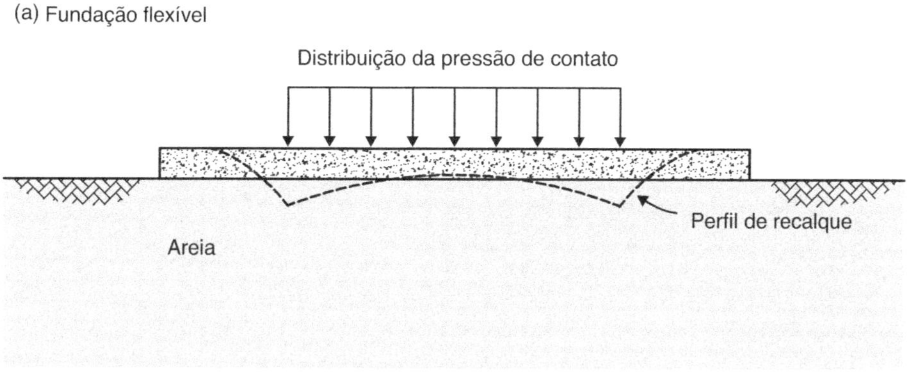

Figura 7.4 Pressão de contato e perfil de recalque de placa flexível (areia).

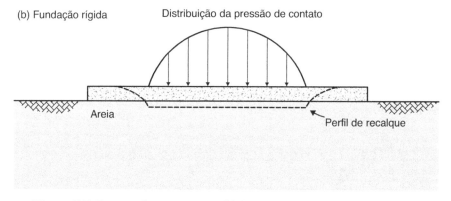

Figura 7.5 Pressão de contato e perfil de recalque de placa rígida (areia).

maiores tensões nos pontos do solo situados na vertical que passam pelo eixo da placa, e tensões menores nos pontos do solo afastados desse eixo (Fig. 7.6).

Logo, como as tensões nos pontos do solo mais próximos ao eixo vertical são maiores do que aquelas nos pontos mais afastados, decorrem maiores recalques no centro e menores nas bordas da placa (Fig. 7.6).

b) Placas totalmente rígidas

Uma placa perfeitamente rígida, uniformemente carregada, produzirá deformações na argila e recalques obrigatoriamente uniformes na superfície do terreno carregado. Isto significa que a placa rígida promove uma redistribuição de tensões na superfície da área carregada, de tal maneira que as tensões transmitidas a qualquer ponto situado no interior da massa do solo coesivo, próximo ou distante do eixo vertical de carregamento, sejam uniformes. Logo, as tensões na superfície de contato terão maior intensidade nas bordas que no centro do carregamento (Fig. 7.7).

7.4 Cálculo dos Recalques

Ainda que existam dificuldades e imprecisões como as apontadas anteriormente, a estimativa dos recalques é um fator de grande importância na orientação do engenheiro

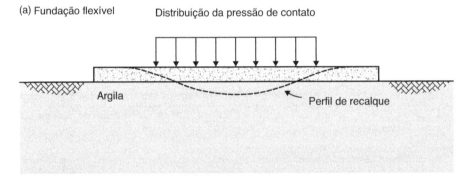

Figura 7.6 Pressão de contato e perfil de recalque de placa flexível (argila).

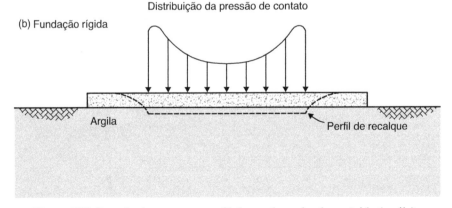

Figura 7.7 Pressão de contato e perfil de recalque de placa rígida (argila).

para solução de problemas inerentes à Engenharia de Fundação. A seguir serão abordados os procedimentos para estimativa de recalques por adensamento e os elásticos de uma fundação.

7.4.1 Recalques por Adensamento

Os recalques causados pelas deformações de solos coesivos saturados são estimados a partir da teoria do adensamento. Esta prevê diminuição no índice de vazios (e), em razão de um acréscimo de pressão ($\Delta\sigma$). Partindo-se da curva obtida vs log σ do ensaio de adensamento em uma amostra indeformada do solo (Fig. 7.8), chega-se, portanto, à expressão para o cálculo dos recalques.

Para o cálculo do recalque por adensamento é necessário definir a tensão de pré-adensamento. Esse parâmetro pode ser obtido empregando as metodologias apresentadas por Pacheco e Silva (Fig. 7.9) ou Casagrande (Fig. 7.10).

Utilizando a expressão seguinte, obtém-se o valor do recalque por adensamento.

$$S_a = \frac{H}{1+e_0}\left(C_s \log\left(\frac{\sigma'_a}{\sigma'_0}\right) + C_c \log\left(\frac{\sigma'_0 + \Delta\sigma'}{\sigma'_a}\right)\right) \quad \text{Eq. 7.2}$$

$$C_s \Leftrightarrow C_c = \left(\frac{e_1 - e_2}{\log\sigma'_2 - \log\sigma'_1}\right)$$

em que:

e_0 é o índice de vazios inicial, C_c é o índice de compressão, C_s é o índice de expansão ou recompressão, H é a espessura da camada de argila, σ'_0 é a pressão da camada de argila, σ'_a é a tensão de pré-adensamento e $\Delta\sigma'$ é o aumento de pressão efetiva aplicada.

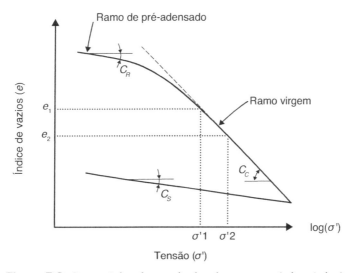

Figura 7.8 Curva típica do ensaio de adensamento (edométrico).

Capítulo 7

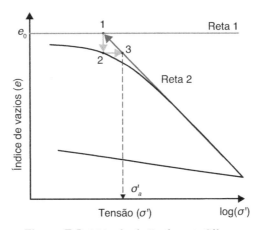

Figura 7.9 Método de Pacheco e Silva.

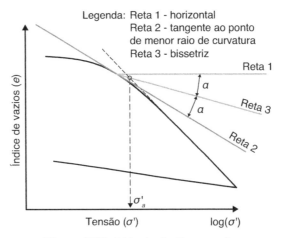

Figura 7.10 Método de Casagrande.

Na análise dos recalques por adensamento, é importante conhecer sua evolução no decorrer do tempo, uma vez que esses recalques podem ser potencialmente significativos em ocasionar danos à estrutura. A variação dos recalques com o tempo pode ser aproximada por uma curva logarítmica (Fig. 7.11).

Os recalques e os tempos em que ocorrem estão relacionados pelas expressões seguintes:

$$S_t = U_t \cdot \Delta h \qquad U_t = f(t)$$

$$T = \frac{c_v \cdot t}{H_{dr}^2} \qquad \text{Eq. 7.3}$$

em que:

Δh é o recalque total (m), S_t é o recalque que ocorre no tempo (m), U_t é a porcentagem de adensamento verificada no tempo t, T é o fator tempo, calculado como indicado a

Recalques de Fundações Diretas

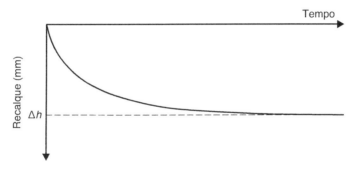

Figura 7.11 Evolução dos recalques com o tempo.

seguir, H_{dr} é a altura drenante da camada argilosa (m), c_v é o coeficiente de adensamento obtido no ensaio de adensamento cm²/s e t é o tempo de ocorrência dos recalques (s).

Portanto,

$$U = f(T) \Rightarrow \begin{cases} T = \dfrac{\pi}{4}\left(\dfrac{U\%}{100}\right)^2 \Leftrightarrow U\% \leq 60\% \Leftrightarrow T < 0{,}287 \\ T = 1{,}781 - 0{,}933 \cdot \log(100 - U\%) \Leftrightarrow U\% \geq 60\% \Leftrightarrow T \geq 0{,}287 \end{cases}$$

7.4.2 Recalque Elástico

Os recalques elásticos ou imediatos são decorrentes de deformações elásticas do solo de apoio de uma fundação e ocorrem logo após a aplicação das cargas. Nota-se que a velocidade de evolução das deformações é fator importante a ser considerado para análise de estruturas, pois quando ocorrem geram uma resposta imediata da estrutura e, portanto, são, muitas vezes, as mais críticas, o que pode justificar o interesse no estudo dos recalques elásticos, preponderantes nos solos arenosos ou nos solos não saturados. Algumas propostas são apresentadas, a seguir, para o cálculo do recalque elástico.

7.4.2.1 Método de Schliecher (1926)

Baseado na teoria da elasticidade e na distribuição de tensões de Boussinesq, Schliecher (1926) inseriu a tensão vertical causada pela distribuição uniforme sobre a superfície, obtendo a equação para estimativa do recalque elástico (s) do solo diretamente abaixo de uma base perfeitamente elástica, conforme segue:

$$s = K \cdot \sigma \cdot \sqrt{A} \cdot \dfrac{(1-\nu^2)}{E_s} \qquad \text{Eq. 7.4}$$

em que:

K é o coeficiente de forma que depende do grau de rigidez, σ é a pressão líquida aplicada pela base sobre o solo, A é a área relativa da base, E é o módulo de elasticidade do solo e ν é o coeficiente de Poisson do solo.

CAPÍTULO 7

Para determinação de alguns parâmetros empregados na equação de Schleicher, é possível encontrar alguns valores típicos na literatura geotécnica para o coeficiente de Poisson para vários tipos de solos (Tabela 7.1) e para o coeficiente de forma de Schleicher (ou fator de influência), para as várias formas de sapatas em pontos específicos destas, tais como, no canto, no meio e no centro de sapatas (Tabela 7.2).

Tabela 7.1 Valores de coeficiente de Poisson do solo

Tipo de solo	Coeficiente de Poisson
Argila não saturada	0,1-0,3
Argila saturada (não drenada)	0,5
Argila saturada (drenada)	0,2-0,4
Areia pouco compacta	0,2
Areia compacta	0,3-0,4
Areia fofa	0,1-0,3
Silte	0,3-0,5

Fonte: Adaptada de Ameratunga; Sivakugan; Das, 2016; Teixeira; Godoy, 2016.

Tabela 7.2 Coeficientes de forma (fatores de influência)

Forma da área equivalente	Proporção lateral (a/b)	Ponto central (M), $K_{máx} = K_M$	Canto livre (A), $K_{mín} = K_A$	Ponto médio do menor lado (B), K_B	Ponto médio do maior lado (C), K_C	K (médio)
Quadrada	1,0	1,12	0,56	0,76	0,76	0,95
Retangular	1,5	1,11	0,55	0,73	0,79	0,94
	2	1,08	0,54	0,69	0,79	0,92
	3	1,03	0,51	0,64	0,78	0,88
	5	0,94	0,47	0,57	0,75	0,82
	10	0,80	0,40	0,47	0,67	0,71
	100	0,40	0,20	0,22	0,36	0,37
	1000	0,173	0,087	0,093	0,159	0,163
	10.000	0,069	0,035	0,037	0,065	0,066

A partir do equacionamento apresentado, pode-se calcular o recalque para todas as posições (canto, centro e bordas). Os resultados obtidos são analisados em função das restrições da estrutura. É possível também determinar a tensão máxima a ser adotada

Recalques de Fundações Diretas

em projeto, por meio da adoção do recalque limite. Ou seja, a partir de um valor de recalque admissível, obtém-se o valor da tensão aplicada ao terreno.

7.4.2.2 Método de Schmertmann (1970) e Schmertmann; Hartman; Brown (1978)

O autor propôs no ano de 1970 um critério para o cálculo de recalque elástico de sapatas e que foi aperfeiçoado em 1978. A proposta de Schmertmann baseia-se na relação entre tensão e módulo de elasticidade, levando-se em consideração o fator de influência, $\varepsilon_z = \dfrac{\sigma}{E_s} \cdot I_z$, sendo apresentada pelo autor, na sua forma final, como

$$s_e = C_1 \cdot C_2 \cdot \sigma^* \cdot \sum_{i=1}^{n} \left(\dfrac{I_z}{E_s} \cdot \Delta z \right)_i \qquad \text{Eq. 7.5}$$

em que:

ε_z é a deformação provocada, σ^* é a tensão líquida atuante, E_s é o módulo de elasticidade do solo, I_z é o fator de influência de deformação, C_1 é a correção causada pelo embutimento na sapata e C_2 é a correção em função do efeito do tempo.

O método pode ser aplicado em sapatas retangulares, corridas e quadradas. A partir do uso de gráfico é possível obter o fator de influência da deformação, I_z, conforme apresentado na Figura 7.12.

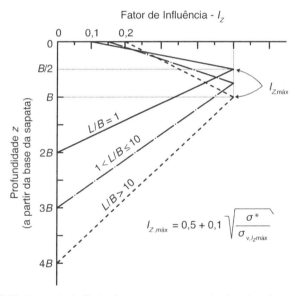

Figura 7.12 Fator de influência para sapata quadrada, circular e corrida.

a) Sapata corrida ($L > 10B$)

- para $z \leq B \Rightarrow I_z = \left(\dfrac{z}{B} \right) \cdot (I_{z,\text{máx}} - 0{,}2) + 0{,}2$

CAPÍTULO 7

- para $B < z \leq 4 \cdot B \Rightarrow I_z = \left[\dfrac{4}{3} - \dfrac{1}{3} \cdot \left(\dfrac{z}{B}\right)\right] \cdot I_{z,\,máx}$

b) Sapata quadrada ($L = B$)

- para $z \leq \dfrac{B}{2} \Rightarrow I_z = 2 \cdot \left(\dfrac{z}{B}\right) \cdot (I_{z,\,máx} - 0,1) + 0,1$

- para $\dfrac{B}{2} < z \leq 2 \cdot B \Rightarrow I_z = \left[\dfrac{4}{3} - \dfrac{2}{3} \cdot \left(\dfrac{z}{B}\right)\right] \cdot I_{z,\,máx}$

c) Sapata retangular ($B < L \leq 10 \cdot B$)

- para $z \leq \dfrac{3}{4} \cdot B \Rightarrow I_z = \dfrac{4}{3} \cdot \left(\dfrac{z}{B}\right) \cdot (I_{z,\,máx} - 0,15) + 0,15$

- para $\dfrac{3}{4} \cdot B < z \leq 3 \cdot B \Rightarrow I_z = \left[\dfrac{4}{3} - \dfrac{4}{9} \cdot \left(\dfrac{z}{B}\right)\right] \cdot I_{z,\,máx}$

Obs.: Como o método de Schmertmann (1970) e Schmertmann; Hartman; Brown (1978) não apresenta solução para sapatas retangulares, os autores propõem esta simplificação.

Correção por causa do embutimento na sapata (C_1):

$$C_1 = 1 - 0,5 \cdot \left(\dfrac{\sigma_v}{\sigma^*}\right) \geq 0,5 \qquad \text{Eq. 7.6}$$

em que:

σ^* é a tensão líquida na cota de apoio da fundação ($\sigma^* = \sigma - \sigma_v$);

σ_v é a sobrecarga causada pela massa de solo situada acima da cota de apoio da fundação;

$\sigma_{v,I_{zmáx}}$ é a tensão efetiva na profundidade de $I_{z,\,máx}$

Correção considerando o efeito do tempo (C_2):

$$C_2 = 1 + 0,2 \cdot \log\left(\dfrac{t}{0,1}\right) \qquad \text{Eq. 7.7}$$

em que:

t é o tempo (em ano).

7.4.2.3 Método de Janbu; Bjerrum; Kjaernsli (1956)

Os autores propuseram uma equação para o cálculo de recalque imediato de sapata em camada argilosa finita na qual é levada em consideração a espessura da camada de apoio da fundação:

Recalques de Fundações Diretas

$$s_e = \mu_0 \cdot \mu_1 \cdot \frac{\sigma \cdot B}{E_s} \qquad \text{Eq. 7.8}$$

em que:

μ_0 e μ_1 são fatores de forma e embutimento, σ é a tensão aplicada pela fundação ao terreno na profundidade h, B é a menor dimensão da fundação em planta, ν é o coeficiente de Poisson do solo e E_s é o módulo de deformabilidade do solo.

Os fatores μ_0 e μ_1 são obtidos por meio do emprego dos ábacos da Figura 7.13.

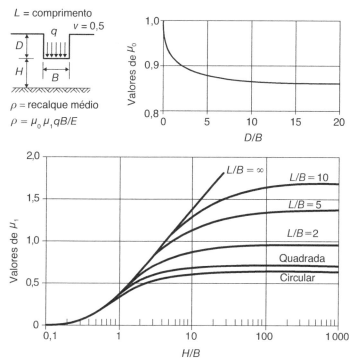

Figura 7.13 Fatores μ_0 e μ_1 ($\nu = 0{,}5$). Fonte: Adaptada de Janbu; Bjerrum; Kjaernsli, 1956 *apud* Christian; Carrier, 1978.

7.4.2.4 Método de Burland; Broms; De Mello (1977)

Os autores propõem equações para estimativa do limite superior do recalque, a partir da análise de uma série de casos relatados na literatura: Bjerrum & Eggestad (1963); Parry (1971); Davisson & Sally (1972); Garga & Quin (1974); Shultze & Sherif (1973), propondo limites de recalques (máximos) para os casos de areias fofas, areias medianamente compactas e areias compactas. A partir do gráfico elaborado por Burland; Broms; De Mello (1977), Milititsky *et al.*, (1982) desenvolveram-se equações para estimativa do recalque:

$s_{e,\text{máx}} = 0{,}32 \cdot \sigma \cdot B^{0{,}3} \Rightarrow$ para areias fofas ($N_{\text{SPT}} < 10$)
$s_{e,\text{máx}} = 0{,}07 \cdot \sigma \cdot B^{0{,}3} \Rightarrow$ para areias medianamente compactas ($10 \leq N_{\text{SPT}} < 30$)
$s_{e,\text{máx}} = 0{,}035 \cdot \sigma \cdot B^{0{,}3} \Rightarrow$ para areias compactas ($N_{\text{SPT}} \geq 30$)

CAPÍTULO 7

em que:

$s_{e,máx}$ é o recalque máximo da fundação (em mm), B é o menor lado da sapata (em m), σ é a tensão aplicada sobre a fundação ao terreno (em kPa).

Segundo Milititsky *et al.* (1982), deve-se adotar o valor médio N_{SPT} abaixo da cota de apoio da fundação até a profundidade de, no mínimo, $1,5B$, para definição da equação a ser empregada.

7.4.2.5 Método de Schultze e Sherif (1973)

A partir de resultados de casos históricos, os autores estabeleceram um método para prever os recalques de fundação apoiada em solo arenoso (Fig. 7.14), tomando-se os resultados do SPT usando a equação:

$$s_e = \frac{\sigma \cdot s}{N_{SPT}^{0,87} \cdot \left(1 + 0,4 \cdot \dfrac{D_f}{B}\right)}, \text{para} \Rightarrow \frac{D_s}{B} \geq 2 \qquad \text{Eq. 7.9}$$

em que:

s_e é o recalque (em mm), σ é a tensão aplicada pela fundação ao terreno (em kPa), s é o coeficiente de recalque (mm/kN · m²) (Fig. 7.14), D_f é a profundidade de embutimento e B é a menor dimensão em planta da fundação; N_{SPT} é o valor médio do número de golpes para uma profundidade de $2B$ abaixo do nível de fundação; em profundidades inferiores a $2B$, utiliza-se a altura d_s para a determinação dessa média.

A espessura da camada deve ser, no mínimo, superior a duas vezes a largura da fundação; caso contrário, é necessário adotar um dos fatores de redução (d_s) apresentados e que será multiplicado pelo coeficiente de recalque (s) obtido.

Tabela 7.3 Fator de redução para $D_s/B < 2$

D_s/B	L/B			
	1	2	5	100
1,5	0,91	0,89	0,87	0,85
1,0	0,76	0,72	0,69	0,65
0,5	0,52	0,48	0,43	0,39

7.4.3 Estimativa do Módulo de Deformabilidade do Solo (E_s)

A partir de resultados dos ensaios de campo CPT e SPT, é possível estimar, por correlações propostas por diversos autores, os valores dos parâmetros de resistência de solos arenosos e argilosos, visando empregá-los em projeto:

a) *Cone Penetration Test* (CPT)

Existem diversas propostas relatadas na literatura geotécnica para determinação deste parâmetro, sendo apresentadas, a seguir, algumas delas.

Recalques de Fundações Diretas

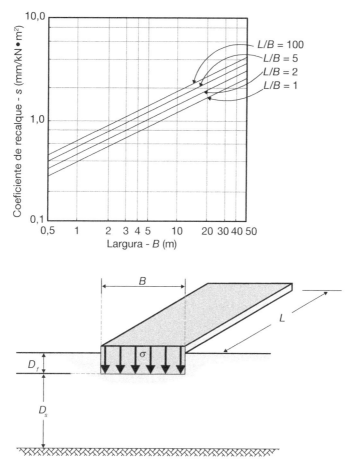

Figura 7.14 Determinação dos recalques de fundação a partir dos resultados dos ensaios de penetração SPT.

– Schmertmann; Hartman; Brown (1978):

$$E_s = \alpha \cdot q_c \qquad \text{Eq. 7.10}$$

A partir desta equação, diversos autores propuseram diferentes valores para o coeficiente, α, de acordo com as experiências e o tipo de solos estudados (Tabela 7.4).

Tabela 7.4 Valores do coeficiente α

Tipo de solo	α	Ano	Autor
Areias e sapata quadrada	2,50	1978	Schmertmann
Areias e sapata corrida	3,50	1978	Schmertmann
Argilas	6,50	1978	Schmertmann
Solo não coesivo	1,90	1965	Meyerhoff
Solo não coesivo	1,50	1965	De Beer

(continua)

Capítulo 7

Tipo de solo	α	Ano	Autor
Solo não coesivo	2,50	1967	Vesic
Solo não coesivo	1,50	1973	Tassios / Agnostopoulos
Solo coesivo	1,50	1944	Buisman
Solo coesivo	5,70	1965	Bachelier / Parez
Solo coesivo	3,00	1972	Sanglerat
Silte arenoso pouco argiloso (solo residual de gnaisse). Local: Refinaria Duque de Caxias (Caxias/RJ)	1,15	1973	
Areia siltosa (solo residual de gnaisse). Local: Refinaria Duque de Caxias (Caxias/RJ)	1,20	1973	
Silte argiloso (solo residual de gnaisse). Local: Refinaria Duque de Caxias (Caxias/RJ)	2,40	1973	
Argila pouco arenosa (solo residual de gnaisse). Local: Adrianópolis (Nova Iguaçu/RJ)	2,25	1973	Paulo Rogério/ Fernando Barata (experiência brasileira)
Silte pouco argiloso (aterro compactado)	3,00	1973	
Solo residual argiloso (aterro compactado). Local: Refinaria Duque de Caxias (Caxias/RJ)	3,40 a 4,4	1973	
Argila pouco arenosa (solo residual de gnaisse). Local: Adrianópolis (Nova Iguaçu/RJ)	3,60	1973	
Argila areno-siltosa (solo residual de gnaisse). Local: Adrianópolis (Nova Iguaçu/RJ)	5,20	1973	
Argila areno-siltosa porosa (solo residual de basalto). Local: Refinaria do Planalto (Campinas/SP)	5,20 a 9,20	1973	

Fonte: Adaptada de Rogério, 1984; Schmertmann; Hartman; Brown, 1978.

– Trofimenkov (1974):

$$E_s = 3,4 \cdot q_c + 13 \text{ em MPa} \rightarrow \text{areias} \qquad \text{Eq. 7.11}$$

$$E_s = 4,9 \cdot q_c + 12,3 \text{ em MPa} \rightarrow \text{argilas} \qquad \text{Eq. 7.12}$$

em que:

q_c é a resistência de ponta obtida no ensaio (em MPa).

– Muhs e Weiss (1973):

$$E_s = 2,8 \cdot q_c + 26,5 \text{ em MPa} \rightarrow \text{solos não coesivos} \qquad \text{Eq. 7.13}$$

– Franke (1973):

$$E_s = 5,0 \cdot q_c + 10 \text{ em MPa} \rightarrow \text{solos não coesivos} \qquad \text{Eq. 7.14}$$

b) *Standard Penetration Test* (SPT):

A partir dos resultados do ensaio SPT, também é possível obter valores estimados do módulo de deformabilidade do solo, conforme propostas de

Recalques de Fundações Diretas

– Quaresma *et al.* (2016):

Apresentam, para sapatas quadradas rígidas com recalque da ordem de 1 % do seu menor lado, as seguintes equações:

$$E = 3,5 \cdot N_{SPT} \text{ em MPa} \rightarrow \text{areias} \qquad \text{Eq. 7.15}$$

$$E = 3,0 \cdot N_{SPT} \text{ em MPa} \rightarrow \text{solos intermediários} \qquad \text{Eq. 7.16}$$

$$E = 2,5 \cdot N_{SPT} \text{ em MPa} \rightarrow \text{argilas saturadas} \qquad \text{Eq. 7.17}$$

– Webb (1969):

$$\frac{E_s}{P_a} = 5 \cdot (N_{60} + 15) \rightarrow \text{areia} \qquad \text{Eq. 7.18}$$

$$\frac{E_s}{P_a} = 3{,}33 \cdot (N_{60} + 5) \rightarrow \text{areia argilosa} \qquad \text{Eq. 7.19}$$

em que:

N_{60} é o número de golpes obtidos no ensaio SPT para energia de 60 %, e p_a é a pressão atmosférica igual a 101,325 kPa.

– Trofimenkov (1974):

$$\frac{E_s}{P_a} = (350 - 500) \cdot \log N_{60} \rightarrow \text{areia} \qquad \text{Eq. 7.20}$$

Quando necessário, deve-se proceder à conversão entre os valores de N para as diferentes energias de cravação, conforme apresentado a seguir.

$$\frac{N_{60}}{N_{72}} \approx 1{,}2 \qquad \text{Eq. 7.21}$$

Outra importante correlação a ser empregada, quando da indisponibilidade de dados para projeto, é a relação entre os valores do número de golpes (N) obtidos no ensaio SPT e a resistência de ponta (q_c) do ensaio CPT, ambos utilizados nas correlações apresentadas acima. Dessa forma, nos casos em que houver somente resultados de SPT, pode-se convertê-los de modo a obter os valores aproximados de q_c. Essa relação varia de acordo com o tipo de solo e pode ser representada pela seguinte equação:

$$q_c = K \cdot N_{SPT} \text{ em MPa} \qquad \text{Eq. 7.22}$$

O fator de correlação, K, pode ser obtido a partir da Tabela 7.5.

Tabela 7.5 Valores típicos de K

Tipo de solo	K
Areia	0,60
Areia siltosa, areia argilosa, areia silto-argilosa ou areia argilo-siltosa	0,53
Silte, silte arenoso, argila arenosa	0,48
Silte areno-argiloso, silte argilo-arenoso, argila silto-arenosa, argila areno-siltosa	0,38
Silte argiloso	0,30
Argila e argila siltosa	0,25

Fonte: Adaptada de Danziger; Velloso, 1986.

Capítulo 7

Apesar de terem sido apresentadas algumas correlações que permitem obter valores típicos de módulo de deformabilidade, é recomendável que este e outros parâmetros sejam determinados por meio de ensaios laboratoriais (por exemplo, triaxial), que possibilitem a obtenção da curva tensão *vs* deformação.

7.5 Exercícios Resolvidos

1) Uma camada de argila (figura a seguir), com espessura (H) igual a 4,0 m, teve uma porcentagem de adensamento de 80 % em dois anos. Quantos anos serão necessários, para os mesmos 80 % de adensamento, a mesma camada, mas com 12 m de espessura?

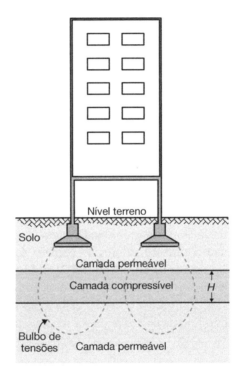

Resposta:
Para determinar o tempo, deve-se calcular o fator tempo (T). Como a porcentagem de adensamento é de 80 % ($U > 60$ %), empregando-se a equação

$T = 1,781 - 0,933 \cdot \log(100 - U\%) = 1,781 - 0,933 \cdot \log(100 - 80) = 0,567$,

é possível determinar o coeficiente de adensamento (c_v):

$$T = \frac{c_v \cdot t}{H_{dr}^2} \Leftrightarrow c_v = \frac{T \cdot H_{dr}^2}{t}$$

Como a camada compressível é drenada por ambas as faces, a altura de drenagem $H_{dr} = \frac{H}{2} = \frac{400}{2} = 200$ cm; considerando que 1 ano possui 365 dias, e 1 dia possui 86.400 segundos, tem-se que:

$$c_v = \frac{T \cdot H_{dr}^2}{t} = \frac{0,567 \cdot 200^2}{2 \cdot 365 \cdot 86400} = 0,00036 \cdot cm^2/s$$

Para a camada de 12 m, tem-se que $H_{dr} = 600$ cm

$$t = \frac{T \cdot H_{dr}^2}{c_v} = \frac{0,567 \cdot 600^2}{0,00036} = 567 \cdot 10^6 \, s \approx 18 \text{ anos}$$

2) Considerando as mesmas propriedades do material da camada compressível, determinar o tempo para 80 % de recalque para a figura a seguir.

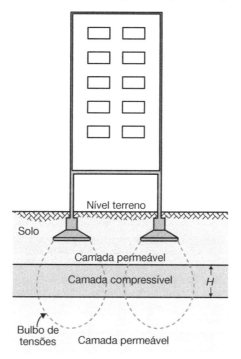

Resposta:
Tendo em vista que se trata do mesmo solo da camada compressível, utiliza-se o mesmo coeficiente de adensamento do exercício anterior ($c_v = 0,00036$ cm²/s). Neste caso tem-se somente a camada superior como drenante; então, $H = H_{dr}$.
Para 4 m de camada compressível, o tempo seria

$$t = \frac{T \cdot H_{dr}^2}{c_v} = \frac{0,567 \cdot 400^2}{0,00036} = 252 \cdot 10^6 \, s \approx 8 \text{ anos}$$

CAPÍTULO 7

Para 12 m de camada compressível, o tempo seria

$$t = \frac{T \cdot H_{dr}^2}{c_v} = \frac{0,567 \cdot 1200^2}{0,00036} = 2272 \cdot 10^6 \, \text{s} \approx 72 \, \text{anos}$$

3) Quanto tempo necessitará a argila do Exercício 1, para uma porcentagem de adensamento de 90 %?

Resposta:

Para determinar o tempo, calcula-se o fator tempo (*T*). Como a porcentagem de adensamento é de 90 %, emprega-se a seguinte equação

$$T = 1,781 - 0,933 \cdot \log(100 - U\,\%) = 1,781 - 0,933 \cdot \log(100 - 90) = 0,848$$

Para 4 m de camada compressível, o tempo seria

$$t = \frac{T \cdot H_{dr}^2}{c_v} = \frac{0,848 \cdot 200^2}{0,00036} = 94,2 \cdot 10^6 \, \text{s} \approx 3 \, \text{anos}$$

Para 12 m de camada compressível, o tempo seria

$$t = \frac{T \cdot H_{dr}^2}{c_v} = \frac{0,848 \cdot 600^2}{0,00036} = 848 \cdot 10^6 \, \text{s} \approx 27 \, \text{anos}$$

4) A tensão atuante em uma camada de solo compressível é de 180 kPa com espessura de 3 m. No local será construído um prédio que acarretará um acréscimo de tensão nesta camada compressível de 150 kPa. O índice de vazios anterior ao carregamento era de 1,1 e após a construção do prédio o valor é reduzido para 0,98. Determinar o índice de compressão (C_c) e o recalque total da camada (*H*).

Resposta:

Considerando que RSA = 1, $e_1 = 1,1$, $e_2 = 0,98$, $\log \sigma_2' = 330$ kPa e $\log \sigma_1' = 180$ kPa

$$C_c = \left(\frac{e_1 - e_2}{\log \sigma_2' - \log \sigma_1'} \right) = \left(\frac{1,1 - 0,98}{\log 330 - \log 180} \right) = 0,44$$

O valor do recalque será

$$s_a = \frac{H}{1 + e_0} \left(C_c \log \left(\frac{\sigma_0' + \Delta \sigma'}{\sigma_a'} \right) \right) = \frac{300}{1 + 1,1} \left(0,44 \log \left(\frac{330}{180} \right) \right) = 16,5 \, \text{cm}$$

5) Estimar o recalque elástico que deverá ocorrer em uma sapata retangular de lado 2 m, com uma relação $L/B = 1,5$, apoiada em uma areia compacta com N_{SPT} médio e da ordem de 28 golpes (NBR 6484). A tensão aplicada uniformemente no terreno é de 350 kPa. O recalque deve ser calculado para os seguintes casos: centro, canto livre, médio (utilize o método de Schleicher).

Recalques de Fundações Diretas

Resposta:

Schleicher propõe a seguinte fórmula para o cálculo:

$$s_e = K \cdot \sigma \cdot \sqrt{A} \cdot \frac{(1-\nu^2)}{E_s}$$

São fornecidas as seguintes informações: $\sigma = 350$ kPa e $A = 2 \times 3$ m².

Os valores de K são obtidos por meio da Tabela 7.2. Utilizando a relação $L/B = 1,5$, tem-se:

centro $\rightarrow K = 1,11$; canto livre $\rightarrow K = 0,55$; canto médio $\rightarrow K = 0,94$

O valor do coeficiente de Poisson pode ser obtido pela Tabela 9.1. Utilizando o valor médio para areia compacta, obtém-se 0,35.

O módulo de deformabilidade do solo (E_s) pode ser obtido por meio do emprego de várias correlações, conforme apresentado no Capítulo 9 deste livro. Para este exemplo será empregada a equação de Trofimenkov (1974) para areias:

$$E_s = 3,4 \cdot q_c + 13 \text{ em MPa}$$

em que

$$q_c = K \cdot N_{SPT}$$

Por meio da Tabela 9.5 pode-se obter um valor de K que é igual a 0,60 (areias).

Assim, $q_c = 0,60 \cdot 28 = 16,8$ MPa

Então, $E_s = 3,4 \cdot q_c + 13 = 3,4 \cdot 16,8 + 13 = 70,12$ MPa

Desta forma, os recalques obtidos são:

Centro $\rightarrow s = 1,11 \cdot 350 \cdot \sqrt{6}\frac{(1-0,35^2)}{70120} = 0,012$ m $= 12$ mm

Canto $\rightarrow s = 0,55 \cdot 350 \cdot \sqrt{6}\frac{(1-0,35^2)}{70120} = 0,006$ m $= 6$ mm

Médio $\rightarrow s = 0,94 \cdot 350 \cdot \sqrt{6}\frac{(1-0,35^2)}{70.120} = 0,0100$ m $= 10$ mm

6) Utilizando os mesmos dados do Exercício 5, determine o recalque elástico por meio do emprego do método de Burland, Broms e De Mello (1977).

Resposta:

De acordo com o valor do número de golpes do SPT igual a 28, os autores consideram como areia medianamente compacta; sendo assim calcula-se o recalque por meio da equação:

$$s_{e,máx} = 0,07 \cdot \sigma \cdot B^{0,3} = 0,07 \cdot 350 \cdot 2,0^{0,3} = 30 \text{ mm}$$

7) Estimar o recalque elástico que deverá ocorrer em uma sapata retangular de lado 2,0 m ($L/B = 2,0$), apoiada solo areia argilosa (figura a seguir). A tensão aplicada no terreno é de 400 kPa (utilize o método de Schultze e Sherif, 1973).

CAPÍTULO 7

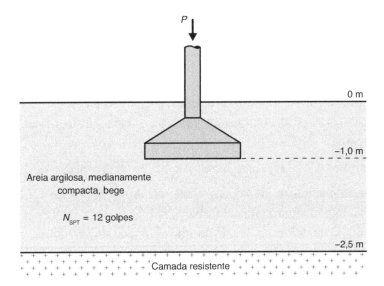

Resposta:
Para a determinação do recalque é necessário determinar o parâmetro (s) (figura a seguir).

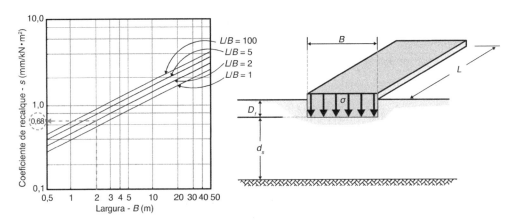

Sendo $D_f = 1,0$ m, $d_s = 1,5$ m e $B = 2,0$ m, então

$$\frac{D_f}{B} = \frac{1,0}{2,0} = 0,5 \text{ e } \frac{d_s}{B} = \frac{1,5}{2,0} = 0,75$$

Como $\frac{d_s}{B} < 2,0$, deve-se aplicar um fator de redução de d_s, conforme a Tabela 9.3. Como $d_s/B = 0,75$ e $L/B = 2,0$ o fator de redução é de 0,60 (média), que será empregado como correção do fator de recalque (s).

$$s_e = \frac{\sigma \cdot s}{N_{SPT}^{0,87} \cdot \left(1 + 0,4 \cdot \frac{D_f}{B}\right)} = \frac{400 \cdot (0,68 \cdot 0,60)}{12^{0,87}\left(1 + 0,4\frac{1,0}{2,0}\right)} = 16 \text{ mm}$$

8) Estimar o recalque elástico que deverá ocorrer em uma sapata retangular de lado 1,5 m ($L/B = 2,0$), apoiada em um silte argiloso de consistência média com N_{SPT} médio e da ordem de 10. A tensão aplicada uniformemente no terreno é de 250 kPa (utilize o método de Janbu *et al.*).

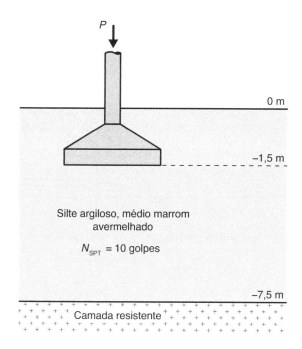

Resposta:
Janbu *et al.* propõem a seguinte fórmula para o cálculo:

$$s_e = \mu_0 \cdot \mu_1 \cdot \frac{\sigma \cdot B}{E_s}$$

São fornecidas as seguintes informações:

$\sigma = 250$ kPa, $B = 1,5$ m, $h = 1,5$ m, $H = 7,5$ m e $L/B = 2$.

A partir da utilização dos ábacos a seguir, é possível obter os valores de μ_1 e μ_2, sendo $H/B = 5$, $h/B = 1$ e $L/B = 2$.

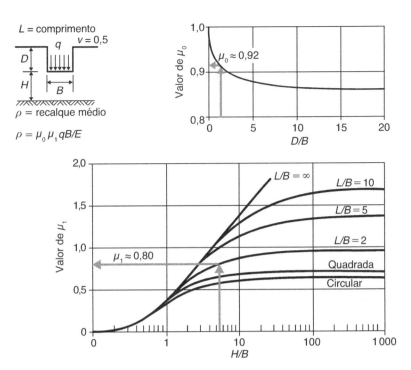

O módulo de deformabilidade do solo (E_s) pode ser obtido por meio do emprego de várias correlações, conforme apresentado neste capítulo. Para este exemplo será empregada a proposta de Décourt para solos intermediários:

$$E_s = 3 \cdot N_{SPT} = 3 \cdot 10 = 30 \text{ MPa} = 30.000 \text{ kPa}$$

O valor do recalque é dado por

$$s_e = 0,80 \cdot 0,92 \left(\frac{250 \cdot 1,5}{30.000} \right) = 0,0092 \text{ m} = 9,2 \text{ mm}$$

9) Estimar o recalque elástico que deverá ocorrer em uma sapata retangular de lado 2 m, com uma relação $L/B = 1,5$, conforme a figura a seguir (utilize o método de Schmertmann 1970, 1978).

Videoaula 7

Dados: Vida útil de 25 anos e tensão aplicada pela sapata (σ) igual a 400 kPa.

A equação para calcular o recalque elástico é

$$s_e = C_1 \cdot C_2 \cdot \sigma^* \cdot \sum_{i=1}^{n} \left(\frac{I_z}{E_s} \cdot \Delta z \right)_i$$

Recalques de Fundações Diretas

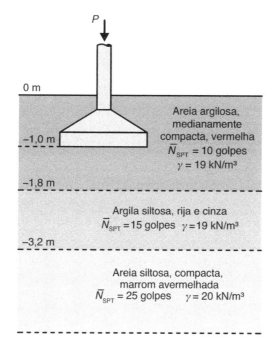

Resposta:
Para utilizar o método é necessário determinar o parâmetro I_z para cada camada, empregando-se o gráfico indicado a seguir, e também os valores de C_1 e C_2, além do módulo de deformabilidade de cada camada de solo.

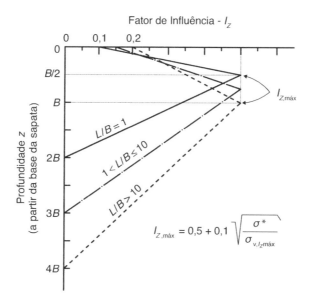

Como trata-se de uma sapata retangular ($L/B = 1,5$), emprega-se o gráfico relativo ao intervalo $1 < L/B \leq 10$, resultando em um bulbo de $3B = 6,0$ m.

CAPÍTULO 7

A tensão líquida (σ^*) é dada por $\sigma^* = \sigma - \sigma_v$, sendo σ_v a sobrecarga na cota de apoio. Como $\gamma = 19$ kN/m³ e $z = 1$ m, o que resulta em σ_v igual 19 kPa, então a tensão líquida será $\sigma^* = 400 - 19 = 381$ kPa.

Apresentam-se, a seguir, os passos para o cálculo.

a) Cálculo devido ao embutimento na sapata (C_1):

$$C_1 = 1 - 0,5 \cdot \left(\frac{\sigma_v}{\sigma^*} \right) = 1 - 0,5 \cdot \left(\frac{19}{381} \right) = 0,975 \text{ (deve ser maior que 0,5)}$$

b) Correção devido ao efeito do tempo (C_2):

$$C_2 = 1 + 0,2 \cdot \log \left(\frac{t}{0,1} \right) = 1 + 0,2 \cdot \log \left(\frac{25}{0,1} \right) = 1,48$$

c) Decompõe-se o subsolo desde a base da sapata até a profundidade $3B$ em sub-camadas, de acordo com o módulo de deformabilidade. Sendo $B = 2$ m, então a decomposição será efetuada até a cota de –7 m.

– Solo A → areia argilosa → $N_{SPT} = 10$
– Solo B → argila siltosa → $N_{SPT} = 15$
– Solo C → areia siltosa → $N_{SPT} = 25$

É necessário determinar o módulo de deformabilidade (E_s) para cada tipo de solo. Para este exemplo será empregada a equação de Trofimenkov (1974) para areias e argilas.

$E_s = 3,4 \cdot q_c + 13$ em MPa → areias
$E_s = 4,9 \cdot q_c + 12,3$ em MPa → argilas

em que:

$q_c = K \cdot N_{SPT}$

Por meio da Tabela 7.5 pode-se obter um valor de K que é igual a 0,53 para a areia argilosa e areia siltosa, e de 0,25 para a argila siltosa.

– Solo A → areia argilosa → $q_c = 0,53 \cdot 10 = 5,3$ MPa → $E_s = 3,4 \cdot 5,3 + 13 = 31,02$ MPa
– Solo B1 e B2 → argila siltosa → $q_c = 0,25 \cdot 15 = 3,75$ MPa → $E_s = 4,9 \cdot 3,75 + 12,3 = 30,675$ MPa
– Solo C → areia siltosa → $q_c = 0,53 \cdot 25 = 13,25$ MPa → $E_s = 3,4 \cdot 6,625 + 13 = 58,05$ MPa

d) Determinação de I_z para cada subcamada ($B < L \leq 10 \cdot B$)

• para $z \leq \dfrac{3}{4} \cdot B \Rightarrow I_z = \dfrac{4}{3} \cdot \left(\dfrac{z}{B} \right) \cdot (I_{z,\text{máx}} - 0,15) + 0,15$

- para $\dfrac{3}{4} \cdot B < z \leq 3 \cdot B \Rightarrow I_z = \left[\dfrac{4}{3} - \dfrac{4}{9} \cdot \left(\dfrac{z}{B}\right)\right] \cdot I_{z,\text{máx}}$

sendo z a distância da base da sapata até o ponto médio da subcamada, o $I_{z,\text{máx}}$ é calculado pela equação a seguir. O valor de $\sigma_{v,I_{z,\text{máx}}}$ é a tensão efetiva dada à profundidade z (onde ocorre o $I_{z,\text{máx}}$), ou seja, $z = \dfrac{3}{4} \cdot B = \dfrac{3}{4} \cdot 2 = 1{,}5$ m.

$$I_{z,\text{máx}} = 0{,}5 + 0{,}1 \cdot \sqrt{\dfrac{\sigma^*}{\sigma_{v,I_{z,\text{máx}}}}} = 0{,}5 + 0{,}1 \sqrt{\dfrac{381}{19 \cdot (1{,}0 + 1{,}5)}} = 0{,}78$$

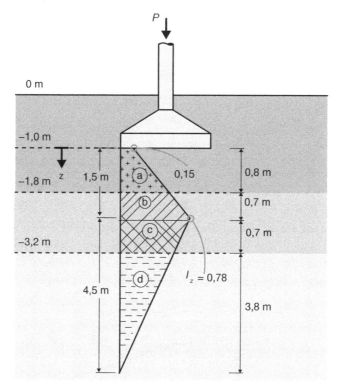

Subcamada	z (m)	Equação	I_z
A	0,40	$I_z = \dfrac{4}{3} \cdot \left(\dfrac{z}{B}\right) \cdot (I_{z,\text{máx}} - 0{,}15) + 0{,}15$	0,32
B	1,15		0,63
C	1,85	$I_z = \left[\dfrac{4}{3} - \dfrac{4}{9} \cdot \left(\dfrac{z}{B}\right)\right] \cdot I_{z,\text{máx}}$	0,72
D	4,10		0,32

e) Calcular o valor do produto $\left[\dfrac{I_z}{E_s} \cdot \Delta z\right]$, sendo Δz a espessura de cada subcamada.

Capítulo 7

Subcamada	E_s (kPa)	Δz (m)	$\left[\dfrac{I_z}{E_s} \cdot \Delta z\right]$
a	31.020	0,8	$8{,}25 \times 10^{-6}$
b	30.675	0,7	$14{,}37 \times 10^{-6}$
c		0,7	$16{,}43 \times 10^{-6}$
d	58.050	3,8	$20{,}95 \times 10^{-6}$
Σ		6,0	$60{,}00 \times 10^{-6}$

f) A partir dos valores obtidos de cada parâmetro, é possível determinar o recalque elástico.

$$s_e = C_1 \cdot C_2 \cdot \sigma^* \cdot \sum_{i=1}^{n}\left(\dfrac{I_z}{E_s} \cdot \Delta z\right)_i = 0{,}975 \cdot 1{,}48 \cdot 381 \cdot 60 \times 10^{-6} =$$

$= 0{,}033 \text{ m} = 33 \text{ mm}$

10) Repetir o Exercício 9, considerando uma sapata quadrada de lado 2 m.

Resposta:

Levando em conta os mesmos valores de C_1, C_2, σ^*, E_s e Δz, determinam-se somente os novos valores de I_z referentes a cada subcamada. Calcular, a partir da etapa d.

Como se trata de uma sapata retangular ($L/B = 1{,}0$), emprega-se o gráfico relativo a essa condição, o que resulta em um bulbo de $2B = 4{,}0$ m.

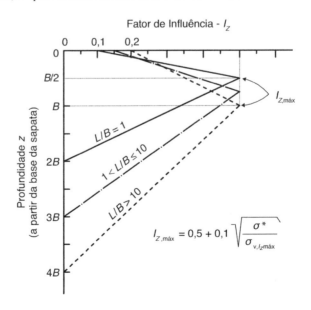

Recalques de Fundações Diretas

d) Determinação de I_z para cada subcamada ($L/B = 1$):

• para $z \le \dfrac{B}{2} \Rightarrow I_z = 2 \cdot \left(\dfrac{z}{B}\right) \cdot (I_{z,\text{máx}} - 0,1) + 0,1$

• para $\dfrac{B}{2} < z \le 2 \cdot B \Rightarrow I_z = \left[\dfrac{4}{3} - \dfrac{2}{3} \cdot \left(\dfrac{z}{B}\right)\right] \cdot I_{z,\text{máx}}$

Sendo z a distância da base da sapata até o ponto médio da subcamada, o é $I_{z,\text{máx}}$ calculado pela equação a seguir. O valor de $\sigma_{v,I_{z,\text{máx}}}$ é a tensão efetiva dada à profundidade z (onde ocorre o $I_{z,\text{máx}}$), ou seja, $z = \dfrac{B}{2} = \dfrac{2}{2} = 1,0$ m:

$$I_{z,\text{máx}} = 0,5 + 0,1\sqrt{\dfrac{\sigma^*}{\sigma_{v,I z\text{máx}}}} = 0,5 + 0,1\sqrt{\dfrac{381}{19(1,0+1,0)}} = 0,82$$

Subcamada	z (m)	Equação	I_z
A	0,40	$I_z = 2 \cdot \left(\dfrac{z}{B}\right) \cdot (I_{z,\text{máx}} - 0,1) + 0,1$	0,39
B	0,90		0,75
C	1,60	$I_z = \left[\dfrac{4}{3} - \dfrac{2}{3} \cdot \left(\dfrac{z}{B}\right)\right] \cdot I_{z,\text{máx}}$	0,66
D	3,10		0,25

e) Calcular o valor do produto $\left[\dfrac{I_z}{E_s} \cdot \Delta z\right]$, sendo Δz a espessura de cada subcamada.

Subcamada	E_s (kPa)	Δz (m)	$\left[\dfrac{I_z}{E_s} \cdot \Delta z\right]$
a	31.020	0,8	$10,06 \times 10^{-6}$
b	30.675	0,2	$4,89 \times 10^{-6}$
c		1,2	$25,82 \times 10^{-6}$
d	35.525	1,8	$12,67 \times 10^{-6}$
	Σ	4,0	$53,44 \times 10^{-6}$

f) A partir dos valores obtidos de cada parâmetro, é possível determinar o recalque elástico.

$$s_e = C_1 \cdot C_2 \cdot \sigma^* \cdot \sum_{i=1}^{n} \left(\dfrac{I_z}{E_s} \cdot \Delta z\right)_i = 0,975 \cdot 1,48 \cdot 381 \cdot 53,44 \times 10^{-6} =$$

$$= 0,029 \text{ m} = 29 \text{ mm}$$

123

CAPÍTULO 7

11) Repetir o Exercício 10, considerando uma sapata corrida de lado 2 m.

Resposta:

Da mesma forma que foi feita no Exercício 10, considera-se os mesmos valores de C_1, C_2, σ^*, E_s e Δz; deve-se, então, determinar somente os novos valores de I_z referente a cada subcamada. Calcular a partir da etapa d.

Como trata-se de uma sapata retangular ($L/B > 100$), emprega-se o gráfico relativo a esta condição, o que resulta em um bulbo de $4B = 8,0$ m.

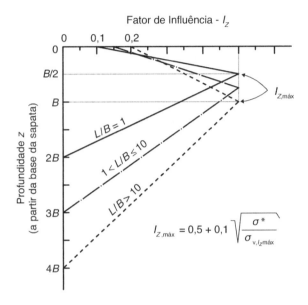

d) Determinação de I_z para cada subcamada ($L/B > 10$):

- para $z \leq B \Rightarrow I_z = \left(\dfrac{z}{B}\right) \cdot (I_{z,\text{máx}} - 0,2) + 0,2$

- para $B < z \leq 4 \cdot B \Rightarrow I_z = \left[\dfrac{4}{3} - \dfrac{1}{3} \cdot \left(\dfrac{z}{B}\right)\right] \cdot I_{z,\text{máx}}$

Sendo z a distância da base da sapata até o ponto médio da subcamada, o $I_{z,\text{máx}}$ é calculado pela equação a seguir. O valor de $\sigma_{v,Iz,\text{máx}}$ é a tensão efetiva dada à profundidade z (onde ocorre o $I_{z,\text{máx}}$), ou seja, $z = B = 2,0$ m,

$$I_{z,\text{máx}} = 0,5 + 0,1 \cdot \sqrt{\dfrac{\sigma^*}{\sigma_{v,Iz\text{máx}}}} = 0,5 + 0,1 \cdot \sqrt{\dfrac{381}{19 \cdot (1,0 + 2,0)}} = 0,76$$

Recalques de Fundações Diretas

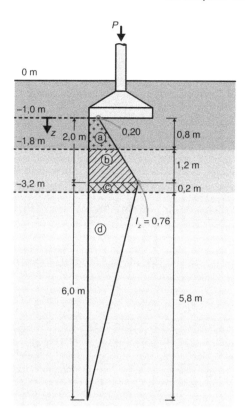

Subcamada	z (m)	Equação	I_z
A	0,40		0,31
B	1,40	$I_z = \left(\dfrac{z}{B}\right) \cdot (I_{z,\text{máx}} - 0,2) + 0,2$	0,59
C	2,10		0,75
D	5,10	$I_z = \left[\dfrac{4}{3} - \dfrac{1}{3} \cdot \left(\dfrac{z}{B}\right)\right] \cdot I_{z,\text{máx}}$	0,37

e) Calcular o valor do produto $\left[\dfrac{I_z}{E_s} \cdot \Delta z\right]$, sendo Δz a espessura de cada subcamada.

Subcamada	E_s (kPa)	Δz (m)	$\left[\dfrac{I_z}{E_s} \cdot \Delta z\right]$
a	31.020	0,8	$7,99 \times 10^{-6}$
b	30.675	1,2	$23,08 \times 10^{-6}$
c		0,2	$4,89 \times 10^{-6}$
d	35.525	5,8	$60,41 \times 10^{-6}$
Σ		8,0	$96,37 \times 10^{-6}$

CAPÍTULO 7

f) A partir dos valores obtidos de cada parâmetro, é possível determinar o recalque elástico.

$$s_e = C_1 \cdot C_2 \cdot \sigma^* \cdot \sum_{i=1}^{n}\left(\frac{I_z}{E_s} \cdot \Delta z\right)_i = 0{,}975 \cdot 1{,}48 \cdot 381 \cdot 96{,}37 \times 10^{-6} = 0{,}053 \text{ m} = 53 \text{ mm}$$

7.6 Exercícios Propostos

1) Estime o recalque elástico imediato e para 30 anos, que deverá ocorrer em uma sapata quadrada, de lado 1,5 m que aplica uma tensão de 300 kPa, conforme a figura a seguir (utilize o método de Schmertmann 1970, 1978).

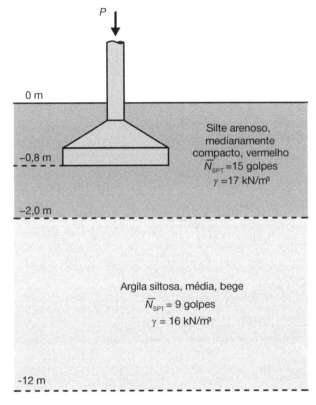

2) Com os mesmos dados do subsolo e tensão do exercício anterior, determine o recalque elástico imediato e para 30 anos, que deverá ocorrer em uma sapata corrida, de lado 1,5 m.

3) Estime o recalque elástico que deverá ocorrer em uma sapata quadrada, de lado 1,30 m, apoiada em um solo de areia argilosa (figura a seguir). A tensão aplicada no terreno é de 200 kPa (utilize o método de Schultze e Sherif, 1973).

Recalques de Fundações Diretas

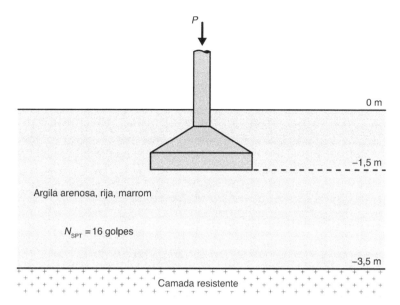

4) Estime o recalque elástico que deverá ocorrer em uma sapata quadrada, de lado 1,5 m, apoiada em um silte argiloso de consistência média com N_{SPT} médio e da ordem de 15. A tensão aplicada uniformemente no terreno é de 500 kPa (utilize o método de Janbu *et al.*).

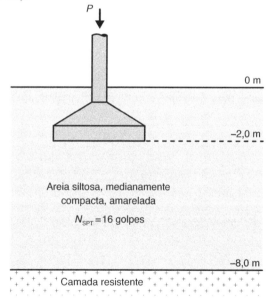

5) Em determinado terreno possuindo o perfil geotécnico apresentado a seguir, será construído um galpão o qual acrescentará a tensão vertical ao longo do perfil em 150 kPa. Determine:
   a) O recalque sofrido pela camada de argila, considerando normalmente adensada.
   b) O recalque sofrido pela camada de argila, considerando um RSA igual a 2.

Capítulo 7

c) O recalque após 30 dias da construção (RSA = 2).

d) O tempo para ocorrência para 10 cm de recalque (RSA = 2).

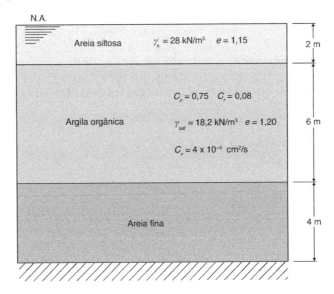

6) Uma torre deverá ser construída em um terreno, cujo perfil geológico está apresentado na figura abaixo. O peso da torre causará um aumento de pressão sobre a camada de argila de 120 kN/m². Foi retirada uma amostra do centro da camada de argila e esta foi submetida a um ensaio de adensamento. Determine:

a) O recalque total da torre.

b) O recalque para dois anos após a conclusão da obra.

c) O tempo necessário para que 98 % do recalque total sejam atingidos.

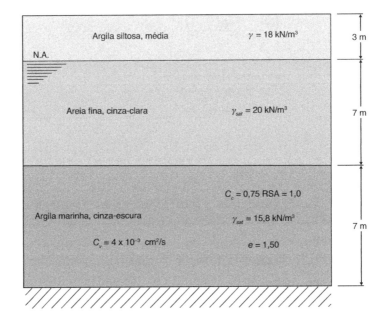

Capítulo 8

Influência das Dimensões das Fundações

Neste capítulo, será discutida a influência das dimensões das fundações nos seguintes assuntos já estudados:

- Resultados das fórmulas de cálculo de recalques;
- Resultados das fórmulas de cálculo de capacidade de carga;
- Resultados das provas de carga sobre placa.

8.1 Nos Resultados das Fórmulas de Cálculo de Recalques

8.1.1 Recalques Elásticos

São calculados por meio das seguintes fórmulas:

a) Fórmula de Schliecher (1926)

$$s_e = K \cdot \sigma \cdot \sqrt{A} \cdot \frac{(1 - v^2)}{E_s} \qquad \text{Eq. 8.1}$$

Pode ser visto que o recalque elástico depende diretamente da dimensão da fundação, convencionada por valor equivalente de B. Além disso, o coeficiente K depende da relação L/B.

b) Fórmula de Schmertmann (1970) e Schmertmann; Hartman; Brown (1978)

$$s_e = C_1 \cdot C_2 \cdot \sigma \cdot \sum_{i=1}^{n} \left(\frac{I_z}{E_s} \cdot \Delta z \right)_i \qquad \text{Eq. 8.2}$$

O recalque elástico depende diretamente da menor dimensão da fundação (B).

c) Fórmula de Janbu; Bjerrum; Kjaernsli (1956)

$$s_e = \mu_0 \cdot \mu_1 \cdot \sigma \cdot B \cdot \left(\frac{1 - v^2}{E_s} \right) \qquad \text{Eq. 8.3}$$

Neste caso, o recalque elástico também depende diretamente da menor dimensão B, assim como os coeficientes μ_0 e μ_1.

129

CAPÍTULO 8

8.1.2 Recalques por Adensamento

Parte-se da fórmula clássica para o cálculo dos recalques por adensamento.

$$s_a = \frac{H}{1+e_0}\left(C_s \log\left(\frac{\sigma_a'}{\sigma_0'}\right) + C_c \log\left(\frac{\sigma_0' + \Delta\sigma'}{\sigma_a'}\right)\right)$$ Eq. 8.4

Como os parâmetros H, e_0, σ_a' decorrem da menor dimensão B, pois são função do bulbo de tensões propagado pelo acréscimo de carga ($\Delta\sigma_0$) em razão da fundação, pode-se concluir que o valor do recalque por adensamento também depende da menor dimensão das fundações.

8.2 Nos Resultados das Fórmulas de Cálculo de Capacidade de Carga

8.2.1 Fórmula de Terzaghi (1943)

Consiste em:

$$\sigma_{rup} = c \cdot S_c \cdot N_c + q \cdot S_q \cdot N_q + 0,5 \cdot \gamma \cdot B \cdot S_\gamma \cdot N_\gamma$$ Eq. 8.5

em que $q = \overline{\gamma} \cdot H$

Serão analisados os casos de solos argilosos e solos arenosos.

a) Solos argilosos:
Neste caso $\Rightarrow \phi \cong 0$, $c > 0$, $N_c = 5,7$ $N_q = 1,0$ e $N_\gamma = 0$
Então a tensão de ruptura é: $\sigma_{rup} = 5,7 \cdot c \cdot S_c + \overline{\gamma} \cdot H \cdot S_q$
Portanto, a capacidade de carga das argilas não depende das dimensões das fundações, porém depende da sua forma geométrica. E esta aumenta com a profundidade de apoio da fundação, sendo equivalente à variação das tensões devidas à sobrecarga ($\overline{\gamma} \cdot H$).

b) Solos arenosos:
Neste caso $\Rightarrow \phi > 0$ e $c \cong 0$
Então a tensão de ruptura é: $\sigma_{rup} = \overline{\gamma} \cdot H \cdot S_q \cdot N_q + 0,5 \cdot \gamma \cdot B \cdot S_\gamma \cdot N_\gamma$
Logo, a capacidade de carga dos solos arenosos depende da menor dimensão da fundação, além da forma geométrica e da profundidade de apoio da fundação.

8.2.2 Fórmula de Skempton (1951)

Esta fórmula é válida para solos argilosos:

Neste caso $\Rightarrow \phi \cong 0$ e $c > 0$
Então a tensão de ruptura é: $\sigma_{rup} = c \cdot N_c + \overline{\gamma} \cdot H$

Como, neste caso, N_c é função da relação H/B, para determinada profundidade, a capacidade de carga dependerá da menor dimensão da fundação B.

Influência das Dimensões das Fundações

8.3 Nos Resultados das Provas de Carga

Quando as fundações tiverem dimensões diferentes das dimensões da placa utilizada para a execução da prova de carga, os recalques das fundações serão diferentes dos recalques sofridos pela placa, em razão principalmente dos diferentes bulbos de tensões propagados no solo pela placa e fundações, mesmo quando o solo de apoio é homogêneo em profundidade (Fig. 8.1).

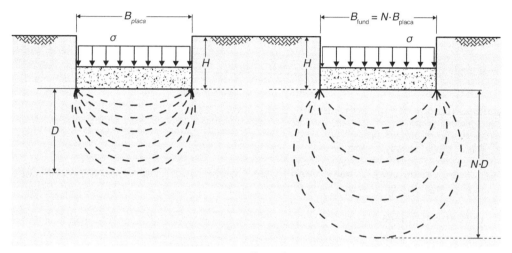

Figura 8.1 Bulbos de tensão.

Ou seja, uma placa de dimensão (B_{placa}) e uma fundação de dimensão (B_{fund}), apoiadas em um solo homogêneo ao longo da profundidade, resultarão em diferentes alturas do bulbo de tensões (Fig. 8.1).

Para uma análise simplificada do problema, serão adotadas as hipóteses enumeradas a seguir.

- Profundidade de apoio das placas e fundações apoiam-se na mesma profundidade (H);
- Tensão de contato nas placas e fundações dissipam a mesma tensão de contato (σ);
- As dimensões das placas e fundações são consideradas como
  - B_{placa}: menor dimensão em planta da placa.
  - $B_{fund} = N \cdot B_{placa}$: dimensão da fundação em função do B_{placa}.
- Os bulbos de tensões das placas e fundações, considerados nos cálculos, serão aproximados por retângulos de larguras B_{placa} e $N \cdot B_{placa}$, e alturas D e $N \cdot D$, respectivamente;
- Acréscimo de tensão na profundidade (z), em qualquer dos dois bulbos de tensões definidos, por causa da tensão aplicada $\sigma = \gamma \cdot z$;
- Módulo de deformabilidade do solo: E_s;
- Deformação "unitária" ε_z a qualquer profundidade (z), em qualquer dos bulbos de tensões definidos: esta deformação é proporcional ao acréscimo de carga em função da tensão aplicada, isto é,

CAPÍTULO 8

$$\varepsilon_z = \frac{\sigma_z}{E_S} \qquad \text{Eq. 8.6}$$

- Deformação unitária média em qualquer bulbo de tensões ($\varepsilon_{z\text{médio}}$). Define-se então:

$$\varepsilon_{z\text{médio}} = \frac{\sigma_{z\text{médio}}}{E_S} \qquad \text{Eq. 8.7}$$

em que $\sigma_{z\text{médio}}$ é a tensão média no bulbo de tensões.

Como $\sigma_{z\text{médio}}$ não é conhecido, pode-se fazer $\sigma_{z\text{médio}} = k \cdot \sigma$.

$$\text{Então} \Rightarrow \varepsilon_{z\text{médio}} = \frac{k \cdot \sigma}{E_S} \qquad \text{Eq. 8.8}$$

Assim, serão estudados separadamente os solos argilosos em que o módulo de deformabilidade do solo (E_S) é constante com a profundidade; para solos arenosos, esse parâmetro aumenta linearmente com a profundidade.

8.3.1 Solos Argilosos

Neste caso, considera-se que o módulo de deformabilidade do solo (E_S) é constante com a profundidade.

- Recalque na placa s_{placa}:

$$s_{\text{placa}} = \varepsilon_{z\text{médio,placa}} \cdot D = \frac{\sigma_{z\text{médio,placa}}}{E_S} \cdot D \qquad \text{Eq. 8.9}$$

ou:

$$s_{\text{placa}} = \frac{k \cdot \sigma}{E_S} \cdot D \qquad \text{Eq. 8.10}$$

- Recalque na fundação s_{fund}:

$$s_{\text{fund}} = \varepsilon_{z\text{médio,fund}} \cdot N \cdot D = \frac{\sigma_{z\text{médio,fund}}}{E_S} \cdot N \cdot D \qquad \text{Eq. 8.11}$$

- Da equivalência dos bulbos de tensões da placa e das fundações:

$$\varepsilon_{z\text{médio,fund}} = \varepsilon_{z\text{médio,placa}} = \frac{k \cdot \sigma}{E_S} \qquad \text{Eq. 8.12}$$

então:

$$s_{\text{fund}} = \frac{k \cdot \sigma}{E_S} \cdot N \cdot D \qquad \text{Eq. 8.13}$$

- Das relações anteriores, chega-se a $\dfrac{s_{\text{fund}}}{s_{\text{placa}}} = \dfrac{B_{\text{fund}}}{B_{\text{placa}}}$ $\qquad$ Eq. 8.14

Esta relação entre recalques é válida somente para solos argilosos, para os quais o módulo de deformabilidade do solo é aproximadamente constante com a profundidade.

Influência das Dimensões das Fundações

Nestes casos, o recalque elástico é diretamente proporcional à menor dimensão da fundação em planta.

8.3.2 Solos Arenosos

Nos solos arenosos, para os quais pode ser considerado, com boa aproximação, que o módulo de deformabilidade aumenta linearmente com a profundidade, dedução análoga ao caso das argilas poderia ser aplicável. Porém, além desta hipótese simplificadora, seriam necessárias outras considerações que levariam a resultados não confiáveis. Portanto, serão apresentados dois casos, cujos resultados são baseados na teoria e em observações.

a) Fórmula de Terzaghi; Peck; Mesri (1996)
Os autores propuseram a seguinte relação entre os recalques das fundações e os das placas quando apoiadas em solos arenosos, para provas de carga executadas com placas de 0,30 m *vs.* 0,30 m (1 ft *vs.* 1 ft). Segundo esses autores,

$$\frac{s_{fund}}{s_{placa}} = \left(\frac{2 \cdot B_{fund}}{B_{fund} + 0,30} \right)^2 \qquad \text{Eq. 8.15}$$

em que:

s_{fund} é o recalque da fundação de largura B_{fund};
s_{placa} é o recalque da placa na prova de carga.

Esta fórmula é válida somente para solos arenosos, no caso de provas de carga executadas com placas de 0,30 m *vs.* 0,30 m.

b) Fórmula geral de Sowers (1962)
Para o caso geral, em que a placa apresenta dimensões diferentes de 0,30 m *vs.* 0,30 m, Sowers (1962), baseado na fórmula anterior e em seus próprios trabalhos, propôs a seguinte relação entre os recalques das placas e os das fundações:

$$\frac{s_{fund}}{s_{placa}} = \left[\frac{B_{fund} \cdot (B_{placa} + 0,30)}{B_{placa} \cdot (B_{fund} + 0,30)} \right]^2 \qquad \text{Eq. 8.16}$$

em que:

B_{fund} é o menor lado da fundação;
B_{placa} é o menor lado da placa.

Relação válida para solos arenosos, nos quais o módulo de deformabilidade aumenta linearmente com a profundidade.

8.3.3 Observações

Para o caso das sapatas apoiadas em argilas, pode-se utilizar a seguinte relação:

133

CAPÍTULO 8

$$\frac{s_{fund}}{s_{placa}} = N = \frac{B_{fund}}{B_{placa}} \qquad \text{Eq. 8.17}$$

em que o recalque elástico aumenta linearmente, de acordo com a sua menor dimensão.

Para o caso das sapatas apoiadas em areias, sugere-se adotar a expressão proposta por Sowers (1962), que está mais de acordo com as placas de 0,8 m de diâmetro, normalmente utilizadas no Brasil.

$$\frac{s_{fund}}{s_{placa}} = \left[\frac{B_{fund} \cdot (B_{placa} + 0,30)}{B_{placa} \cdot (B_{fund} + 0,30)} \right]^2 \qquad \text{Eq. 8.18}$$

A expressão, $\dfrac{s_{fund}}{s_{placa}} = \left(\dfrac{2 \cdot B_{fund}}{B_{fund} + 0,30} \right)^2$, vale somente para placas de 0,30 m × 0,30 m e conduz a resultados mais conservadores.

As relações entre recalques de placas e fundações apresentadas neste capítulo valem somente se os respectivos bulbos de tensões se propagam nas mesmas camadas. Caso o bulbo de tensões propagado pela fundação atingir camadas não atingidas pelo bulbo correspondente à placa, as conclusões anteriores não valem. Neste caso, devem ser elaborados estudos adequados às peculiaridades de cada caso.

8.4 Exercícios Resolvidos

1) As provas de cargas em placas têm a finalidade de avaliar a capacidade de suporte do terreno superficial e também do deslocamento (recalque) para o caso das obras em fundações diretas. No entanto, a placa utilizada neste ensaio tem dimensão inferior às sapatas a serem executadas, não refletindo de maneira real as condições de campo, tendo em vista a atuação do bulbo de tensões. Desta forma, e por meio dos conceitos apresentados neste capítulo, determinar:

a) A curva tensão *vs* deslocamento de uma prova de carga executada em placa de 0,80 m de diâmetro;

b) A tensão admissível;

c) O recalque para tensão admissível de uma sapata com dimensões 1,00 m × 1,25 m apoiada em solo argiloso;

d) Repetir a letra c para o caso de solo arenoso.

Dados:

Carga (kN)	Deslocamento (mm)
0	0,00
25,0	1,24
50,0	2,38
75,0	3,89

(continua)

134

Influência das Dimensões das Fundações

Carga (kN)	Deslocamento (mm)
100,0	5,49
125,0	7,46
150,0	9,77
175,0	12,08
200,0	15,17
225,0	18,88
250,0	22,63
275,0	26,24
300,0	29,84
325,0	34,17
350,0	40,29
262,5	38,14
175,0	35,55
87,5	33,24
0,0	29,61

Resposta:
a) Cálculo da tensão (área da placa = 0,5 m²):

Carga (kN)	Deslocamento (mm)	Tensão (kPa)
0	0,00	0,0
25,0	1,24	50,0
50,0	2,38	100,0
75,0	3,89	150,0
100,0	5,49	200,0
125,0	7,46	250,0
150,0	9,77	300,0
175,0	12,08	350,0
200,0	15,17	400,0
225,0	18,88	450,0
250,0	22,63	500,0
275,0	26,24	550,0
300,0	29,84	600,0
325,0	34,17	650,0
350,0	40,29	700,0
262,5	38,14	525,0
175,0	35,55	350,0
87,5	33,24	175,0
0,0	29,61	0,0

Capítulo 8

Curva tensão *vs.* deslocamento:

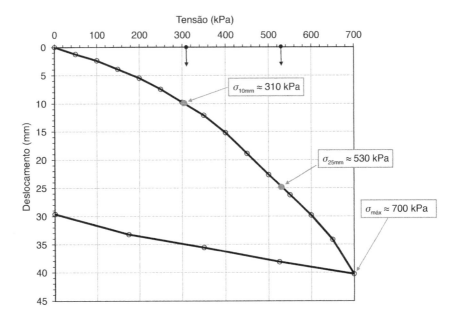

b) Tensão admissível:

Menor valor entre $\sigma_{adm} = \dfrac{\sigma_{máx}}{FS} = \dfrac{700}{2} \approx 345$ kPa, $\sigma_{25\,mm} = \dfrac{530}{2} \approx 265$ kPa e $\sigma_{10\,mm} \approx 310$ kPa

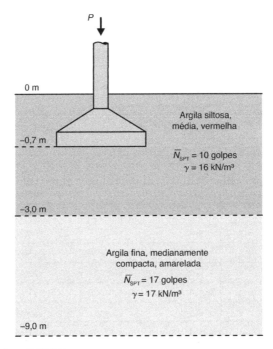

Tensão admissível ≈ 265 kPa.

Influência das Dimensões das Fundações

c) Recalque da sapata (1,00 m × 1,25 m) para tensão admissível (solo argiloso):

$$\frac{S_{fund}}{S_{placa}} = \frac{B_{fund}}{B_{placa}}$$

em que:

S_{placa} para a tensão admissível (265 kPa) igual a 8,1 mm. Neste caso o recalque foi obtido graficamente.

$B_{placa} = 0,8$ m

$B_{fund} = 1,0$ m (menor lado da sapata)

$$\frac{S_{fund}}{8,1} = \frac{1,0}{0,8} \rightarrow S_{fund} = 10,13 \text{ mm}$$

d) Recalque da sapata (1,00 m × 1,25 m) para tensão admissível (solo arenoso) – Fórmula de Sowers (1962):

$$\frac{S_{fund}}{S_{placa}} = \left[\frac{B_{fund} \cdot (B_{placa} + 0,30)}{B_{placa} \cdot (B_{fund} + 0,30)} \right]^2$$

em que:

$S_{placa} = 8,1$ mm

$B_{placa} = 0,8$ m

$B_{fund} = 1,0$ m (menor lado da sapata)

$$\frac{S_{fund}}{8,1} = \left[\frac{1,0 \cdot (0,8 + 0,30)}{0,8 \cdot (1,0 + 0,30)} \right]^2 \rightarrow S_{fund} = 9,06 \text{ mm}$$

8.5 Exercícios Propostos

1) Determine o recalque elástico de uma sapata quadrada de lados 2 m, cuja carga do pilar é de 700 kN. Utilize as fórmulas de Schliecher (1926), a fórmula de Schmertmann (1970, 1978) e a fórmula de Janbu; Bjerrum; Kjaernsli (1956). Compare os resultados obtidos, avaliando a diferença entre os resultados obtidos para cada método empregado (tempo = 25 anos).

Capítulo 8

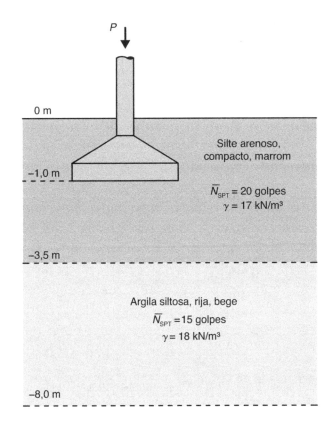

2) Utilizando a fórmula de Janbu; Bjerrum; Kjaernsli (1956), determine o recalque elástico de sapatas quadradas de lados (B) 1,0 m, 1,5 m e 2,0 m, e de sapatas retangulares de relação $L/B = 2$, empregando os mesmos valores de lado B, anteriores. Compare os resultados obtidos, avaliando a diferença entre os resultados obtidos para cada dimensão. A tensão aplicada pela sapata é de 300 kPa.

Dados:

$E = 20$ MPa

$H = 10$ m

$D = 1$ m

3) Determine e avalie as cargas de ruptura de sapatas quadrada, retangular ($L/B = 2$) e corrida, todas com lado 1,5 m, apoiadas em solo argiloso ($c = 30$ kPa e $\gamma = 15$ kN/m^3) nas profundidades de 1,0 m, 1,5 m e 2,0 m, empregando a fórmula de Terzaghi.

4) Utilizando os mesmos dados e condições apresentados no exercício anterior, calcule a carga de ruptura das sapatas empregando a fórmula de Skempton. Faça uma análise dos resultados, comparando-os inclusive com aqueles obtidos pela fórmula de Terzaghi.

Influência das Dimensões das Fundações

5) A partir dos dados de uma prova de carga em placa ($\phi = 0,80$ m), determine:

a) A curva tensão *vs* deslocamento;

b) A tensão admissível;

c) O recalque para tensão admissível de uma sapata com dimensões 0,80 m × 1,00 m apoiada em solo arenoso.

Dados:

Carga (kN)	Deslocamento (mm)
0	0,00
30,0	0,77
60,0	1,63
90,0	2,36
120,0	3,44
150,0	4,70
180,0	5,99
210,0	7,67
240,0	9,39
270,0	11,55
300,0	14,48
330,0	18,24
360,0	21,87
390,0	26,38
420,0	35,15
336,0	34,12
252,0	32,18
168,0	30,24
84,0	28,01
0	24,89

Capítulo 9

Dimensionamento de Fundações por Sapatas

Videoaula 8

Para o dimensionamento de fundações rasas, o engenheiro geotécnico tem como atribuição determinar, em primeiro momento, a cota de apoio e, na sequência, a definição da tensão admissível do solo. Como as tensões admissíveis à compressão do concreto são muito superiores às tensões admissíveis dos solos, as seções dos pilares, próximas à superfície do terreno, são alargadas, de forma que a pressão aplicada ao terreno seja compatível com sua tensão admissível, formando então a sapata.

O valor da σ_{adm} pode ser obtido das seguintes maneiras:

- Fórmulas teóricas;
- Prova de carga;
- Fórmulas empíricas ou semiempíricas (com base nos ensaios *in situ*).

a) Sapatas isoladas

Sejam ℓ e b as dimensões do pilar, P_k a carga que ele transmite e σ_{adm}, a tensão admissível do terreno. A área de contato da sapata com o solo deve ser

$$A_{sapata} = \frac{w \cdot P_k}{\sigma_{adm}} \qquad \text{Eq. 9.1}$$

em que

w é o acréscimo de carga causado pelo peso próprio da sapata ou bloco de fundação; para tanto, deve-se considerar, no mínimo, 5 % da carga estrutural aplicada. P_k é a carga vertical permanente; σ_{adm} é a tensão admissível do solo.

Observação: As dimensões das sapatas devem ser múltiplas de 5 cm, sempre arredondando o valor para cima.

Existem outros aspectos. É necessário obedecer aos seguintes requisitos no dimensionamento de uma fundação por sapatas:

a) **Distribuição uniforme de tensões**: o centro de gravidade da área da sapata deve coincidir com o centro de gravidade do pilar, para que as pressões de contato aplicadas pela sapata ao terreno tenham distribuição uniforme (Fig. 9.1).

Dimensionamento de Fundações por Sapatas

Vista em planta   Vista em corte

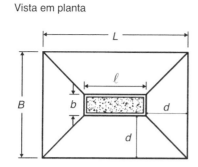
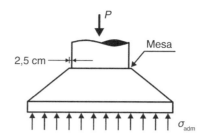

Figura 9.1 Vista, em planta e corte, da distribuição de tensões sob a sapata.

b) Dimensionamento econômico: as dimensões L e B das sapatas, e ℓ e b dos pilares, devem estar convenientemente relacionadas a fim de que o dimensionamento seja econômico. Isto consiste em fazer com que as dimensões, d, das abas sejam iguais (Fig. 9.1), resultando em momentos iguais nos quatro balanços e secção da armadura da sapata igual nos dois sentidos. Para isso, é necessário que

$$L - B = \ell - b \qquad \text{Eq. 9.2}$$

e

$$L \cdot B = A_{sapata} \qquad \text{Eq. 9.3}$$

c) Dimensionamento geotécnico:

$$A_{sapata} = \frac{1,05 \cdot P_k}{\sigma_{adm}} = B \cdot L \qquad \text{Eq. 9.4}$$

$$L - B = \ell - b \qquad \text{Eq. 9.5}$$

$$L = \frac{A_{sapata}}{B} \qquad \text{Eq. 9.6}$$

d) Verificação:

$$\frac{L}{B} \leq 2,5 \qquad \text{Eq. 9.7}$$

em que A_{sapata} é a área da fundação em planta, ℓ e b são, respectivamente, a maior e menor dimensões da seção transversal; L e B são a maior e menor dimensões da sapata de fundação, respectivamente.

e) Momento fletor: quando uma sapata está submetida a esforços de flexo-compressão (Fig. 9.2), oriundos de momentos provenientes de cargas excêntricas aplicadas à base ou acidentais (por exemplo, vento, cargas transitórias etc.), as tensões atuantes na base devem ser determinadas e realizada a verificação normativa aplicável.

141

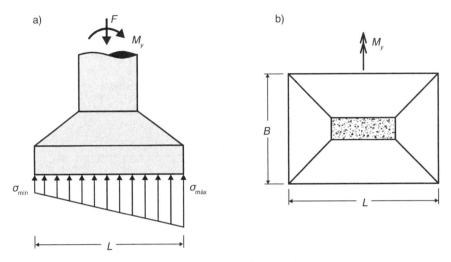

Figura 9.2 Aplicação dos esforços sobre a sapata.

Para determinação das tensões atuantes na base, considerando momento em uma direção, emprega-se a Equação 9.8:

$$\sigma_{máx,mín} = \frac{P_k}{A_{sapata}} \pm \frac{M_y}{W_y}$$

Verificação: $e_x \leq \frac{L}{6}$, sendo $e_x = \frac{M_y}{P_k}$ Eq. 9.8

em que:

P_k é a força vertical total que atua sobre a fundação; A_{sapata} é a área da sapata, M_y é o momento atuante, W_y é o momento resistente e e_x é a excentricidade gerada pelo momento M_y.

O momento resistente pode ser calculado pela equação:

$$W_y = \frac{B \cdot L^2}{6}$$ Eq. 9.9

em que:

L e B são a maior e menor dimensões da fundação superficial, respectivamente.

O exemplo da Figura 9.2 mostra somente o momento em uma direção (y); no entanto, pode ocorrer em outra direção (x) ou em ambas.

De acordo com a norma, no dimensionamento de uma fundação superficial submetida à ação de carga excêntrica, deve-se garantir que a área de compressão, (A_c), seja de no mínimo 2/3 da área total da sapata (A_{sapata}), conforme descrito a seguir.

$$A_c \geq \frac{2}{3} \cdot A_{sapata}$$ Eq. 9.10

É necessário, também, garantir que a tensão máxima de borda seja menor ou igual à tensão admissível, conforme verificação abaixo.

Dimensionamento de Fundações por Sapatas

$$\sigma_{máx} \leq \sigma_{adm} \qquad \text{Eq. 9.11}$$

f) Recalques diferenciais: as dimensões das sapatas vizinhas devem ser tais que eliminem, ou minimizem, o recalque diferencial entre elas. Sabe-se que os recalques das sapatas dependem das suas respectivas dimensões, conforme visto no Capítulo 7.

g) Sapatas apoiadas em cotas diferentes: no caso de sapatas vizinhas, apoiadas em cotas diferentes, elas devem estar dispostas segundo um ângulo não inferior a com a vertical, para que não haja superposição dos bulbos de pressão (Fig. 9.3). A sapata situada na cota inferior deve ser construída primeiramente. Nesta situação podem ser adotados os seguintes valores: $\alpha = 60°$ para solos, $\alpha = 30°$ para rochas.

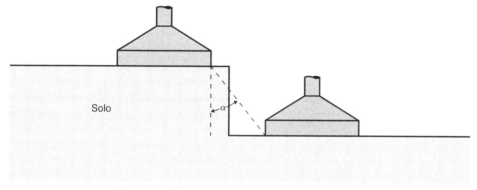

Figura 9.3 Sapatas apoiadas em cotas diferentes.

É importante ressaltar que, em divisas de terrenos, deve-se atentar para análise da profundidade mínima para apoio de fundações superficiais, sendo recomendado pela norma ABNT NBR 6122 o mínimo de 1,5 m, podendo variar de acordo com as características do subsolo local.

h) Dimensões mínimas: a largura mínima para projeto de sapatas isoladas e corridas é de 60 cm.

i) Pilares em "L": a sapata precisa estar colocada no centro de gravidade do pilar (Fig. 9.4).

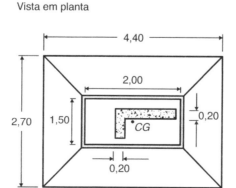

Figura 9.4 Vista, em planta, de uma sapata executada em pilar "*L*".

CAPÍTULO 9

j) **Superposição de sapatas:** em determinadas situações, pode ocorrer que duas ou mais sapatas venham ocupar uma mesma posição no terreno (Fig. 9.5).

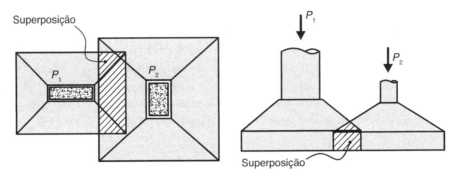

Figura 9.5 Vistas da ocorrência de superposição de bases.

Este problema pode ser resolvido de duas maneiras diferentes: por meio da alteração na geometria das sapatas ou pela associação das sapatas desses pilares, que necessita de uma viga de rigidez para transferir as cargas de cada um dos pilares por uma única resultante.

k) **Modificação na forma das sapatas:** a alternativa mais simples e de menor custo de execução é provavelmente a modificação na geometria das sapatas, que inicialmente deveriam ter sido objeto de um dimensionamento econômico. Essa modificação deve ser a mínima possível, para que as sapatas se afastem apenas o mínimo necessário, de modo a permitir a execução delas sem problemas de superposição (Fig. 9.6).

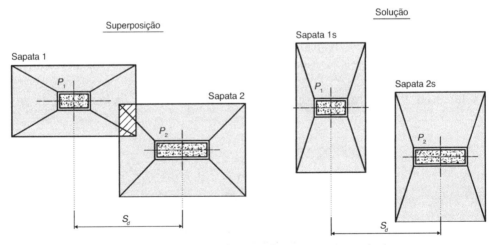

Figura 9.6 Problema de superposição e solução para o caso de duas sapatas.

As áreas das sapatas devem ser conservadas, para que as tensões aplicadas pelas sapatas ao terreno não se modifiquem, isto é,

$$A_{sapata(1s)} = A_{spata(1)} \quad \text{e} \quad A_{sapata(2s)} = A_{spata(2)}$$

Dimensionamento de Fundações por Sapatas

l) **Sapatas associadas:** quando há superposição das áreas de sapatas vizinhas, procura-se associá-las por uma única sapata, sendo os pilares ligados por uma viga de rigidez (Fig. 9.7). Para tanto, deve-se obter a resultante das cargas dos dois pilares que está aplicada em um centro de gravidade. A determinação da área da sapata associada é realizada analogamente à de uma sapata isolada, conforme a equação:

$$A_{sapata} = \frac{w \cdot (P_1 + P_2)}{\sigma_{adm}} = \frac{w \cdot R}{\sigma_{adm}}$$ Eq. 9.12

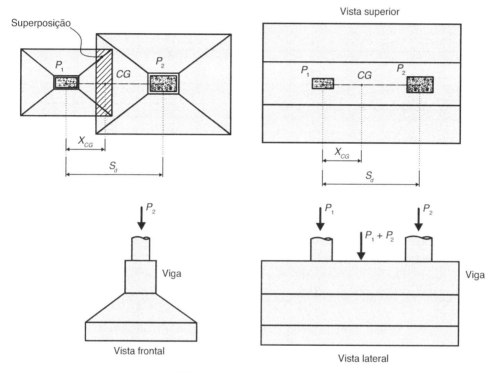

Figura 9.7 Geometria de sapata associada.

O centro da gravidade da resultante, R, das cargas dos pilares é definido por

$$X_{CG} = \frac{P_2}{R} \cdot S_d$$ Eq. 9.13

em que $R = P_1 + P_2$

Os centros de gravidade da sapata associada e da resultante de cargas dos pilares deverão ser coincidentes.

m) **Sapatas de divisa:** quando o pilar está situado junto à divisa do terreno, e não é possível avançar com a fundação no terreno vizinho, os centros de gravidade da sapata (CG_{sapata}) e do pilar de divisa (CG_p) não serão coincidentes (Fig. 9.8). E, portanto, as tensões aplicadas pela sapata ao terreno de apoio não serão uniformemente distribuídas (Fig. 9.9).

Capítulo 9

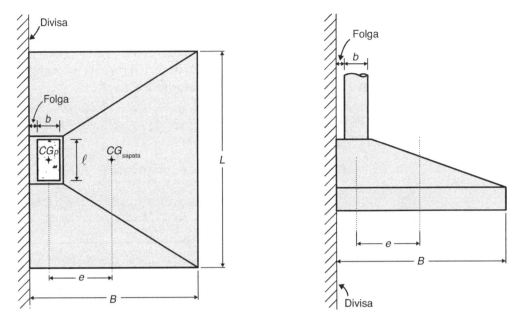

Figura 9.8 Vista em planta e elevação da excentricidade de carga (e).

Em razão da excentricidade entre o ponto de aplicação de carga e a base da sapata, a distribuição de tensões no terreno se apresenta em diagrama triangular ou trapezoidal (Fig. 9.9). E, como dito anteriormente, é necessário que a região comprimida da fundação seja de, no mínimo, 2/3 da área total.

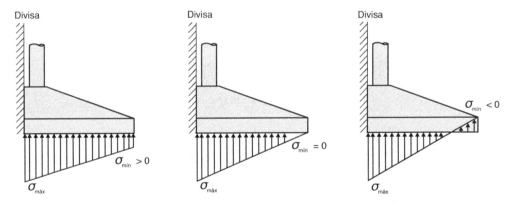

Figura 9.9 Efeito da excentricidade de carga na distribuição de tensões.

As tensões máximas e mínimas podem ser calculadas por

$$\sigma_{c,\,\text{máx/mín}} = \frac{w \cdot P_k}{A_S} \cdot \left(1 \pm \frac{6 \cdot e}{B}\right) \qquad \text{Eq. 9.14}$$

A excentricidade, "e", pode ser determinada analiticamente por meio da seguinte equação:

$$e = \frac{B}{2} - \frac{b}{2} - f \qquad \text{Eq. 9.15}$$

em que B é a menor dimensão da sapata, b é a dimensão da seção do pilar na direção de B, e "f" é a folga entre a divisa e a face do pilar, normalmente igual a 2,5 cm.

A tensão máxima deve ser menor ou igual à tensão admissível, conforme verificação abaixo:

$$\sigma_{c,\,máx} \leq \sigma_{adm} \qquad \text{Eq. 9.16}$$

No caso de pilares de divisa, deve-se alavancá-los a um pilar central (mais próximo), de forma a compensar os momentos oriundos da excentricidade, (e), existente entre os CG's do pilar de divisa e respectiva sapata. Em ambos os pilares, o dimensionamento é realizado pelas reações obtidas a partir do equilíbrio estático (Fig. 9.10). Para tanto é empregado um elemento estrutural, denominado viga de equilíbrio ou viga alavanca, que contrabalança o momento proveniente da excentricidade "e" (Fig. 9.11).

O sistema pode ser resolvido como uma viga sobre dois apoios (R_1 e R_2), recebendo as duas cargas permanentes P_1 e P_2 (Fig. 9.10).

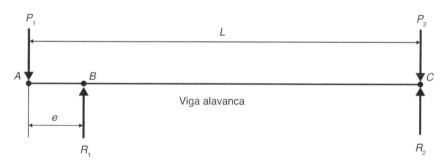

Figura 9.10 Esquema estático para sapata de divisa alavancada.

Para as situações em que o pilar central (P_2), que serve de apoio à viga alavanca, não esteja no mesmo alinhamento do pilar de divisa (P_1), o formato da sua sapata deverá ter suas abas paralelas à linha de eixo que liga os centros de gravidade dos pilares (Fig. 9.12).

O procedimento para o cálculo e dimensionamento das fundações em sapatas, neste caso, inicia-se pela somatória das forças verticais permanentes igualando-se a zero, resultando em

$$P_{1d} + P_{2d} = R_1 + R_2 \qquad \text{Eq. 9.17}$$

em que P_{1d} e P_{2d} são os valores da carga vertical permanente acrescida de 5 % em relação ao peso próprio da sapata; R_1 e R_2 são as respectivas reações de cálculo.

Capítulo 9

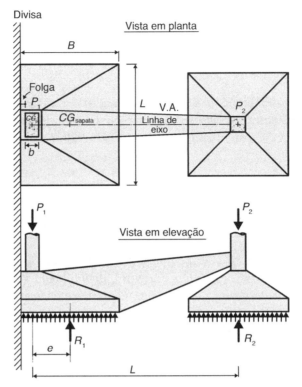

Figura 9.11 Geometria da sapata de divisa alavancada.

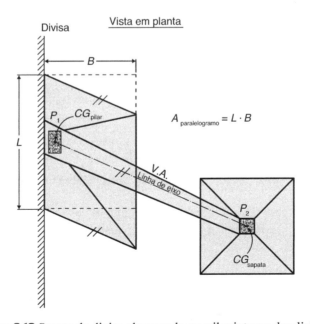

Figura 9.12 Sapata de divisa alavancada em pilar interno desalinhado.

Dimensionamento de Fundações por Sapatas

Considerando a somatória dos momentos em relação ao ponto C (Fig. 6.20), tem-se que

$$P_{1d} \cdot \ell = R_1(\ell - e) \qquad \text{Eq. 9.18}$$

$$R_1 = P_{1d} \cdot \left(\frac{\ell}{\ell - e}\right) \text{ ou } e = \ell \cdot \left(\frac{R_1 - P_{1d}}{R_1}\right) \qquad \text{Eq. 9.19}$$

Como $R_1 > P_{1d}$, então

$$\Delta P \leq R_1 - P_{1d} \qquad \text{Eq. 9.20}$$

A área da sapata será então determinada por

$$A_{s,1} = \frac{R_1}{\sigma_{adm}} \qquad \text{Eq. 9.21}$$

em que $A_{s,1}$ é a área da sapata de divisa (sapata 1 do pilar P_1), R_1 é a reação causada pela excentricidade da sapata 1 em relação ao pilar P_1.

Como a área da sapata ($A_{s,1}$) é função de R_1, é necessário conhecê-la para proceder ao seu cálculo. Porém, pela Eq. 9.19, R_1 é função da excentricidade "e", que por sua vez depende do lado "B", que é uma das dimensões procuradas. Este é um problema típico de solução por tentativas. A seguir, apresenta-se uma das metodologias que pode ser empregada para resolver esse cálculo.

Uma das possibilidades parte da relação econômica para determinação das dimensões da sapata, em que $L_i \leq 2 \cdot B_i$; portanto, depreende-se o valor de B mínimo na etapa i:

$$B_{i=1} = B_{min} = \sqrt{\frac{P_{d,1}}{2 \cdot \sigma_{adm}}} \qquad \text{Eq. 9.22}$$

De posse do valor de B_i determina-se o valor da excentricidade, "e_i", e em seguida o valor da reação na sapata de divisa, $R_{1,i}$

$$e_i = \frac{B_i}{2} - \frac{b}{2} - f \qquad \text{Eq. 9.23}$$

$$R_{1,i} = P_{1d} \cdot \left(\frac{\ell}{\ell - e_i}\right) \qquad \text{Eq. 9.24}$$

Assim, é possível obter a dimensão do maior lado (L_i) da sapata de divisa, considerando o valor da reação $R_{1,i}$:

$$L_i = \frac{R_{1,i}}{B_i \cdot \sigma_{adm}} \qquad \text{Eq. 9.25}$$

A tensão máxima deve ser menor ou igual à tensão admissível, conforme verificação abaixo:

CAPÍTULO 9

$$\sigma_{máx} = \frac{R_{1,i}}{L_i \cdot B_i} \le \sigma_{adm}$$

Eq. 9.26

A relação entre as dimensões L e B da sapata deve atender à seguinte condição econômica:

$$\frac{L_i}{B_i} \le 2,5$$

Eq. 9.27

Caso não sejam atendidas as verificações das equações, Eq. 9.26 e Eq. 9.27, deve-se atribuir um novo valor de B_{i+1} maior que B_1 (ou B_{min}), efetuando-se todos os passos subsequentes, ou seja, a partir das equações: Eq. 9.23 e Eq. 9.24. Recomenda-se que o valor de B seja incrementado de 10 cm em cada etapa i até que as verificações sejam atendidas.

Para o dimensionamento do pilar central isolado engastado na viga alavanca, considera-se a resultante dos esforços, conforme a Eq. 9.28:

$$R_2 = P_{2d} - \Delta P_{1,i}$$

Eq. 9.28

Neste caso, a carga P_{2d} do pilar central será aliviada do valor $\Delta P_{1,i} = R_{1,i} - P_{d,1}$. No entanto, como a rigidez da viga alavanca não é infinita, e como ela é engastada no pilar P_2, e não articulada, usa-se na prática aliviar a carga P_{2d} do pilar em apenas a metade de $\Delta P_{1,i}$, conforme segue:

$$R_{2d} = P_{2d} - \frac{\Delta P_{1,i}}{2}$$

Eq. 9.29

E a sapata deste pilar, P_2, será dimensionada por

$$A_{S,2} = \frac{R_{2d}}{\sigma_{adm}} = \frac{P_{2d} - 0,5 \cdot \Delta P_{1,i}}{\sigma_{adm}}$$

Eq. 9.30

Além disso, deve ser verificado o levantamento do pilar central, por meio da Eq. 9.31:

$$P_2 - \Delta P > 0$$

Eq. 9.31

No caso da impossibilidade de a viga alavanca ser ligada a um pilar central, é necessário criar uma reação para alavancar o pilar de divisa. Para isso, podem ser utilizados blocos de contrapeso ou estacas de tração para absorver o alívio ΔP. Neste caso, a prática recomenda que seja considerado o alívio total, ou seja, $\Delta P_1 = R_1 - P_{1d}$, a favor da segurança.

Observações:

- O centro de gravidade (CG) da sapata de divisa deve estar sobre o eixo da viga alavanca;
- As faces laterais (sentido da menor dimensão) da sapata de divisa devem ser paralelas à da viga alavanca (Fig. 9.13).

150

Dimensionamento de Fundações por Sapatas

Figura 9.13 Viga alavanca. Fonte: ZF Engenheiros Associados.

9.1 Exercícios Resolvidos

Videoaula 9

1) Dimensionar as sapatas dos pilares supondo uma tensão admissível de 350 kPa. Considerar um acréscimo de carga em razão do peso próprio de 5 % da carga estrutural aplicada. Representar o desenho em escala.

Resposta:
A área da sapata é dada por

$$A_s = \frac{w \cdot P_k}{\sigma_{adm}} = \frac{1,05 \cdot P_k}{350}$$

a) Pilar 0,30 m × 0,30 m (P_k = 800 kN)

A área da sapata será $L \cdot B = \dfrac{1,05 \cdot 800}{350} = 2,4 \text{ m}^2$

Considerando a sapata quadrada ($L = B$), então $L = B = 1,55$ m.

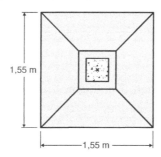

151

Capítulo 9

b) Pilar 0,30 m × 0,50 m ($P_k = 1200$ kN)

Para o caso de pilar retangular, adota-se a seguinte condição para um dimensionamento econômico:

$L - B = \ell - b$ e $L \cdot B = A_{sapata}$ e $A_{sapata} = \dfrac{1,05 \cdot P_k}{\sigma_{adm}} = B \cdot L$

Considerando $\ell = 0,5$ m e b = 0,3 m, tem-se:

$L - B = \ell - b \Rightarrow L - B = 0,5 - 0,3 = 0,2$ m $\rightarrow L = 0,2 + B$ (I)

$L \cdot B = \dfrac{1,05 \cdot 1200}{350} = 3,6$ m² (II)

Então, substituindo (I) em (II), tem-se:

$B^2 + 0,2B - 3,6 = 0$

Resultando em $B = 1,80$ m e $L = 2,00$ m,

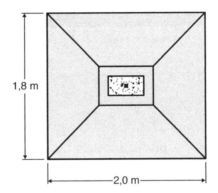

c) Considerando o pilar do exercício anterior, porém com incidência de um momento $M_y = 120$ kN · m,

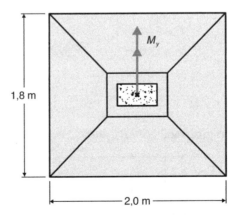

Para determinação das tensões atuantes na base, considerando momento em uma direção, emprega-se a seguinte equação:

Dimensionamento de Fundações por Sapatas

$$\sigma_{\text{máx, mín}} = \frac{w \cdot P_k}{A_{\text{sapata}}} \pm \frac{M_y}{W_y}$$

em que $W_y = \dfrac{B \cdot L^2}{6} = \dfrac{1,8 \cdot 2^2}{6} = 1,2 \text{ m}^3$ Eq. 9.32

$$\sigma_{\text{máx, mín}} = \frac{1,05 \cdot 1200}{1,80 \cdot 2,00} \pm \frac{120}{1,2} = 350 \pm 100 \text{ kPa}$$

Isso resulta em

$\sigma_{\text{máx}} = 450$ kPa e $\sigma_{\text{mín}} = 250$ kPa

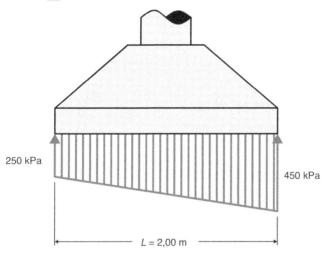

Como a condição $\sigma_{\text{máx}} \leq \sigma_{\text{adm}}$ não foi obedecida, é preciso determinar as novas dimensões da sapata, mantendo-se a tensão admissível (350 kPa) e a condição econômica ($L = B - 0,2$); assim,

$$350 = \frac{1200 * 1,05}{(L-0,2) \cdot L} + \frac{120}{\left[\dfrac{(L-0,2) \cdot L^2}{6}\right]} = \frac{1260}{L^2 - 0,2 \cdot L} + \frac{120}{\left[\dfrac{L^3 - 0,2 \cdot L^2}{6}\right]}$$

∴ $350 \cdot B^2 - 1330 \cdot L - 720 = 0$, como única solução verdadeira $L = 2,25$ m, o que resulta em $B = 2,05$ m. Logo,

$$\sigma_{\text{máx}} = \frac{1200 * 1,05}{2,05 \cdot 2,25} + \frac{120}{\left[\dfrac{2,05 \cdot 2,25^2}{6}\right]} = \frac{1260}{4,61} + \frac{120}{1,73} = 343 \text{ kPa} \leq \sigma_{\text{adm}} = 350 \text{ kPa (Ok!!)}$$

$$\sigma_{\text{mín}} = \frac{1200 * 1,05}{2,05 \cdot 2,25} - \frac{120}{\left[\dfrac{2,05 \cdot 2,25^2}{6}\right]} = \frac{1260}{4,61} - \frac{120}{1,73} = 204 \text{ kPa} > 0 \text{ (Ok!!)}$$

Capítulo 9

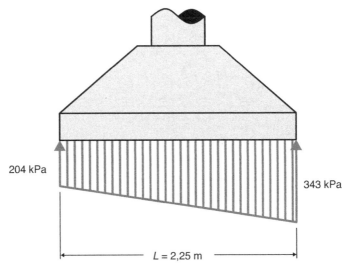

A excentricidade pode ser calculada como $e_x = \dfrac{M_y}{w \cdot P_k} = \dfrac{120}{1,05 \cdot 1200} = 0,095$ m.

Verificação: $e_x \leq \dfrac{B}{6} \rightarrow e_x \leq \dfrac{2,05}{6} \approx 0,34$ m, portanto ok!

d) Pilar em "L" conforme figura abaixo ($P_k = 1800$ kN)

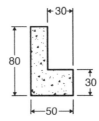

Cálculo das coordenadas do centro de carga:

$x_{cg} = \dfrac{20 \cdot 80 \cdot 10 + 30 \cdot 30 \cdot 35}{20 \cdot 80 + 30 \cdot 30} = 19$ cm

$y_{cg} = \dfrac{20 \cdot 80 \cdot 40 + 30 \cdot 30 \cdot 15}{20 \cdot 80 + 30 \cdot 30} = 31$ cm

Assim, o retângulo circunscrito ao pilar que possui o mesmo CG será:

$\ell = 2 \cdot (80 - 31) = 49 \cdot 2 = 98$ cm

$b = 2 \cdot (50 - 19) = 31 \cdot 2 = 62$ cm

Para calcular a sapata devem-se utilizar as dimensões do retângulo

Dimensionamento de Fundações por Sapatas

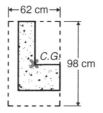

Considerar para o dimensionamento um pilar retangular de 0,62 m × 0,98 m

$L - B = \ell - b \Rightarrow L - B = 0,98 - 0,62 = 0,36 \text{ m} \rightarrow L = 0,36 + B$ (I)

$L \cdot B = \dfrac{1,05 \cdot 1800}{350} = 5,4 \text{ m}^2$ (II)

Então, substituindo (I) em (II), tem-se:

$B^2 + 0,36B - 5,4 = 0 \rightarrow B = 2,15$ m

resultando em $B = 2,15$ m e $L = 2,50$ m.

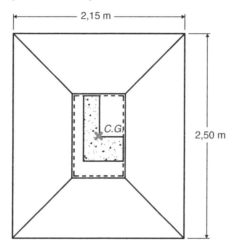

e) Pilares próximos (Caso 1)

Pilar 1 (0,6 m × 0,3 m) = P_k = 1500 kN e Pilar 2(0,5 m × 0,3 m) = P_k = 1200 kN

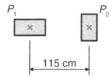

Inicialmente deve-se fazer a tentativa de usar pilares isolados empregando a condição econômica.

- Pilar 1

$L - B = \ell - b \Rightarrow L - B = 0,60 - 0,30 = 0,30 \text{ m} \rightarrow L = 0,30 + B$ (I)

$L \cdot B = \dfrac{1,05 \cdot 1200}{350} = 3,6 \text{ m}^2$ (II)

Então, substituindo (I) em (II), tem-se:
$B^2 + 0,30B - 4,5 = 0 \rightarrow B = 1,98$ m $\approx 2,00$ m
resultando em $B = 2,00$ m e $L = 2,30$ m.
- Pilar 2

$L - B = \ell - b \Rightarrow L - B = 0,50 - 0,30 = 0,20$ m $\rightarrow L = 0,20 + B$ (I)

$L \cdot B = \dfrac{1,05 \cdot 1200}{350} = 3,6$ m^2(II)

Então, substituindo (I) em (II), tem-se:
$B^2 + 0,20B - 3,6 = 0 \rightarrow B = 1,80$ m
resultando em $B = 1,80$ m e $L = 2,00$ m.

Como se pode verificar, não é possível utilizar sapatas isoladas empregando a condição econômica (veja a figura a seguir).

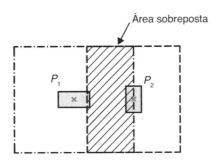

Sendo assim, dimensiona-se como sapata associada. Para isso devem-se somar as cargas dos pilares e determinar o centro de carga, conforme visto neste capítulo.
$R = P_1 + P_2 = 1500 + 1200 = 2835$ kN

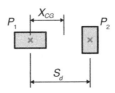

Logo, $S_d = 1,15$ m e $X_{CG} = \dfrac{P_2}{R} \cdot S_d = \dfrac{1200}{2835} \cdot 1,15 = 0,51$ m

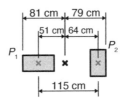

Assim, o retângulo circunscrito ao pilar que possui o mesmo CG será
$\ell = 2 \cdot 81 = 162$ m
$b = 50$ cm (maior lado do pilar 2)
Para calcular a sapata, devem-se utilizar as dimensões do retângulo:
$L - B = \ell - b \Rightarrow L - B = 1,62 - 0,50 = 1,12$ m $\rightarrow L = 1,12 + B$ (I)
$L \cdot B = \dfrac{2835}{350} = 8,1$ m^2 (II)
Então, substituindo (I) em (II), tem-se:
$B^2 + 1,12B - 8,1 = 0 \rightarrow B = 2,34$ m $= 2,35$ m
resultando em $B = 2,35$ m e $L = 3,50$ m

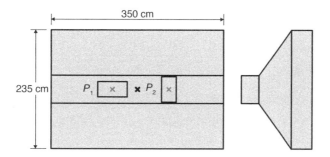

f) Pilares próximos (Caso 2)
Pilar 1 (0,6 m × 0,3 m) = $P_{k,1}$ = 1500 kN e Pilar 2 (0,5 m × 0,3 m) = $P_{k,2}$ = 1200 kN.

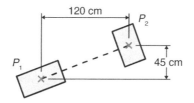

Conforme verificado no caso anterior, não é possível dimensionar as sapatas empregando-se a condição econômica, tendo em vista a superposição de áreas. Desta forma, empregar-se-á sapata associada. Para isso é necessário somar as cargas dos pilares e determinar o centro de carga.
Então,
$R = P_{k,1} + P_{k,2} = 1500 + 1200 = 2700$ kN
Assim,
$X_{CG} = \dfrac{P_{k,2}}{R} \cdot 1,2 = \dfrac{1200}{2835} \cdot 1,2 = 0,53$ m
$Y_{CG} = \dfrac{P_{k,2}}{R} \cdot 0,45 = \dfrac{1200}{2700} \cdot 0,45 = 0,20$ m

CAPÍTULO 9

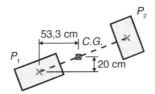

O retângulo que circunscreve os pilares será

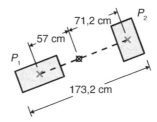

Assim, o retângulo circunscrito ao pilar que possui o mesmo CG será
$\ell = 2 \cdot 86,6 = 173,2$ cm
$b = 50$ cm (maior lado do pilar 2)
Para calcular a sapata utilizam-se as dimensões do retângulo:
$L - B = \ell - b \Rightarrow L - B = 1,73 - 0,50 = 1,23$ m $\rightarrow L = 1,23 + B$ (I)
$L \cdot B = \dfrac{2835}{350} = 8,1$ m^2 (II)
Então, substituindo (I) em (II), tem-se:
$B^2 + 1,12B - 8,1 = 0 \rightarrow B = 2,30$ m
resultando em $B = 2,30$ m e $L = 3,55$ m.

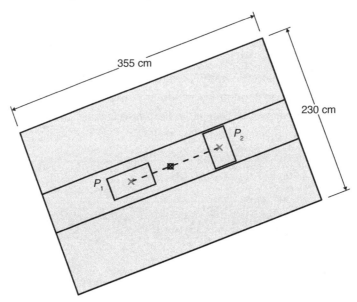

Dimensionamento de Fundações por Sapatas

g) Pilares próximos (Caso 3)

Pilar 1 (0,6 m × 0,3 m) = P_k = 1500 kN, Pilar 2 (0,5 m × 0,3 m) = P_k = 1200 kN e
Pilar 2 (0,3 m × 0,3 m) = P_k = 800 kN

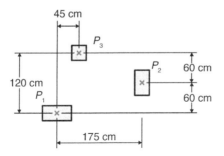

Inicialmente deve-se fazer a tentativa de usar pilares isolados empregando a condição econômica.

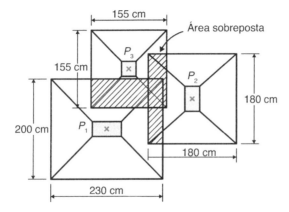

Pode-se verificar que todas as sapatas se sobrepõem. Assim, é necessário projetar uma única sapata que circunscreva os três pilares. Para isso determina-se o centro de cargas (CG_{cargas}) onde será aplicada a resultante das cargas (R).

$$x_c = \frac{\sum P_i \cdot x_i}{\sum P_i} \text{ e } y_c = \frac{\sum P_i \cdot y_i}{\sum P_i}$$

Definindo o eixo global no centro de gravidade do pilar P_1, tem-se:

$$x_c = \frac{0 + 1200 \cdot 1,75 + 800 \cdot 0,45}{1500 + 1200 + 800} = 0,703 \text{ m}$$

$$y_c = \frac{0 + 1200 \cdot 0,60 + 800 \cdot 1,20}{1500 + 1200 + 800} = 0,48 \text{ m}$$

A figura a seguir mostra a localização do centro de carga (CC).

CAPÍTULO 9

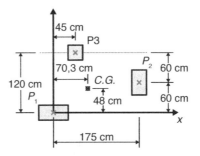

Determinação do pilar virtual que circunscreve os pilares (P_1, P_2 e P_3) cujo centro de gravidade coincide com o CC.

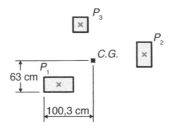

Assim, fica:

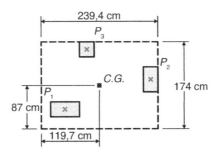

Reação total será: $R = 1{,}05 \cdot (P_1 + P_2 + P_3) = 1{,}05 \cdot 3500 = 3675$ kN

Área da sapata será obtida por $A_{sapata} = \dfrac{3675}{350} = 10{,}5$ m²

Para calcular a sapata, utilizam-se as dimensões do retângulo se for considerado o dimensionamento econômico:

$L - B = \ell - b \Rightarrow L - B = 2{,}39 - 1{,}74 = 0{,}65$ m $\rightarrow L = 0{,}65 + B$ (I)

$L \cdot B = 10{,}5$ m² (II)

Então, substituindo (I) em (II), tem-se:

$B^2 + 1{,}65B - 10{,}5 = 0 \rightarrow B = 2{,}93$ m

resultando em $B = 2{,}95$ m e $L = 3{,}60$ m.

Dimensionamento de Fundações por Sapatas

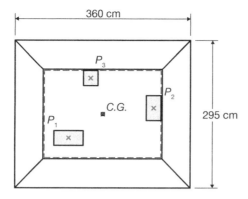

h) Pilares de divisa

Pilar 1 (0,5 m × 0,3 m) = P_k = 1900 kN e Pilar 2 (0,3 m × 0,3 m) = P_k = 1200 kN
folga (f) = 2,5 cm

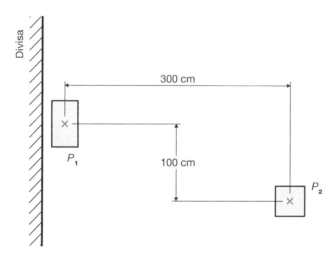

Cargas majoradas em 5 % (peso próprio): P_{1d} = 1995 kN e P_{2d} = 1260 kN, com ℓ = 3,00 m.

Etapas de cálculo:

1 - Conforme foi visto, uma das possibilidades parte da relação econômica para determinação das dimensões da sapata, em que $L_i \leq 2 \cdot B_i$; portanto, depreende-se o valor de B mínimo na etapa 1 (i = 1):

$$B_{i=1} = B_1 = B_{min} = \sqrt{\frac{P_{d,1}}{2 \cdot \sigma_{adm}}} = \sqrt{\frac{1995}{2 \cdot 350}} = 1,69 \text{ m} \rightarrow B_{min} = 1,70 \text{ m} \qquad \text{Eq. 9.33}$$

2 - De posse do valor de B_i determina-se o valor da excentricidade, "e_i":

$$e_1 = \frac{B_1}{2} - \frac{b}{2} - f = \frac{1,7}{2} - \frac{0,3}{2} - 0,025 = 0,675 \text{ m} \qquad \text{Eq. 9.34}$$

CAPÍTULO 9

3 - Cálculo do valor da reação na sapata de divisa, $R_{1,i}$

$$R_{1,1} = P_{1d} \cdot \left(\frac{\ell}{\ell - e_1} \right) = 1995 \cdot \left(\frac{3,0}{3,0 - 0,675} \right) = 2574 \; \text{kN} \qquad \text{Eq. 9.35}$$

4 - A partir do valor da reação ($R_{1,1}$) é possível calcular a dimensão do maior lado (L_i) da sapata de divisa.

$$L_1 = \frac{R_{1,1}}{B_1 \cdot \sigma_{adm}} = \frac{2574}{1,7 \cdot 350} = 4,33 \; \text{m} \rightarrow L_i = 4,35 \; \text{m}$$

5 - Verificação: a relação entre as dimensões L e B da sapata deve atender à condição:

$$\frac{L_i}{B_i} \leq 2,5$$

$$\frac{L_i}{B_i} = \frac{4,35}{1,70} = 2,56 \; \text{Não Ok!}$$

6 - Deve-se aumentar o valor de $B_{mín}$ e repetir as etapas 2 em diante, adotando $B_{mín}$ = 1,80 m.

7 - Cálculo da excentricidade (etapa: $i + 1$)

$$e_2 = \frac{B_2}{2} - \frac{b}{2} - f = \frac{1,8}{2} - \frac{0,3}{2} - 0,025 = 0,725 \; \text{m}$$

8 - Cálculo da reação

$$R_{1,2} = P_{1d} \cdot \left(\frac{\ell}{\ell - e_2} \right) = 1995 \cdot \left(\frac{3,0}{3,0 - 0,725} \right) = 2631 \; \text{kN}$$

9 - Cálculo do lado (L_2)

$$L_2 = \frac{R_{1,2}}{B_2 \cdot \sigma_{adm}} = \frac{2631}{1,8 \cdot 350} = 4,18 \; \text{m} \rightarrow L_i = 4,20 \; \text{m}$$

10 - Verificação

$$\frac{L_2}{B_2} = \frac{4,20}{1,80} = 2,33 \quad \text{Ok!}$$

11 - Dimensionar a sapata do pilar P_{2d}. Deve-se aliviar a carga do pilar em apenas a metade de $\Delta P_{1,2}$, conforme a seguir.

$$R_{2d} = P_{2d} - \frac{P_{1,2}}{2} = 1260 - \frac{2631 - 1995}{2} = 942 \; \text{kN}$$

Deve ser verificado o levantamento do pilar central: $P_2 - \Delta P_{1,2} > 0$; neste caso, $P_{2d} = 1260$ kN e $\Delta P_{1,2} = 636$ kN. Portanto, Ok!

12 - A área da sapata do pilar P_2 será dada por

$$A_{S,2} = \frac{R_{2d}}{\sigma_{adm}} = \frac{942}{350} = 2,69 \; \text{m}^2$$

Dimensionamento de Fundações por Sapatas

13 - Como o pilar é quadrado, a sapata será quadrada.

$B = L = \sqrt{2,69} = 1,64$ m → $B = 1,65$ m

Resumo:

P_1 → $B = 1,80$ m e $L = 4,20$ m e P_2 → $B = L = 1,65$ m

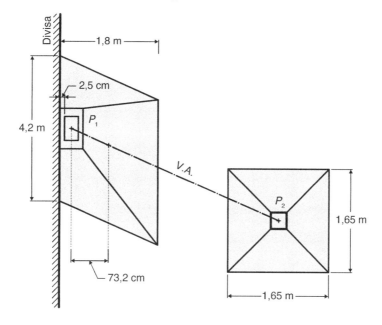

9.2 Exercícios Propostos

1) Dimensione as sapatas dos pilares isolados, supondo uma tensão admissível de 400 kPa. Considere um acréscimo de carga causado pelo peso próprio de 5 % da carga estrutural aplicada. Represente o desenho em escala.
   a) Pilar 0,20 m × 0,50 m ($P_k = 1200$ kN)
   b) Pilar 0,30 m × 0,60 m ($P_k = 800$ kN e $M_x = 700$ kN · m)

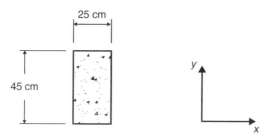

Capítulo 9

2) Dimensione as sapatas do pilar supondo uma tensão admissível de 450 kPa. A carga do pilar (P_k) é de 1700 kN. Considere um acréscimo de carga causado pelo peso próprio de 5 % da carga estrutural aplicada. Represente o desenho em escala.

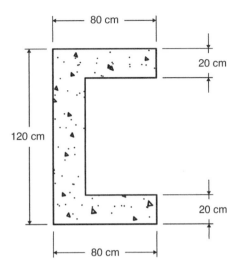

3) Dimensione as sapatas dos pilares P_1 (P_k = 1200 kN) e P_2 (P_k = 1800 kN), conforme a figura seguinte. Tensão admissível de 400 kPa.

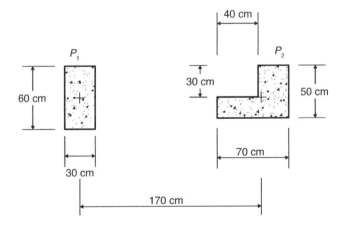

Dimensionamento de Fundações por Sapatas

4) Dimensione as sapatas dos pilares P_1 ($P_k = 800$ kN) e P_2 ($P_k = 1600$ kN), conforme a figura seguinte. Tensão admissível de 450 kPa.

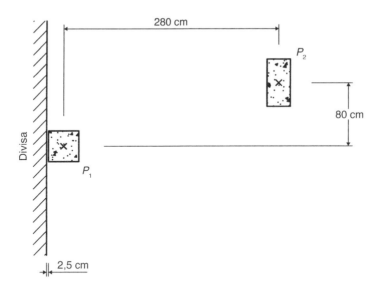

5) Dimensione as sapatas dos pilares. Tensão admissível de 300 kPa.
Pilar 1 (veja a figura do pilar) = $P_k = 1450$ kN, Pilar 2 (0,3 m × 0,4 m) = $P_k = 780$ kN, Pilar 3 (0,3 m × 0,5 m) = $P_k = 890$ kN e Pilar 4 (0,3 m × 0,3 m) = $P_k = 660$ kN.

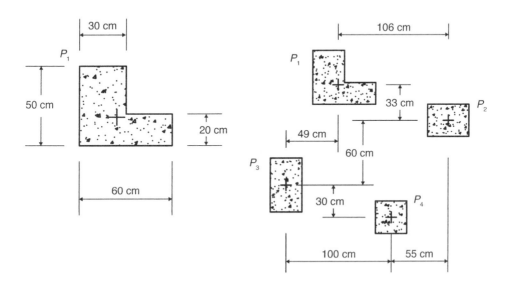

Capítulo 10

Fundações Profundas em Tubulões

Videoaula 10

Quando os solos próximos à superfície do terreno apresentam baixa capacidade de carga e/ou elevada compressibilidade, não permitindo o emprego de fundações rasas, as cargas estruturais devem ser transferidas ao subsolo em maiores profundidades, por meio de fundações denominadas profundas. Nesse aspecto, os tubulões e as estacas podem ser considerados como uma das alternativas ao projeto de fundações. O tubulão é um elemento com seção transversal mínima de 0,9 m para possibilitar a entrada de pessoal em seu interior. São construídos por escavação interna (manual ou mecânica), podendo ter base alargada ou não, para assegurar uma adequada distribuição de tensões no solo de apoio. Os tubulões diferenciam-se das estacas, pois sua base deve ser limpa e também pela necessidade da descida de um especialista (geotécnico) para avaliação da tensão de suporte e conferência da sua geometria. Em geral, somente é necessário um tubulão para transferir a carga de um pilar ao subsolo. Na Figura 10.1 são apresentados esquematicamente o corte vertical e a planta de um tubulão típico.

Observação: revestimento obrigatório e comprimento máximo de 19 m (NR 18).

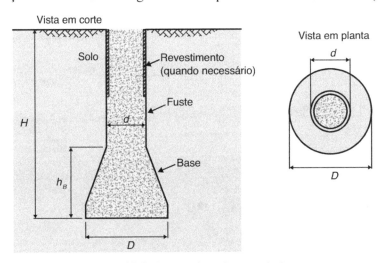

Figura 10.1 Vistas típicas de um tubulão.

Fundações Profundas em Tubulões

10.1 Tubulões a Céu Aberto

São elementos estruturais de fundação constituídos concretando-se um poço aberto no terreno, geralmente dotado de uma base alargada. Esse tipo de tubulão é executado acima do nível d'água natural ou rebaixado, ou, em casos especiais, em terrenos saturados onde seja possível bombear a água sem risco de desmoronamentos. No caso de existir somente carga vertical, esses tipos de tubulões não são armados; recebem apenas ferragem de topo para ligação com o bloco de coroamento ou de capeamento.

- Importante:
  Não confundir bloco de capeamento ou coroamento com bloco de fundação (definidos em fundação rasa). Esses blocos são construídos sobre estacas ou tubulões, sendo os mesmos armados de modo a transmitir a carga dos pilares para as estacas ou para os tubulões.

10.1.1 Sem Revestimento

Os tubulões a céu aberto são poços escavados, mecânica ou manualmente, a céu aberto, sendo os casos mais simples de fundação por tubulão. São limitados a solos que não apresentem risco de desmoronamento durante a escavação, geralmente coesivos, situados acima do nível d'água do lençol freático, e dispensam o escoramento de suas paredes laterais.

10.1.2 Com Revestimento

Para terrenos com baixa coesão, ou que apresentem risco de desmoronamento, a escavação do poço deve ser acompanhada com escoramentos para contenção lateral da terra. Entre os tubulões executados por esse processo, destacam-se os executados pelos métodos *Gow* e *Chicago*.

a) Método *Chicago*
- Escavação manual em etapas de aproximadamente 2 m, sem escoramento, contando-se com a coesão do solo;
- Instalação de pranchas verticais de madeira, escoradas por anéis metálicos;
- Repetem-se essas operações sucessivamente, até a cota de apoio, executando-se o alargamento da base;
- Procede-se à concretagem do tubulão, procurando-se recuperar o escoramento.

Na Figura 10.2 é mostrado o processo de execução pelo método Chicago.

Capítulo 10

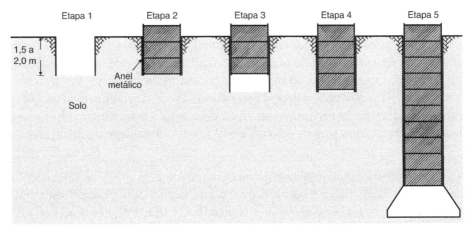

Figura 10.2 Processo executivo do método *Chicago*.

b) Método *Gow*

Este método é indicado para solo não coesivo, pois torna-se impossível a escavação do fuste por etapas sem revestimento (Fig. 10.3).

Para tanto, adotam-se os seguintes passos:

- Crava-se, por percussão, um tubo metálico, de comprimento igual a dois metros ($L \cong 2$ m) e espessura igual a meia polegada de espessura no terreno a ser escavado;
- Escava-se o solo contido no seu interior;
- Crava-se outro tubo, de diâmetro ligeiramente menor, no terreno ainda não escavado, abaixo do primeiro tubo cravado;
- Escava-se o solo no interior deste segundo tubo;
- Repetem-se essas operações sucessivamente, descendo-se telescopicamente os tubos, até uma profundidade suficiente para o alargamento da base, no diâmetro necessário ao fuste do tubulão;
- A concretagem é feita ao mesmo tempo em que se faz a extração dos tubos;
- O método *Gow* pode ser empregado em terrenos com pouca água ou de fácil esgotamento.

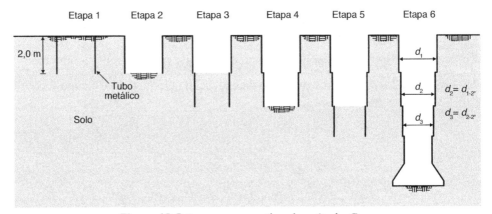

Figura 10.3 Processo executivo do método *Gow*.

10.2 Tubulões a Ar Comprimido ou Pneumáticos

Quando houver a necessidade de escavação em um solo que, além de precisar de escoramento durante a escavação, estiver situado abaixo do nível d'água (N.A.), serão utilizados os tubulões a ar comprimido ou pneumáticos. Podem ser executados com revestimento de anéis de concreto sobrepostos, ou com revestimento de tubo de aço.

A escavação do solo é feita no interior do revestimento, geralmente manual (também pode ser mecanizada), a céu aberto, até que seja atingido o nível d'água. A partir deste ponto, é instalada no revestimento uma campânula de chapa de aço, própria para trabalhar com ar comprimido, que é fornecida por um compressor instalado próximo ao tubulão (Fig. 10.4). De acordo com a NR 18 (Portaria n. 3.733), o tubulão a ar comprimido estará proibido a partir de agosto/2023.

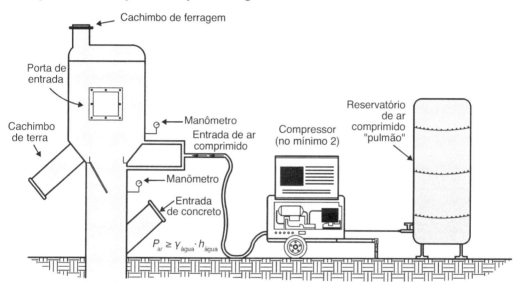

Figura 10.4 Detalhe dos equipamentos empregados em tubulão pneumático.

Na Figura 10.5 é mostrado um perfil de subsolo com a instalação da campânula.

A pressão de ar (P_{ar}) no interior da campânula e do tubulão deve ser suficiente para equilibrar o peso da coluna d'água do terreno, a fim de impedir sua entrada no interior da câmara de trabalho, ou seja,

$$P_{ar} \geq \gamma_{água} \cdot h_{água} \qquad \text{Eq. 10.1}$$

em que:

$\gamma_{água}$ é o peso específico da água;

$h_{água}$ é a altura medida a partir do nível d'água até o estágio em que se encontra a escavação.

Nota-se que a pressão do ar comprimido, P_{ar}, vai aumentando à medida que a escavação do tubulão avança no terreno.

Capítulo 10

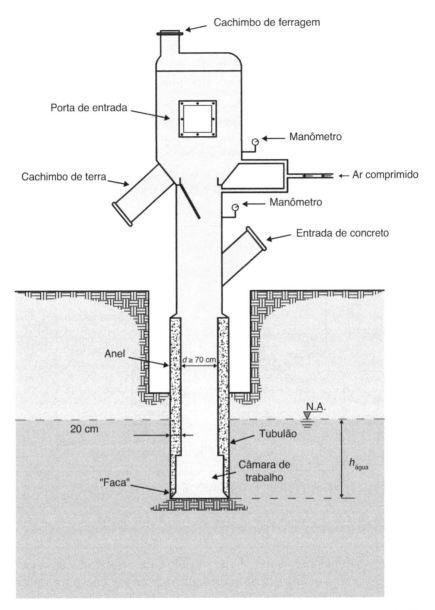

Figura 10.5 Seção transversal durante a instalação de um tubulão a ar comprimido.

A máxima pressão empregada em fundações a ar comprimido não deve ultrapassar 3 atmosferas (ou $\cong 300$ kPa), por causa das limitações de tolerância do organismo humano. Praticamente, os tubulões a ar comprimido ficam limitados $a \cong 30$ a 35 m de profundidade abaixo do N.A.

Uma vez atingido terreno com resistência compatível com o previsto em projeto, procede-se ao alargamento da base e posterior concretagem do tubulão.

Fundações Profundas em Tubulões

Observação: É importante ressaltar a necessidade de adequação de uma obra em tubulão às Normas Regulamentadoras: NR 18 (Brasil, 2018), NR 33 (Brasil, 2012) e NR 35 (Brasil, 2016).

10.3 Capacidade de Carga dos Tubulões

Para o cálculo da carga de ruptura de tubulões, podem-se empregar métodos teóricos e semiempíricos. Apresentam-se, a seguir, algumas metodologias para a obtenção desse valor.

10.3.1 Fórmula Teórica para Solos Arenosos

Não existe ainda um processo que satisfaça os vários casos em que podem recair os problemas de capacidade de carga das fundações por tubulão. Meyerhof (1951) propôs uma expressão para cálculo de capacidade de carga de fundações profundas, análoga à equação proposta por Terzaghi em 1943, na seguinte forma:

$$\sigma_{rup} = c \cdot N_c + P_0 \cdot N_q + \frac{1}{2} \cdot \gamma \cdot B \cdot N_\gamma \qquad \text{Eq. 10.2}$$

Enquanto Terzaghi considera a parte de solo acima da cota de apoio da fundação apenas como sobrecarga, Meyerhof leva em consideração a resistência ao cisalhamento desenvolvida também acima dessa cota de apoio (Fig. 10.6).

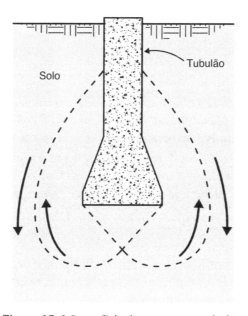

Figura 10.6 Superfície de ruptura em tubulão.

Sobre a superfície de ruptura atuam os esforços normais P_0, assim como os esforços correspondentes ao peso de terra. A diferença entre as expressões propostas por

Capítulo 10

Terzaghi (1943) e Meyerhof (1951) está principalmente em P_0 e nos valores de N_c, N_q, N_γ.

Segundo a opinião de diversos autores, a teoria de Meyerhof pode conduzir a resultados otimistas de capacidade de carga, enquanto a expressão geral de Terzaghi conduz a resultados conservadores, porém não muito distantes da realidade para o caso de solos arenosos.

10.3.2 Solos Argilosos ($\phi \approx 0$)

Para os tubulões apoiados nos solos argilosos, pode ser utilizada a teoria de Skempton (1951), já apresentada no Capítulo 6, relativo às fundações rasas sob a forma:

$$\sigma_{rup} = c \cdot N_c + \overline{\gamma} \cdot H \qquad \text{Eq. 10.3}$$

sendo válidas as mesmas considerações e comentários feitos naquele capítulo. Recomenda-se ainda que as tensões admissíveis (σ_{adm}) não sejam maiores que os valores da pressão de pré-adensamento das argilas, para que os recalques, correspondentes à carga aplicada pelo tubulão, não sejam provenientes do adensamento da argila ao longo da reta de compressão virgem. Assim, sempre que possível,

$$\sigma_{adm} \leq \sigma_a \qquad \text{Eq. 10.4}$$

em que σ_a é a tensão de pré-adensamento do solo.

A fórmula geral de Terzaghi também pode ser utilizada para solos argilosos, adotando ($\phi = 0$). Os valores calculados serão mais conservadores que os determinados pela fórmula de Skempton.

10.3.3 Observações

Podemos destacar:

i. É importante ressaltar que as fórmulas teóricas resultam em tensões de ruptura, devendo-se então aplicar um fator de segurança (FS) não inferior a 3,0 para obtenção da tensão admissível para projeto.

ii. A rigor, a carga admissível de um tubulão é representada pela soma da capacidade de carga da base Q_{base}, somada a uma parcela de carga $Q_{lateral}$, em razão da contribuição da resistência lateral na superfície lateral do seu fuste (Fig. 10.7), ou:

$$Q_{adm} = Q_{base} + Q_{lateral} \qquad \text{Eq. 10.5}$$

Na prática, porém, a contribuição da resistência lateral é desprezada, considerando-se implicitamente como se fosse apenas suficiente para contrabalançar o peso do tubulão. Logo, na prática, em geral emprega-se:

$$Q_{adm} = Q_{base} \text{ ou } \sigma_{adm} = \sigma_{base} \qquad \text{Eq. 10.6}$$

Fundações Profundas em Tubulões

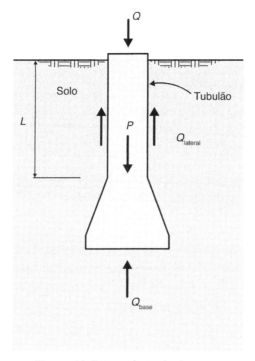

Figura 10.7 Transferência de carga.

10.3.4 Fórmulas Semiempíricas

A seguir são apresentadas algumas fórmulas propostas na literatura para estimativa da tensão admissível do solo na cota de apoio da base de tubulões.

- Alonso (1983)

Tensão admissível com base no valor médio do N_{SPT} (na profundidade da ordem de grandeza igual a duas vezes o diâmetro da base, a partir da cota de apoio da mesma). O cálculo da tensão admissível para tubulões dá-se pela fórmula a seguir:

$$\sigma_{adm} \leq 33,33 \cdot \bar{N}_{SPT} \text{ (em kPa)} \qquad \text{Eq. 10.7}$$

Nota: Esta fórmula aplica-se para $\bar{N}_{SPT} \leq 20$.

- Décourt (1989)

A partir da estimativa para fundações diretas, apresentou uma proposta que pode ser estendida para o caso de fundações profundas pela inclusão do efeito de profundidade (σ'_{vb}) em termos efetivos.

$$\sigma_{adm} = 25 \cdot \bar{N}_{SPT} + \sigma'_{vb} \text{ (em kPa)} \qquad \text{Eq. 10.8}$$

em que $\bar{N}_{SPT}$ é o índice de resistência à penetração médio entre a cota de apoio da base até distância $2 \cdot D$ abaixo desta; σ'_{vb} é a tensão geostática na cota de apoio da base do tubulão.

CAPÍTULO 10

- Décourt (1991)

A tensão admissível pode ser estimada a partir dos resultados do ensaio de CPT.

$$\sigma_{adm} = (0{,}14 - 0{,}10) \cdot q_c + \sigma'_{vb} \text{ (em kPa)} \qquad \text{Eq. 10.9}$$

- Albiero e Cintra (2016)

A partir da experiência profissional brasileira e com base em valores do SPT, tem-se:

$$\sigma_{adm} = 20 \cdot N_{SPT} + \sigma'_{vb} \text{ (em kPa)} \qquad \text{Eq. 10.10}$$

em que $\overline{N}_{SPT}$ é o índice de resistência à penetração média entre a cota de apoio da base até distância $1 \cdot D$ abaixo desta. σ'_{vb} é a tensão geostática na cota de apoio da base do tubulão. De acordo com Berberian (2016), recomenda-se limitar a tensão geostática σ'_{vb} em 40 kPa e o $\overline{N}_{SPT}$ não superior a 40 golpes.

Apesar de não haver uma definição dos limites à validade desta fórmula, recomenda-se, para tubulões, que o valor da tensão admissível não exceda 600 kPa.

A partir de dados do CPT, a tensão admissível pode ser estimada por

$$\sigma_{adm} = \overline{q}_c \left[\frac{D}{40} \left(1 + \frac{H}{D} \right) \right] \text{ com } D \text{ em metros} \qquad \text{Eq. 10.11}$$

em que $\overline{q}_c$ é o valor médio da resistência do cone na região de apoio do tubulão. Sugere-se limitar esse valor a 600 kPa; D é o diâmetro da base do tubulão e H a profundidade de apoio desta.

- Meyerhof (1976)

Meyerhof propôs a equação, a seguir, com base no valor SPT (N) para calcular a capacidade máxima de suporte final de tubulões. A equação de Meyerhof foi adotada por DM 7.2 como método alternativo para a análise estática.

$$q_{ult} = 11{,}5 \cdot C_N \cdot N_{SPT} \cdot \frac{H}{D} \qquad \text{Eq. 10.12}$$

q_{ult} é a resistência de base para tubulões (kPa)

N_{SPT} é a resistência à penetração próxima à base

$$C_N = 0{,}77 \cdot \log\left(\frac{1916}{\sigma'_v} \right)$$

σ'_v é a tensão efetiva na cota de apoio do tubulão (kPa)

H é a profundidade do tubulão (m)

D é a largura ou diâmetro da base (m)

Verificação: $q_{ult} \leq q_1$

em que q_1 é o limite para resistência de base (kPa), sendo $q_1 = 383 \, N_{SPT}$ (kPa) (areias) e $q_1 = 287 \cdot N_{SPT}$ (kPa) (silte).

A tensão admissível será $\sigma_{adm} = \dfrac{q_{ult}}{FS \geq 3}$

Obs.: Na adoção da tensão admissível a ser utilizada em projeto seja um valor múltiplo de 50 kPa.

10.4 Dimensionamento de Tubulões

10.4.1 Tubulão Isolado

As dimensões do fuste (d) e da base (D) são calculadas de acordo com a resistência do concreto e tensão admissível estimada, respectivamente. O centro de gravidade da área do fuste e da área da base do tubulão deve coincidir com a resultante da aplicação da carga do pilar (Fig. 10.8).

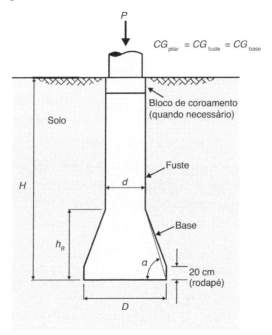

Figura 10.8 Desenho esquemático de um tubulão.

As dimensões do tubulão são calculadas conforme considerações a seguir.

a) Profundidade de apoio (H): estimada a partir da análise do perfil do subsolo, dependente da resistência da camada de suporte que servirá de apoio.

b) A distribuição de tensões no solo de apoio da base deve ser uniforme; para isso, os centros de gravidade (CG) do fuste e da base do tubulão precisam coincidir com o centro de aplicação da carga do pilar, isto é,

Observação: a Portaria n. 3.733 (20/02/2020) aprova a nova redação da NR 18, faz saber:
- É proibida a utilização de tubulão escavado manualmente a partir de 15 m. Diâmetro mínimo de 0,9 m e totalmente encamisado.
- É proibido tubulão a ar comprimido.

Capítulo 10

$$CG_{pilar} = CG_{fuste} = CG_{base}$$ Eq. 10.13

Diâmetro do fuste (d): O dimensionamento do fuste depende somente da tensão admissível do concreto utilizado (σ_{conc}). Logo, a área do fuste pode ser calculada dividindo-se a carga pela tensão admissível do concreto:

$$A_{fuste} = \frac{P_k}{\sigma_{conc}} = \frac{\pi \cdot d^2}{4}$$ Eq. 10.14

Depreende-se, da equação (Eq. 10.14), que o diâmetro do fuste será dado por

$$d = \sqrt{\frac{4 \cdot \left(\gamma_f \cdot P_k\right)}{\pi \cdot \sigma_{conc}}}$$ Eq. 10.15

O valor da tensão admissível do concreto é adotado em função das precárias condições de concretagem durante a execução deste serviço, e é obtido por

$$\sigma_{conc} = \frac{0,85 \cdot f_{ck}}{\gamma_c}$$ Eq. 10.16

em que f_{ck} é a resistência característica do concreto, $\gamma_c = 1,8$ e $\gamma_f = 1,4$.

Na prática, o fuste de um tubulão é dimensionado tomando-se como tensão admissível de compressão no concreto valores compreendidos na faixa de

$$\sigma_{conc} = 5,0 \text{ a } 6,0 \text{ (MPa)}$$ Eq. 10.17

O diâmetro do fuste de um tubulão não deve ser inferior a 70 cm, para permitir a entrada de pessoal para alargamento da base e a descida de um profissional para fiscalização e liberação do tubulão; portanto,

$$d \geq 0,90 \text{ m}$$ Eq. 10.18

Entretanto, deve-se atentar para o fato de que a norma regulamentadora, NR 18, considera o diâmetro mínimo igual a 0,90 m para a execução do fuste.

c) Diâmetro da base (D).

Como as tensões admissíveis no solo são inferiores à do concreto, quase sempre há a necessidade de promover o alargamento da base, resultando em um elemento tronco-cônico. O diâmetro da base é dimensionado, em função da tensão admissível do solo na cota de apoio do tubulão, por

$$A_{base} = \frac{P_k}{\sigma_{adm}} = \frac{\pi \cdot D^2}{4}$$ Eq. 10.19

ou

$$D = \sqrt{\frac{4 \cdot P_k}{\pi \cdot \sigma_{adm}}}$$ Eq. 10.20

Fundações Profundas em Tubulões

Por problemas executivos, sempre que possível o diâmetro da base não deve ultrapassar 3,0 m (valor aproximado). Caso o diâmetro calculado resulte em um valor superior a este, utilizam-se dois ou mais tubulões em um mesmo pilar.

d) Altura da base (h_{base}): tubulão com base circular

A altura da base é calculada por

$$h_{base} = \left(\frac{D-d}{2}\right) \cdot \tan\alpha \qquad \text{Eq. 10.21}$$

Na prática, para evitar problemas executivos, a altura da base não deve ultrapassar 1,8 m, de acordo com a NBR 6122.

e) Ângulo (α)

Para que não haja necessidade de armação na base, isto é, para que as tensões de tração (σ_t) sejam absorvidas pelo próprio concreto, a inclinação (α) da parede deve ser dada por

$$\frac{\tan\alpha}{\alpha} \geq \frac{\sigma_{adm}}{\sigma_t} + 1 \qquad \text{Eq. 10.22}$$

em que $\sigma_t = \dfrac{f_{ctk}}{\gamma_c}$ e $f_{ctk} = 0,3 \cdot f_{ck}^{2/3}$ $f_{ck} = 0,3 \cdot f_{ck}^{2/3}$; para $f_{ck} = 20$ MPa, tem-se que $f_{ck} = 0,3 \cdot 20^{2/3} = 2,21$ MPa; σ_{adm} é a tensão admissível do solo, α é o ângulo de inclinação da base em relação ao fuste, dado em graus na tangente e em radianos no denominador da equação.

Na prática, utiliza-se geralmente uma inclinação de 60° (α), que é suficiente para a grande maioria dos casos. Neste caso, por exemplo, existem os seguintes valores:

$$\tan(\alpha) \cong 1,732 \text{ e } \alpha = \frac{60° \cdot \pi}{180°} \cong \frac{60° \cdot 3,14159}{180°} \cong 1,04719 \text{ (em radianos).}$$

Observação: A NBR 6122:2019 prescreve que o ângulo deve ser maior ou igual a 60°.

10.4.2 Superposição de Bases

Em função da proximidade de dois pilares, a base do tubulão de um pilar pode interferir na fundação do outro pilar. Neste caso, o alargamento das bases é realizado em forma de falsa elipse, em vez de círculo. A falsa elipse é uma figura geométrica composta por um retângulo e dois semicírculos nas extremidades laterais (Fig. 10.9).

A forma das bases dos tubulões 1 e 2 pode ser modificada, desde que as áreas continuem as mesmas, pois a tensão admissível não deve ser modificada.

Assim, são as seguintes etapas para o adequado dimensionamento:

1) Área da base do tubulão 1 (A_{base1}): deve ser igual à área da base do novo tubulão 1 (A_{base1}), ou seja, $A_{base1} = A_{base1}$

2) Da mesma forma: $A_{base2} = A_{base2}$

3) Para um caso geral, transformando uma base circular em falsa elipse, tem-se:

$$\frac{\pi \cdot D_i^2}{4} = \frac{\pi \cdot X_i^2}{4} + L_i \cdot X_i \qquad \text{Eq. 10.23}$$

Capítulo 10

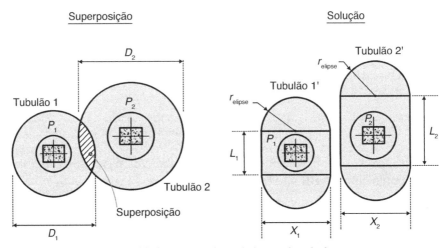

Figura 10.9 Superposição de bases de tubulões.

4) L_i e X_i são escolhidos em função da distância entre os pilares
5) Sempre que possível, fazer $L_i \leq X_i$
6) Para qualquer base de tubulão em falsa elipse, vale a relação: $X_i = 2 \cdot r_{elipse}$

10.4.2.1 Caso 1 – Uma Falsa Elipse

Para situações em que não for possível executar dois tubulões com bases circulares, opta-se por executar um em forma circular e outro em falsa elipse (Fig. 10.10).

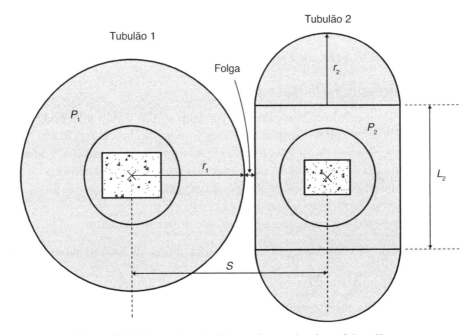

Figura 10.10 Bases de tubulão em forma circular e falsa elipse.

Fundações Profundas em Tubulões

Assim, são apresentadas as seguintes etapas para o adequado dimensionamento:

1) Dimensionar o tubulão do pilar 1
2) Adotar um valor para r_2 : $r_2 < S - r_1 - f$ (folga: $f \geq 10$ cm)
3) Calcular o valor de L_2:

$$A_{base2} = \frac{P_{k2}}{\sigma_{adm}} \quad e \quad L_2 = \frac{A_{base2} - \pi \cdot r_2^2}{2 \cdot r_2} \qquad \text{Eq. 10.24}$$

4) Verificação: $L_2 < 3 \cdot r_2$ (não há limite mínimo, pois não há excentricidade).
5) Calcular o diâmetro do fuste (d) e a altura da base (h_B).

- O diâmetro do fuste será dado por

$$d_2 = \sqrt{\frac{4 \cdot (\gamma_f \cdot P_{k2})}{\pi \cdot \sigma_{conc}}} \qquad \text{Eq. 10.25}$$

- As alturas das bases serão

$$h_{base1} = \left(\frac{D_1 - d_1}{2}\right) \tan 60° \quad e \quad h_{base2} = \frac{\tan 60°}{2}[(L_2 + 2 \cdot r_2) - d_2] \qquad \text{Eq. 10.26}$$

Observação: Caso a desigualdade não seja satisfeita, empregam-se duas falsas elipses.

10.4.2.2 Caso 2 – Duas Falsas Elipses

Nas situações em que a verificação ($L_2 < 3 \cdot r_2$) não seja possível, adotam-se as duas bases em falsa elipse (Fig. 10.11).

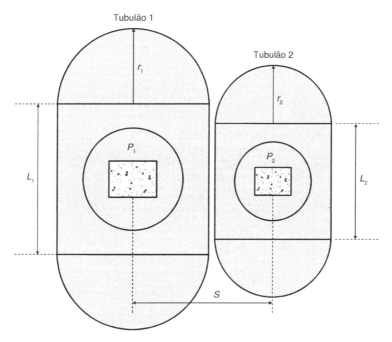

Figura 10.11 Bases de tubulão com duas falsas elipses.

Capítulo 10

1) Adotar valores para r_1 e r_2 (maiores): $r_1 + r_2 \leq S - 10$ cm
2) Calcular:

$$A_{base1} = \frac{P_{k1}}{\sigma_{adm}} \quad e \quad L_1 = \frac{A_{base1} - \pi \cdot r_1^2}{2 \cdot r_1} \qquad \text{Eq. 10.27}$$

3) Verificação: $L_1 < 3 \cdot r_1$
4) Calcular:

$$A_{base2} = \frac{P_{k2}}{\sigma_{adm}} \quad e \quad L_2 = \frac{A_{base2} - \pi \cdot r_2^2}{2 \cdot r_2} \qquad \text{Eq. 10.28}$$

5) Verificação: $L_2 \leq 3 \cdot r_2$
6) Calcular o diâmetro do fuste (d) e a altura da base (h_B).
- O diâmetro do fuste será dado por

$$d_2 = \sqrt{\frac{4 \cdot (\gamma_f \cdot P_{k2})}{\pi \cdot \sigma_{conc}}} \qquad \text{Eq. 10.29}$$

- As alturas das bases serão

$$h_{B,1} = \frac{\tan 60°}{2}[(L_1 + 2 \cdot r_1) - d_1] \quad e \quad h_{B,2} = \frac{\tan 60°}{2}[(L_2 + 2 \cdot r_2) - d_2] \qquad \text{Eq. 10.30}$$

Observação: Caso os pilares estejam tão próximos que não seja possível a solução anterior, deve-se afastar o CG dos tubulões e introduzir uma viga de interligação (Fig. 10.12).

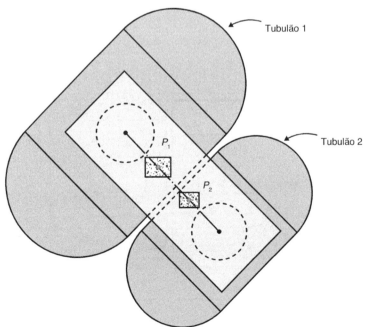

Figura 10.12 Viga de interligação de tubulões.

Observações:

- Se necessário, usar dois tubulões sob dois pilares alinhados, com uma viga de interligação.
- No caso de dimensionamento de tubulões, não é permitido associar tubulões, ou seja, um único tubulão recebendo a carga de dois pilares.

10.4.3 Pilares de Divisa

No caso de pilares situados junto às divisas, não há possibilidade de fazer coincidir os eixos do tubulão e do pilar. Portanto, verifica-se a necessidade de introdução de uma viga alavanca, que transfira a carga e momento oriundos do pilar de divisa para o tubulão de divisa deslocado e para um pilar central (tubulão isolado). O alargamento da base para o pilar de divisa é feito na forma de falsa elipse, pois resulta em menor excentricidade que um tubulão circular (Fig. 10.13).

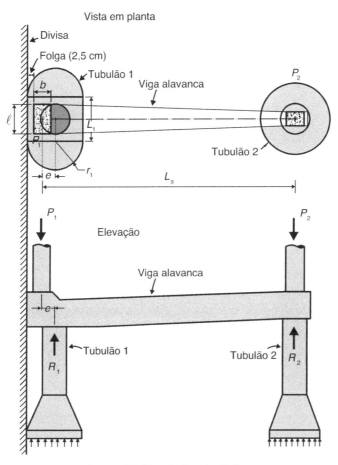

Figura 10.13 Tubulão de divisa.

Capítulo 10

Neste caso, analogamente àquele já estudado para as sapatas de divisa, surge uma excentricidade que pode dar origem a problemas relativos à distribuição não uniforme de tensões na base do tubulão de divisa. Portanto, há necessidade de utilização de uma viga alavanca, que promova a ligação entre o pilar de divisa e seu respectivo tubulão a um pilar central, eliminando assim o problema do momento fletor devido à excentricidade. O sistema pode ser resolvido com uma viga sobre dois apoios (R_1 e R_2), recebendo as duas cargas P_1 e P_2 (Fig. 10.14).

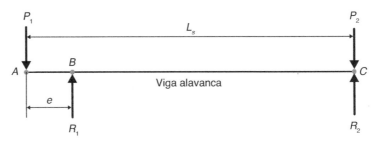

Figura 10.14 Esquema estático.

Fazendo a somatória das forças verticais igual a zero:

$$P_{k1} + P_{k2} = R_1 + R_2 \qquad \text{Eq. 10.31}$$

Considerando os momentos em relação ao ponto C, tem-se:

$$P_{k1} \cdot L_s = R_1 \cdot (L_s - e) \qquad \text{Eq. 10.32}$$

$$R_1 = P_{k1} \cdot \left(\frac{L_s}{L_s - e} \right) \qquad \text{Eq. 10.33}$$

A viga alavanca geralmente é ligada a um pilar central. Como $R_1 > P_1$, vale a relação

$$R_1 = P_{k1} + \Delta P \qquad \text{Eq. 10.34}$$

Como a área da base do tubulão sapata (A_{base}) é função de R_1, é necessário conhecê-lo para seu cálculo. Porém, pela equação Eq. 10.33, R_1 é função da excentricidade "e", que por sua vez depende do raio "r" da base em falsa elipse, que é uma das dimensões procuradas. Este é um problema típico de solução por tentativas. A seguir, apresenta-se uma das metodologias que pode ser empregada no cálculo.

Como não é conhecida a reação (R_1), calcula-se a área da base (A_{base}) utilizando a carga do pilar (P_1) $\left(A_{\text{base1}} = \dfrac{P_{k1}}{\sigma_{\text{adm}}} \right)$.

A área da base de um tubulão em falsa elipse é dada por

$$A_{\text{base}} = \pi \cdot r_1^2 + 2 \cdot L_1 \cdot r_1 \qquad \text{Eq. 10.35}$$

Adotando que $L_1 = 1{,}5 \cdot r_1$, e substituindo na equação Eq. 10.35, tem-se:

$$r_1 = \sqrt{\frac{A_{base1}}{3+\pi}}$$ Eq. 10.36

Na Figura 10.15 pode-se observar a geometria de um tubulão de divisa (falsa elipse).

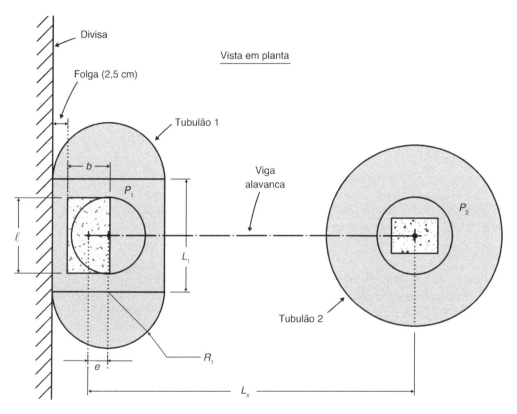

Figura 10.15 Geometria de um tubulão de divisa (falsa elipse).

De acordo com a Figura 10.15 verifica-se que $e = r_1 - \dfrac{b}{2} - f$. Desta forma é possível determinar a reação (R_1) utilizando a equação Eq. 10.33.

Assim, a área da base (A'_{base}) será calculada por

$$A'_{base1} = \frac{R_1}{\sigma_{adm}}$$ Eq. 10.37

Com o valor de A'_{base1} é possível calcular o lado "L_1" do tubulão do pilar P_1, de acordo com a equação Eq. 10.38.

$$L_1 = \frac{A'_{base1} - \pi \cdot r_1^2}{2 \cdot r_1}$$ Eq. 10.38

CAPÍTULO 10

Com os valores do raio (r_1) e de lado (L_1), o tubulão de divisa está dimensionado; no entanto, deve-se fazer uma verificação para avaliar se sua geometria está adequada, por meio da seguinte relação:

$$\frac{L_1}{2 \cdot r_1} \leq 2,5$$

Eq. 10.39

Se a relação for superior a 2,5, será necessário reavaliar suas dimensões; para isso deve-se aumentar o raio (r_1), aumentando-se o valor da excentricidade (e) até que se atenda a verificação da equação Eq. 10.39.

O diâmetro do fuste será dado por

$$d_1 = \sqrt{\frac{4 \cdot (\gamma_f \cdot R_1)}{\pi \cdot \sigma_{conc}}} \geq 0,90 \text{ m (NR 18)}$$

Eq. 10.40

O cálculo da altura da base será:

$$h_{B,1} = \frac{\tan 60°}{2}[(L_1 + 2 \cdot r_1) - d_1]$$

Eq. 10.41

Para o dimensionamento do pilar isolado engastado na viga alavanca, deve-se considerar a resultante dos esforços, conforme apresentado na Eq. 10.42:

$$R_2 = P_{k2} - \Delta P_1$$

Eq. 10.42

Neste caso, a carga P_2 do pilar central será aliviada do valor $\Delta P_1 = R_1 - P_1$.

No entanto, como a rigidez da viga alavanca não é infinita, e como ela é engastada no pilar P_2, e não articulada, usa-se na prática aliviar a carga P_2 do pilar em apenas a metade de $\Delta P_{1,i}$, conforme segue:

$$R_{2d} = P_{k2} - \frac{\Delta P_1}{2}$$

Eq. 10.43

O tubulão isolado desse pilar P_2 será dimensionado por

$$A_{base2} = \frac{R_{2d}}{\sigma_{adm}} = \frac{P_2 - 0,5 \cdot \Delta P_1}{\sigma_{adm}}$$

Eq. 10.44

O diâmetro da base será:

$$D_2 = \sqrt{A_{base2}}$$

Eq. 10.45

O diâmetro do fuste será:

$$d_2 = \sqrt{\frac{4 \cdot (\gamma_f \cdot R_{2d})}{\pi \cdot \sigma_{conc}}}$$

Eq. 10.46

A altura da base será:

$$h_{base} = \left(\frac{D - d}{2}\right) \cdot \tan \alpha \geq 1,80 \text{ m}$$

Eq. 10.47

Fundações Profundas em Tubulões

Além disso, deve ser verificado o levantamento do pilar central, por meio de:

$$P_{k2} - \Delta P > 0 \qquad \text{Eq. 10.48}$$

No caso da impossibilidade de a viga alavanca ser ligada a um pilar central, é necessário criar uma reação para alavancar o pilar de divisa. Para isso, podem ser utilizados blocos de contrapeso ou estacas de tração para absorver o alívio ΔP. Neste caso, a prática recomenda que seja considerado o alívio total, ou seja, $\Delta P_1 = R_1 - P_1$, a favor da segurança.

10.5 Cálculo do Volume de Concreto

Nos projetos de tubulões, é importante apresentar os respectivos volumes de cada tubulão, tendo em vista a necessidade de controle do consumo dos volumes de concreto (sobreconsumo), averiguando possíveis problemas de desabamento no interior da escavação apontados pelo menor consumo de concreto.

a) Tubulão com base circular

O volume deste tubulão pode ser subdividido em três regiões, em que se obtêm sólidos geométricos de volume conhecidos (Fig. 10.16):

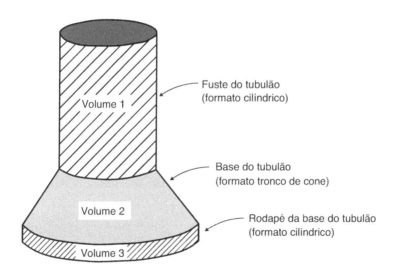

Figura 10.16 Volumetria de um tubulão de base circular.

O volume da base pode ser calculado, aproximadamente, como sendo a soma do volume de um cilindro com 0,20 m de altura ($h_B - 0,20$ m), ou seja:

- Volume 1: fuste do tubulão

$$V_f = \frac{\pi \cdot d^2}{4} \cdot (H - h_B) \qquad \text{Eq. 10.49}$$

CAPÍTULO 10

em que:
   H é o comprimento do tubulão (topo do fuste até a cota de apoio da base)
   d é o diâmetro do fuste
   h_B é a altura da base

- Volume 2: tronco de cone da base do tubulão

$$V_{tc} = \frac{\pi \cdot h_{tc}}{3} \cdot (r_b^2 + r_f^2 + r_b \cdot r_f)$$ Eq. 10.50

em que:
   r_b é o raio da base circular (*D*/2)
   r_f é o raio do fuste (*d*/2)
   $h_{tc} = h_B - 0{,}20$ m

- Volume 3: rodapé da base do tubulão

$$V_{cil} = \pi \cdot r_b^2 \cdot 0{,}20$$ Eq. 10.51

O volume total do tubulão será igual à soma dos três volumes:

$$V_{\text{tubulão circular}} = V_1 + V_2 + V_3 = V_f + V_{tc} + V_{cil}$$ Eq. 10.52

a) Tubulão com base em "falsa elipse"

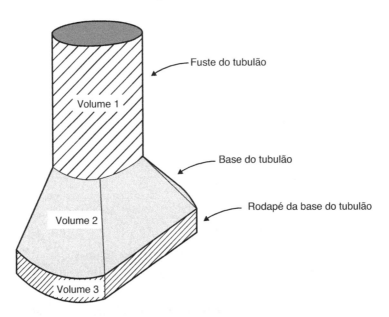

Figura 10.17 Volumetria de um tubulão de base falsa elipse.

- Volume 1: fuste do tubulão

$$V_1 = V_f = \frac{\pi \cdot d^2}{4} \cdot (H - h_B)$$ Eq. 10.53

Fundações Profundas em Tubulões

em que:

H é o comprimento do tubulão (topo do fuste até a cota de apoio da base)

d é o diâmetro do fuste

h_B é a altura da base

- Volume 2: pseudotronco de cone da base do tubulão

$$V_\alpha = \frac{\pi \cdot h_{tc}}{3} \cdot (r_b^2 + r_f^2 + r_b \cdot r_f)$$ Eq. 10.54

$$V_\beta = \frac{L \cdot h_{tc}}{2} \cdot (r_b + r_f)$$ Eq. 10.55

$$V_2 = V_{tc} = V_\alpha + V_\beta$$ Eq. 10.56

em que r_b é o raio da base, r_f é o raio do fuste e $h_{tc} = h_B - h_0$, e $h_0 = 0,20$ m.

- Volume 3: rodapé da base do tubulão em falsa elipse

$$V_3 = V_{cil} = (\pi \cdot r_b^2 + 2 \cdot r_b \cdot L) \cdot h_0$$ Eq. 10.57

O volume total do tubulão será igual à soma dos três volumes:

$$V_{tubulão-falsa\ elipse} = V_1 + V_2 + V_3 = V_f + V_{tc} + V_{cil}$$ Eq. 10.58

A exemplo, apresenta-se um modelo para cálculo de volumes de tubulões (Tabela 10.1).

Tabela 10.1 Exemplo de tabela para cálculo e controle do volume de tubulões

Pilar Nº	Fuste (d)	Base (D)	Altura (h_b)	Lado (L)	Raio base (r_b)	V_{tc}	V_{cil}	V_f	V_{total}
–	[m]	[m]	[m]	[m]	[m]	[m³]	[m³]	[m³]	[m³]
1	0,80	1,35	1,10			1,59	0,29	4,47	6,35
.									
.									
.									
N									

Observação: Comprimento total do tubulão (H) de 10 m.

10.6 Exercícios Resolvidos

1) Calcular o diâmetro do fuste, diâmetro da base e altura da base, para o tubulão nas condições da figura apresentada a seguir (utilizar o método de Terzaghi). A carga aplicada (P_k) é de 3500 kN. Dados: Concreto C20.

Capítulo 10

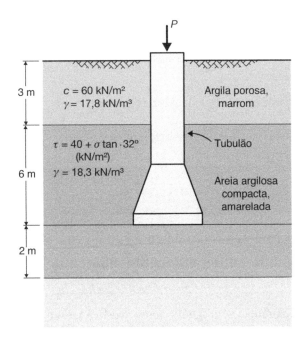

Resposta:

Tensão admissível:

Areia compacta → ruptura geral (Terzaghi)

De forma geral, os tubulões apresentam bases circulares; assim:

$S_c = 1,3$; $S_q = 1,0$ e $S_\gamma = 0,6$

Então,

$\sigma_{rup} = 1,3 \cdot c \cdot N_c + q \cdot N_q + 0,3 \cdot \gamma \cdot B \cdot N_\gamma$

Para um ângulo de atrito de 32° no solo de apoio → $N_c = 44,4$; $N_q = 28,52$; e $N_\gamma = 26,87$.

A coesão é igual a 40 kPa.

A tensão efetiva (q) na cota de apoio → $q = \gamma \cdot z = 17,8 \cdot 3,0 + 18,3 \cdot 6 = 163,2$ kPa

$$\sigma_{adm} = \sigma_{aplic} = \frac{\sigma_{rup}}{FS} \rightarrow \frac{3500}{\frac{\pi \cdot D^2}{4}} = \frac{1,3 \cdot 40 \cdot 44,4 + 163,2 \cdot 28,52 + 0,3 \cdot 26,87 \cdot \gamma \cdot D}{3}$$

$$\frac{3500}{0,785 \cdot D^2} = \frac{2308,8 + 4654,5 + 147,5D}{3} \rightarrow \frac{4458,6}{D^2} = 769,6 + 1551,5 + 49,2 \cdot D$$

$49,3 \cdot D^3 + 2348,1 \cdot D^2 - 4458,6 = 0$

Somente uma raiz verdadeira → $D = 1,36$ m $= 1,40$ m

Diâmetro do fuste (d):

$$d = \sqrt{\frac{4 \cdot (\gamma_f \cdot P_k)}{\pi \cdot \sigma_{conc}}}, \text{ sendo } \sigma_{conc} = \frac{0,85 \cdot f_{ck}}{\gamma_c}$$

Fundações Profundas em Tubulões

em que

$f_{ck} = 20$ MPa $= 20.000$ kPa, $\gamma_c = 1,6$ e $\gamma_f = 1,4$

Assim,

$$d = \sqrt{\frac{4 \cdot (\gamma_f \cdot P_k)}{\pi \cdot \left(\dfrac{0,85 \cdot f_{ck}}{\gamma_c}\right)}} = 1,83 \cdot \sqrt{\left(\frac{P_k}{f_{ck}}\right)}, \text{ sendo } P_k = 3500 \text{ kN}$$

$$d = \sqrt{\frac{3,355 \cdot 3500}{20.000}} = 0,77 \text{ m} \rightarrow d \cong 0,90 \text{ m}$$

Altura da base (h_b):

$$h_{base} = \left(\frac{D - d}{2}\right) \cdot \tan\alpha, \text{ empregando um ângulo } \alpha = 60°$$

$$h_{base} = \left(\frac{1,40 - 0,90}{2}\right) \cdot \tan 60° = 0,43 \text{ m} \rightarrow h_b = 0,45 \text{ m} \leq 1,80 \text{ m} \quad \text{Ok!}$$

Resumo:

$D = 1,40$ m $\qquad d = 0,90$ m $\qquad h_b = 0,45$ m

2) No exercício anterior, se existisse uma camada de argila compressível, com $\gamma = 10$ kN/m^3 e $c = 40$ kPa, a 2,5 m abaixo da cota de apoio do tubulão, qual seria o coeficiente de segurança à ruptura?

Resposta:

Será utilizado o método 2:1 de distribuição de tensões. Como o tubulão tem base circular, determinará o lado equivalente a uma base quadrada.

$$A_b = \frac{\pi \cdot D^2}{4} = \frac{\pi \cdot 1,4^2}{4} = 1,54 \text{ m}^2 \rightarrow B = \sqrt{1,54} = 1,24 \text{ m} \rightarrow B = 1,25 \text{ m}$$

A projeção do tubulão na profundidade de –2,5 m (início da camada) de argila é:

$B + z = 1,25 + 2,5 = 3,75$ m (base quadrada)

Assim, a tensão que propaga nesta camada será:

$$\sigma_{aplic} = \frac{3500}{3,75 \cdot 3,75} = 249 \text{ kPa}$$

Argila mole → ruptura local (Terzaghi)

$$\sigma_{rup} = c' \cdot S_c \cdot N_c' + q \cdot S_q \cdot N_q' + 0,5 \cdot \gamma \cdot B \cdot S_\gamma \cdot N_\gamma'$$

Para ângulo de atrito igual a zero → $N_c = 5,7$; $N_q = 0$ e $N_\gamma = 0$

Para sapata retangular → $S_c = 1,1$; $S_q = 1,0$ e $S_\gamma = 0,9$

Coesão $c = 20$ kPa, ficando $c' = \dfrac{2}{3}c = \dfrac{2}{3}40 = 26,7$ kPa

$\sigma_{rup} = 26,7 \cdot 1,1 \cdot 5,7 = 167$ kPa

CAPÍTULO 10

Sendo o $FS = \dfrac{\sigma_{rup}}{\sigma_{aplicada}} = \dfrac{167}{249} = 0,67$

3) Nas condições do Exercício 2, determinar uma cota de apoio que satisfaça as condições de coeficiente de segurança para a camada de argila.

Resposta:

Para satisfazer as condições de segurança, o $FS \geq 3$; assim,

$FS = \dfrac{\sigma_{rup}}{\sigma_{aplicada}} \geq 3,0$, sendo a tensão de ruptura igual a 167 kPa, deve-se determinar a profundidade z que satisfaça a condição, sendo $B = 1,25$ m.

$\sigma_{aplic} = \dfrac{3.500}{(1,25+z)^2}$

Assim,

$\dfrac{167}{\dfrac{3500}{(1,25+z)^2}} \geq 3,0 \rightarrow z^2 + 2,5z - 61,3 = 0 \rightarrow z \geq 6,7 \text{ m}$

4) Considerar um tubulão de diâmetro de base (D) igual a 1,50 m e comprimento 8 m apoiado no perfil apresentado a seguir, com os resultados médios de ensaios SPT's. Determinar a tensão admissível (utilizar os métodos semiempíricos).

Videoaula 11

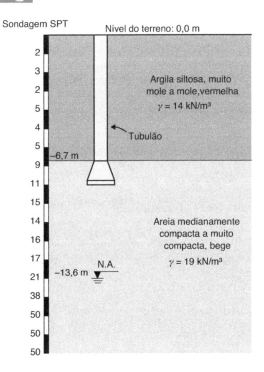

Fundações Profundas em Tubulões

Resposta:
a) Alonso (1983)
$\sigma_{adm} \leq 33,33 \cdot \bar{N}_{SPT}$ (em kPa)
Empregando a média do N_{SPT} dentro de um bulbo de $2 \cdot D = 3,0$ m, fica:

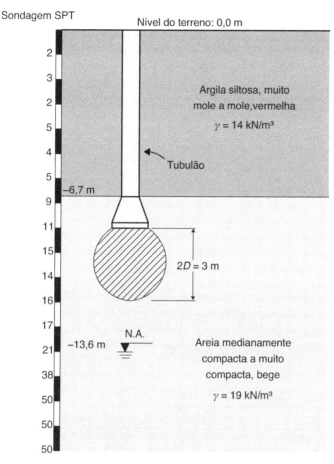

$$\bar{N}_{SPT} = \frac{11+15+14}{3} = 13,33$$

Assim, a tensão admissível será $\sigma_{adm} \leq 33,33 \cdot 13,33 \cong 444$ kPa

b) Décourt (1989)

$\sigma_{adm} = 25 \cdot N_{SPT} + \sigma'_{vb}$

O método também sugere adotar a média do N_{SPT} para um bulbo de $2 \cdot D = 3,0$ m, que é $\bar{N}_{SPT} = 13,33$

A tensão efetiva na cota de apoio do tubulão σ'_{vb} é dada por

$\sigma'_{vb} = 14 \cdot 6,7 + 19 \cdot 1,3 = 99,5$ kPa

Assim a tensão admissível será $\sigma_{adm} \leq 25 \cdot 13,33 + 99,5 \cong 433$ kPa

c) Albiero e Cintra (1996)

O método sugere adotar a média do N_{SPT} para um bulbo de $1 \cdot D = 1,5$ m, que é

$$\bar{N}_{SPT} = \frac{11 + 15}{2} = 13$$

A tensão efetiva na cota de apoio do tubulão σ'_{vb} é 99,5 kPa; no entanto, Berberian (2016) recomenda não utilizar valores superiores a 40 kPa.

Assim, a tensão admissível será $\sigma_{adm} \leq 20 \cdot 13,33 + 40 \cong 307$ kPa

d) Meyherhof (1976)

$$q_{ult} = 11,5 \cdot C_N \cdot N_{SPT} \cdot \frac{H}{D}$$

O autor indica que o N_{SPT} é a resistência à penetração próxima à base. No entanto será adotada a média dentro do bulbo $2 \cdot D$.

$$C_N = 0,77 \cdot \log\left(\frac{1916}{\sigma'_v}\right) = 0,77 \cdot \log\left(\frac{1916}{99,5}\right) = 0,989$$

Assim,

$$q_{ult} = 11,5 \cdot C_N \cdot N_{SPT} \cdot \frac{H}{D} = 11,5 \cdot 0,989 \cdot 13,33 \cdot \frac{8}{1,5} \cong 808,5 \text{ kPa}$$

Verificação: $q_{ult} \leq q_1$

Sendo $q_1 = 383 \cdot N_{SPT}$ (kPa) (areias) $\rightarrow q_1 = 383 \cdot 13,33 = 5105,4 \therefore \therefore$ Ok!

A tensão admissível será $\sigma_{adm} = \frac{808,5}{FS} = \frac{808,5}{3} \cong 270$ kPa

Análise dos resultados obtidos é apresentada a seguir.

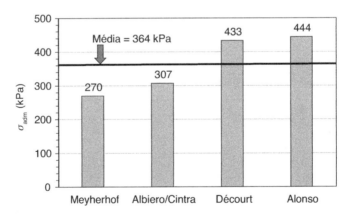

A média dos resultados é da ordem de 363 kPa com desvio-padrão de 88 kPa. O coeficiente de variação (CV) é da ordem de 24 %. Os valores obtidos, bem como a média e variação, auxiliam o projetista na adoção da tensão admissível a ser empregada, que será com base no seu conhecimento da região e experiência.

5) Considerar um tubulão, de diâmetro de base (*D*) igual a 1,20 m e comprimento 7 m, apoiado no perfil apresentado a seguir, com os resultados médios de ensaios CPT. Determinar a tensão admissível (utilizar método semiempírico).

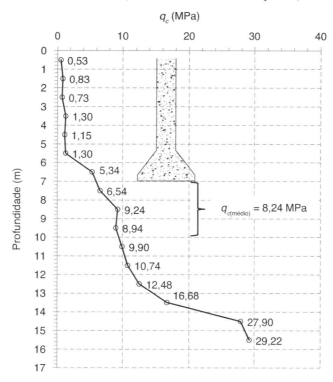

Resposta:
Para o cálculo da tensão admissível empregando-se dados do ensaio CPT, pode-se utilizar a seguinte equação:

$$\sigma_{adm} = \overline{q}_c \cdot \left[\frac{D}{40} \cdot \left(1 + \frac{H}{D}\right)\right] \rightarrow \sigma_{adm} = 8240 \cdot \left[\frac{1,20}{40} \cdot \left(1 + \frac{7,0}{1,2}\right)\right] = 1443 \text{ kPa}$$

Nota-se que o valor foi superior a 600 kPa conforme sugere a metodologia; desta forma, adota-se esse valor como tensão admissível ou inferior. Cabe ressaltar que a decisão final sobre a adoção do valor mais adequado é do projetista.

6) Dimensionar os tubulões dos pilares considerando uma tensão admissível de 350 kPa e f_{ck} = 20 MPa. Fazer o desenho em escala.

Resposta:
a) Pilar 0,30 m × 0,30 m (P_k = 1200 kN)

Diâmetro da base: $D = \sqrt{\dfrac{4 \cdot P_k}{\pi \cdot \sigma_{adm}}} = \sqrt{\dfrac{4 \cdot 1200}{\pi \cdot 350}} = 2,09$ m $\rightarrow D = 2,10$ m

Capítulo 10

Diâmetro do fuste (d):

$$d = \sqrt{\frac{4 \cdot (\gamma_f \cdot P_k)}{\pi \cdot \sigma_{conc}}}, \text{ sendo } \pi \cdot \sigma_{conc} = \frac{0{,}85 \cdot f_{ck}}{\gamma_c}$$

em que:
f_{ck} = 20 MPa = 20.000 kPa, γ_c = 1,6 e γ_f = 1,4

Assim,

$$d = \sqrt{\frac{4 \cdot (\gamma_f \cdot P_k)}{\pi \cdot \left(\frac{0{,}85 \cdot f_{ck}}{\gamma_c}\right)}} = 1{,}83 \cdot \sqrt{\left(\frac{P_k}{f_{ck}}\right)} = 1{,}83 \cdot \sqrt{\left(\frac{1200}{20.000}\right)} = 0{,}45 \text{ m} \rightarrow d \cong 0{,}90 \text{ m}$$

Altura da base (h_b):

$$h_{base} = \left(\frac{D-d}{2}\right) \cdot \tan\alpha, \text{ empregando um ângulo } \alpha = 60°$$

$$h_{base} = \left(\frac{2{,}10 - 0{,}90}{2}\right) \cdot \tan 60° = 1{,}04 \text{ m} \rightarrow h_{base} \cong 1{,}05 \text{ m} \leq 1{,}80 \text{ m} \quad \text{Ok!}$$

Resumo:
D = 2,10 m $\qquad\qquad$ d = 0,90 m $\qquad\qquad$ h_b = 1,05 m

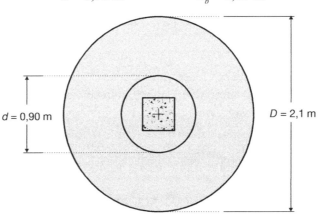

b) Pilares próximos

Pilar 1 (0,6 m × 0,3 m) = P_k = 850 kN e Pilar 2 (0,5 m × 0,3 m) = P_k = 600 kN

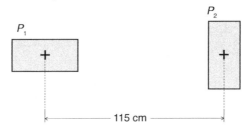

Fundações Profundas em Tubulões

• Primeira tentativa – P_1 e P_2 circulares

Inicialmente dimensionam-se somente as bases para verificar se há espaço disponível.

$$\text{Pilar } P_1 - D_1 = \sqrt{\frac{4 \cdot P_k}{\pi \cdot \sigma_{adm}}} = \sqrt{\frac{4 \cdot 850}{\pi \cdot 350}} = 1,76 \text{ m} \rightarrow D_1 = 1,80 \text{ m}$$

$$\text{Pilar } P_2 - D_2 = \sqrt{\frac{4 \cdot 600}{\pi \cdot 350}} = 1,48 \text{ m} \rightarrow D_2 = 1,50 \text{ m}$$

Distância disponível = 1,15 m – 0,10 m (folga) = 1,05 m

$$r_1 + r_2 \leq 1,05 \text{ m} \rightarrow r_1 = \frac{1,80}{2} = 0,90 \text{ m e } r_2 = \frac{1,50}{2} = 0,75 \text{ m}$$

Assim, 0,90 + 0,75 = 1,65 m é maior que 1,05 m. Então não é possível utilizar ambos circulares.

• Segunda tentativa – P_1 falsa elipse e P_2 circular

Considerando o P_2 como circular (raio = 0,75 m) e a folga, o valor do raio do P_1 será $r_1 = 1,15 - 0,75 - 0,10 = 0,30$ m

$$\text{Pilar 1} \rightarrow \text{ Área da base } A_{base} = \frac{P_{k1}}{\sigma_{adm}} = \frac{850}{350} = 2,43 \text{ m}^2$$

$$\text{Lado } (L) \text{ do retângulo } L_1 = \frac{A_{base} - \pi \cdot r_1^2}{2 \cdot r_1} = \frac{2,43 - \pi \cdot 0,30^2}{2 \cdot 0,25} = 4,29 \text{ m}$$

Verificação: $L_1 < 3 \cdot r_1$. Como L_1 é maior que 3 r_1, devem-se utilizar duas falsas elipses.

• Terceira tentativa – P_1 e P_2 em falsa elipse

Adotar valores para r_1 e r_2 (maiores): $r_1 + r_2 \leq S - 10$ cm; então, $r_1 + r_2 \leq 1,05$ m

Uma alternativa é adotar os raios proporcionalmente às cargas:

$$P_1 + P_2 = 1700 \text{ kN} \rightarrow P_{k1} = \frac{850}{1450} = 0,59 \text{ e } P_{k2} = \frac{600}{1450} = 0,41$$

Então os raios serão $r_1 = 0,59 \cdot 1,05 = 0,62$ m $\rightarrow r_1 = 0,60$ m

Assim, o $r_2 = 1,05 - 0,60 = 0,45$ m

$$\text{Pilar 1} \rightarrow \text{ Área da base } A_{base} = \frac{P_1}{\sigma_{adm}} = \frac{850}{350} = 2,43 \text{ m}^2$$

$$\text{Lado } (L_1) \text{ do retângulo } L_1 = \frac{A_{base} - \pi \cdot r_1^2}{2 \cdot r_1} = \frac{2,43 - \pi \cdot 0,60^2}{2 \cdot 0,60} = 1,08 \text{ m} \rightarrow L_1 = 1,10 \text{ m}$$

Verificação: $L_1 < 3 \cdot r_1 \rightarrow 1,10 < 3 \cdot 0,60 = 1,80$ Ok!

$$d = 1,83 \cdot \sqrt{\left(\frac{P}{f_{ck}}\right)} = 1,83 \cdot \sqrt{\left(\frac{850}{20000}\right)} = 0,38 \text{ m} \rightarrow d \cong 0,90 \text{ m}$$

Capítulo 10

$$h_{B,1} = \frac{\tan 60°}{2}[(L_1 + 2 \cdot r_1) - d_1] = 0,866[(1,10 + 2 \cdot 0,60) - 0,90] = 1,21 \text{ m} \rightarrow$$
$h_b = 1,20 \text{ m} \leq 1,80 \text{ m}$ Ok!

Pilar 2 → Área da base $A_{base} = \dfrac{P_{k2}}{\sigma_{adm}} = \dfrac{600}{350} = 1,71 \text{ m}^2$

Lado (L_2) do retângulo $L_2 = \dfrac{A_{base} - \pi \cdot r_2^2}{2 \cdot r_2} = \dfrac{1,71 - \pi \cdot 0,45^2}{2 \cdot 0,45} = 1,20 \text{ m}$

Verificação: $L_1 < 3 \cdot r_1 \rightarrow 1,10 < 3 \cdot 0,45 = 1,35$ Ok!

$$d = 1,83 \cdot \sqrt{\left(\frac{P_k}{f_{ck}}\right)} = 1,83 \cdot \sqrt{\left(\frac{600}{20.000}\right)} = 0,32 \text{ m} \rightarrow d \cong 0,90 \text{ m} \rightarrow d = 0,90 \text{ m}$$

$$h_{B,1} = \frac{\tan 60°}{2}[(L_1 + 2 \cdot r_1) - d_1] = 0,866[(1,10 + 2 \cdot 0,45) - 0,90] = 0,95 \text{ m} \rightarrow$$
$h_b = 0,95 \text{ m}$

Resumo:

Pilar 1	$L = 1,10$ m	$r = 0,60$ m	$d = 0,90$ m	$h_b = 1,20$ m
Pilar 2	$L = 1,20$ m	$r = 0,45$ m	$d = 0,90$ m	$h_b = 0,95$ m

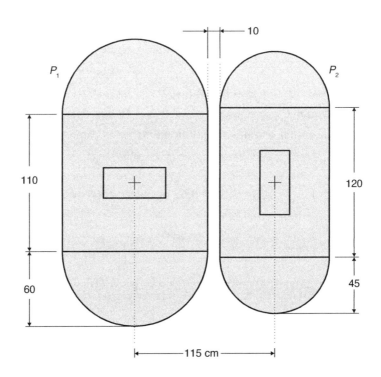

c) Pilares de divisa
Pilar 1 (0,5 m × 0,3 m) = P_k = 1400 kN e Pilar 2 (0,3 m × 0,3 m) = P_k = 900 kN
Folga (f) = 2,5 cm.

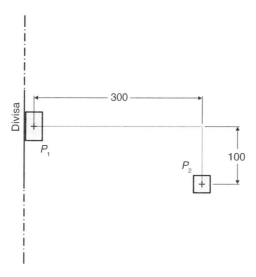

Neste caso, inicia-se o dimensionamento pelo pilar de divisa (P_1). Como não há a possibilidade de coincidir os eixos do tubulão e do pilar, pois não é permitido invadir o terreno da divisa, ocorrerá uma excentricidade (e), que vai resultar em um de carga (R_1) desse pilar superior à fornecida pelo projeto estrutural. A geometria desse tubulão será em falsa elipse para que esta excentricidade seja a menor possível e, por conseguinte, a necessidade de uma viga avalanca.

Conforme visto anteriormente, a equação de equilíbrio estático apresenta duas incógnitas (R_1 e e).

$$R_1 = P_{k1} \cdot \left(\frac{L_s}{L_s - e} \right)$$

Sendo assim, deve-se arbitrar um desses valores para que a equação seja solucionável. Sugere-se iniciar pela determinação da excentricidade (e) a partir da adoção de um raio (r_1) da falsa elipse, conforme a seguir.

$r_1 = \sqrt{\dfrac{A_{base1}}{3 + \pi}}$, sendo a $\left(A_{base} = \dfrac{R_1}{\sigma_{adm}} \right)$. Como ainda não se conhece o valor da reação

(R1), inicia-se o cálculo da área da base utilizando o valor da carga do pilar (P_1).

$$A_{base1} = \frac{P_{k1}}{\sigma_{adm}} = \frac{1400}{350} = 4 \text{ m}^2$$

CAPÍTULO 10

o que resulta em um raio (r_1) $r_1 = \sqrt{\dfrac{A_{base1}}{3+\pi}} = \sqrt{\dfrac{4}{3+\pi}} = 0,81 \text{ m} \rightarrow r_1 = 0,85 \text{ m}$

A excentricidade é determinada: $e = r_1 - \dfrac{b}{2} - f = 0,85 - \dfrac{0,30}{2} - 0,025 = 0,675 \text{ m}$

Com o valor da excentricidade, é possível calcular a reação (R_1):

$R_1 = P_{k1} \cdot \left(\dfrac{L_s}{L_s - e}\right) = 1400 \cdot \left(\dfrac{3,0}{3,0 - 0,675}\right) = 1806 \text{ kN}$

Calcula-se a área da base real: (A'_{base}) $A_{base} = \dfrac{R_1}{\sigma_{adm}} = \dfrac{1806}{350} = 5,16 \text{ m}^2$

Assim, pode-se determinar $L_1 = \dfrac{A'_{base1} - \pi \cdot r_1^2}{2 \cdot r_1} = \dfrac{5,16 - \pi \cdot 0,85^2}{2 \cdot 0,85} = 1,70 \text{ m}$

Faz-se a verificação para avaliar se sua geometria está adequada, por meio da seguinte relação:

$\dfrac{L_1}{2 \cdot r_1} \leq 2,5 \rightarrow \dfrac{1,70}{2 \cdot 0,85} = 1,0 < 2,5$ Ok!

Caso essa condição não tenha sido satisfeita, adota-se um novo valor do raio (r_1), superior ao obtido anteriormente. Este artifício resultará no aumento no valor da excentricidade (e) findando na diminuição do L_1.

Diâmetro do fuste: $d = 1,83 \cdot \sqrt{\left(\dfrac{P_k}{f_{ck}}\right)} = 1,83 \cdot \sqrt{\left(\dfrac{1806}{20.000}\right)} = 0,55 \text{ m} \rightarrow d \cong 0,90 \text{ m}$

Altura da base:

$h_{B,1} = \dfrac{\tan 60°}{2}[(L_1 + 2 \cdot r_1) - d_1] = 0,866\,[(1,70 + 2 \cdot 0,85) - 0,90] = 2,17 \text{ m} > 1,80 \text{ m}$
(NBR 6122)

Como a altura da base é maior que o máximo admitido pela NBR 6122 ($h_b \leq 1,80$ m), convenciona-se adotar este valor e calcular o novo diâmetro do fuste, mantendo-se o ângulo (α) de 60°.

$d_1 = L_1 + 2 \cdot r_1 - \dfrac{h_b}{0,866} = 1,70 + 1,70 - 2,08 = 1,32 \text{ m} \rightarrow d_1 = 1,35 \text{ m}$

Para conseguir uma redução do diâmetro do fuste de forma a reduzir o volume de escavação e, por conseguinte, a quantidade de concreto, pode-se reduzir o diâmetro do fuste. Desta forma resultará em um ângulo (α) inferior a 60°; deve-se então avaliar a necessidade de armar a base por causa da ocorrência de tração.

Adotando-se um $d_1 = 1,00$ m, tem-se:

$\arctan \alpha = \dfrac{2 \cdot h_b}{[(L_1 + 2 \cdot r_1) - d_1]} = \dfrac{2 \cdot 1,80}{[(1,70 + 2 \cdot 0,85) - 1,00]} = 56,3°$

198

Verificação:

$$\frac{\tan \alpha}{\alpha} \geq \frac{\sigma_{adm}}{\sigma_t} + 1$$

em que $\sigma_t = \dfrac{0,3 \cdot f_{ck}^{2/3}}{\gamma_c} = \dfrac{2,21}{1,4} = 1,56$ MPa,

com $\alpha = 56,3°$

$\tan(56,3°) = 1,499$ e $\alpha = \dfrac{56,3° \cdot \pi}{180°} = \dfrac{56,3° \cdot 3,14159}{180°} = 0,9826$ radiano

$\dfrac{1,499}{0,9826} \geq \dfrac{350}{1560} + 1 \rightarrow 1,526 > 1,224$ Ok!

Portanto, com o ângulo de 56,3° não há necessidade de armar a base.

Para o dimensionamento do pilar isolado (P_2) engastado na viga alavanca, deve-se considerar a resultante dos esforços:

$$R_{2d} = P_{k2} - \frac{R_1 - P_{k1}}{2} = 900 - \frac{1806 - 1400}{2} = 697 \text{ kN}$$

O tubulão de divisa deste pilar P_2 será dimensionado por

$$A_{base2} = \frac{R_{2d}}{\sigma_{adm}} = \frac{697}{350} = 1,99 \text{ m}^2 \qquad \text{Eq. 10.59}$$

Além disso, deve ser verificado o levantamento do pilar central:

$P_2 - \Delta P > 0 \rightarrow 900 - 406 = 506 \text{ kN} > 0$ Ok!

Diâmetro da base: $D = \sqrt{\dfrac{4 \cdot A_{base2}}{\pi}} = \sqrt{\dfrac{4 \cdot 1,99}{\pi}} = 1,59 \text{ m} \rightarrow D = 1,60 \text{ m}$

Diâmetro do fuste (d):

$$d = 1,83 \cdot \sqrt{\left(\frac{R_{2d}}{f_{ck}}\right)} = 1,83 \cdot \sqrt{\left(\frac{697}{20.000}\right)} = 0,34 \text{ m} \rightarrow d \cong 0,90 \text{ m}$$

Altura da base (h_b):

$$h_{base} = \left(\frac{1,60 - 0,90}{2}\right) \cdot \tan 60° = 0,61 \text{ m} \rightarrow h_b = 0,60 \text{ m} \leq 1,80 \text{ m} \quad \text{Ok!}$$

Resumo:

Pilar 1	$L = 1,70$ m	$r = 0,85$ m	$d = 1,00$ m	$h_b = 1,80$ m
Pilar 2	$D = 1,60$ m		$d = 0,90$ m	$h_b = 0,60$ m

Capítulo 10

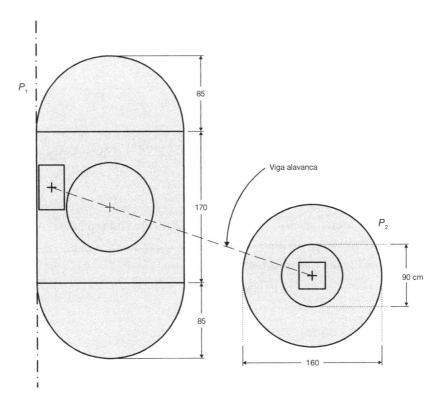

10.7 Exercícios Propostos

1) Calcule o diâmetro de fuste, o diâmetro de base e a altura da base, para o tubulão nas condições da figura apresentada a seguir (utilizar o método de Terzaghi). A carga aplicada (P) é de 4200 kN. Dados: Concreto f_{ck} = 20 MPa. Obs.: Comprimento do tubulão = 10 m.

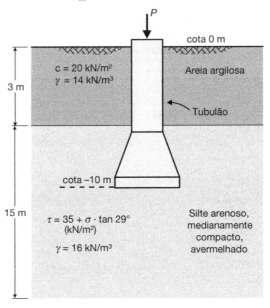

Fundações Profundas em Tubulões

2) Um tubulão de diâmetro de base (D) igual a 2,30 m e comprimento de 10 m, apoiado no perfil, é apresentado a seguir, com os resultados médios de ensaios SPT's. Determine a tensão admissível (utilize os métodos semiempíricos).

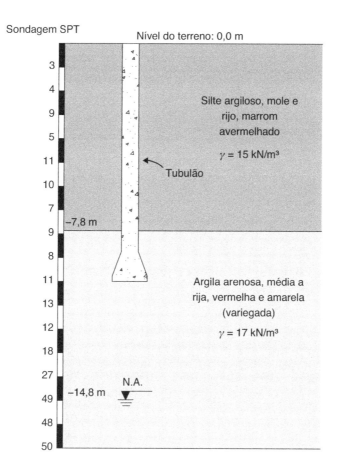

3) Dimensione o tubulão do pilar isolado (diâmetro da base, diâmetro do fuste e altura da base) considerando uma tensão admissível de 400 kPa e concreto C20. Pilar 0,20 m × 0,50 m (P_k = 1200 kN). Represente o desenho em escala.

Capítulo 10

4) Dimensione os tubulões dos pilares a seguir (diâmetro da base, diâmetro do fuste e altura da base) considerando uma tensão admissível de 350 kPa e concreto C20. Pilar 1 (P_k = 1000 kN) e Pilar 2 (P_k = 800 kN). Represente o desenho em escala.
P_1 = 50 cm × 25 cm
P_2 = 50 cm × 25 cm

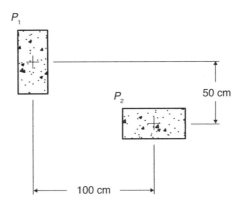

5) Dimensione os tubulões dos pilares a seguir (diâmetro da base, diâmetro do fuste e altura da base), considerando uma tensão admissível de 400 kPa e concreto C20. Pilar 1 (P_k = 1200 kN) e Pilar 2 (P_k = 1750 kN). Represente o desenho em escala.

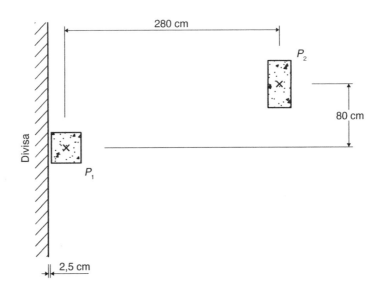

P_1 = 40 cm × 40 cm
P_2 = 30 cm × 60 cm

Capítulo 11

Fundações Profundas em Estacas

Videoaula 12

Estacas são elementos de fundação, caracterizados pela elevada relação entre seu comprimento e sua seção transversal. Têm a função de transmitir as cargas de uma estrutura para camadas de adequada capacidade de suporte e baixa compressibilidade. São elementos alongados de seção circular ou prismática (quadrada, hexagonal ou outras). São cravadas, moldadas *in loco* ou prensadas mediante emprego de equipamentos.

As principais finalidades desses elementos são:

- Transferir carga da estrutura para camadas mais profundas do subsolo: estacas de sustentação, as quais serão tratadas neste curso.
- Contenção de empuxos laterais de água ou de terra: cortinas de estacas pranchas e paredes de estacas diafragma.
- Controle do recalque em edificações e aterros: estacas para limitar o nível de recalque a valores admissíveis.
- Melhoria das condições do subsolo: estacas de compactação (exemplo: areia).

11.1 Classificação das Estacas

As estacas possuem diversas aplicações em função do tipo de carregamento a que estará submetida, quanto a sua posição, material e processo de fabricação (Fig. 11.1), conforme destacados a seguir:

- Carregamento: compressão, tração ou horizontal;
- Posição: vertical ou inclinada;
- Material: aço, concreto, madeira e mistas;
- Fabricação: moldadas *in loco* ou pré-fabricadas.

Capítulo 11

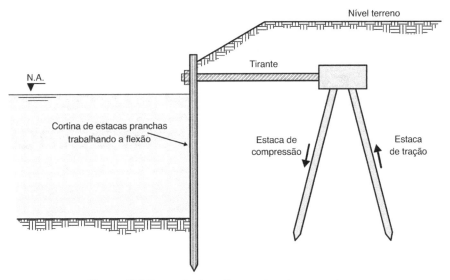

Figura 11.1 Exemplo de esforços atuantes em estacas.

11.1.1 Estacas de Sustentação

Em geral usa-se mais de uma estaca sob cada pilar, sendo três estacas o número ideal, pois permite a rigidez nas direções x e y.

a) Forma de trabalho de sustentação

- Estacas flutuantes: considera-se somente a resistência por atrito lateral, e despreza-se a resistência de ponta, em razão da presença de solo de baixa resistência de suporte (Fig. 11.2).

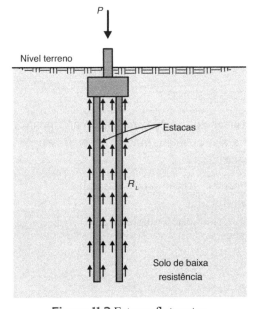

Figura 11.2 Estacas flutuantes.

- Estacas de ponta: considera-se somente a resistência de ponta, tendo em vista que a estaca está apoiada em solo resistente e seu fuste está embutido em solo de baixa resistência (Fig. 11.3).

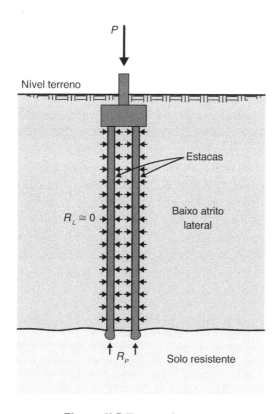

Figura 11.3 Estacas de ponta.

No caso de estacas embutidas em argilas em processo de adensamento, há a introdução de tensões de "atrito negativo" nas estacas, dirigidas de cima para baixo, atuando no sentido de "deslocá-las para baixo" e dessa forma sobrecarregando-as.

Às vezes a própria cravação da estaca amolga o solo, que passa a adensar e transmitir "atrito negativo". O valor deve ser considerado no cálculo da carga admissível das estacas, conforme prescrições da NBR 6122.

11.2 Implantação ou Procedimentos para Instalação de Estacas

Neste item são descritos os processos executivos de estacas comumente empregadas no Brasil. Cabe ressaltar a importância na consulta às prescrições da NBR 6122 e seus anexos, assim como ao Manual de Execução de Fundações, da Associação Brasileira de Empresas de Fundações e Geotecnia (ABEF, 2016).

CAPÍTULO 11

11.2.1 Estacas Moldadas *in loco* ou de Substituição

As estacas moldadas *in loco* ou de substituição apresentam como grande vantagem a eliminação do problema de transporte das estacas pré-moldadas, além de permitirem a execução da concretagem no comprimento necessário.

A principal desvantagem desse tipo de estaca está relacionada à deficiência de controle durante a etapa de concretagem, demandando fiscalização rigorosa. Apesar de não ser o procedimento adequado e recomendado, geralmente o concreto é lançado de grande altura, o que pode acarretar a segregação desse material. Neste caso, é recomendável que se utilize concreto lançado por bombeamento. O tamanho de brita não deve ser superior ao de número 2, sendo desejável empregar brita número 1.

Quando a concretagem é executada abaixo do N.A., há um aumento na dificuldade de efetuar o controle adequado, o que pode ocasionar sério comprometimento da capacidade de suporte de estacas por deficiência na concretagem. Em casos particulares, como o de estacas *Strauss* e *Franki*, que utilizam tubos moldes recuperados ("camisas"), podem ocorrer descontinuidades entre o contato do solo e o fuste da estaca, por causa da retirada dessas estacas.

Atualmente, existem métodos sofisticados de controle de concretagem, porém o problema ainda persiste e merece toda a atenção dos técnicos envolvidos.

As estacas classificadas como moldadas *in loco* podem ser subdivididas em vários tipos:

a) Estacas brocas – trado manual (acima do N.A.)

As brocas são estacas moldadas *in loco* construídas sem revestimento acima do nível d'água. A perfuração é executada por meio de trado manual, predominantemente coesivo. Após a perfuração, insere-se a armadura previamente ao lançamento do concreto do tipo fluido, com auxílio de funil para que não haja contaminação com o solo. Características mais importantes deste tipo de estaca são:

* Executada acima do N.A.
* Perfuração manual
* Diâmetros entre 15 e 30 cm (dependendo da ferramenta)
* Comprimento usual está compreendido entre 3 e 8 m (dependendo da haste da ferramenta empregada).

Observação: Esta estaca não é adequada em casos de estruturas de responsabilidade. Porém, pode ser empregada em casos de fundações de pequenas estruturas (muros, edificações de pouca carga etc.). O processo de perfuração, por ser manual, demanda tempo, o que ocasiona alívio de tensões do solo acarretando redução da capacidade de carga. Outro fator importante é o risco que se tem com a segurança da obra com perfurações abertas e também a contaminação da ponta da estaca com a entrada de solo ou outro material na escavação.

b) Estaca escavada mecanicamente (sem fluido estabilizante)

É um tipo de fundação escavada mecanicamente por meio de perfuratrizes acopladas ao chassi de um caminhão (Fig. 11.4) ou em chassi (Fig. 11.5). Esta estaca é

206

Fundações Profundas em Estacas

executada acima do nível d'água com perfuratrizes rotativas, profundidades até 18 m e diâmetros de 0,25 a 1,20 m.

O lançamento do concreto nesse tipo de estaca deve ser feito com muito cuidado, pois pode acarretar na contaminação do concreto em razão do impacto do material com as paredes do fuste. O ideal é que esse processo seja feito com auxílio de um funil (Fig. 11.6).

Figura 11.4 Equipamento de perfuração: trado (a) e caminhão com perfuratriz (b).

Figura 11.5 Equipamentos de perfuração: perfuratriz elétrica (a) e a combustão (b).

Figura 11.6 Lançamento do concreto com auxílio de funil.

Capítulo 11

c) Estaca escavada (com fluido estabilizante)

As estacas do tipo estacão ou barrete podem ser utilizadas abaixo do nível d'água. São escavadas com o auxílio de fluido estabilizante (lama bentonítica ou polímero) no interior da perfuração. Atingida a profundidade de projeto, as estacas são concretadas através de um funil denominado "tremonha". O concreto expulsa o fluido à medida que avança no interior da perfuração, de baixo para cima. A concretagem deverá ser paralisada quando se constatar que o concreto na "boca do furo" não apresenta sinais de contaminação (solo ou fluido). Mantida na parte superior durante a concretagem, terá de ser descartada por estar contaminada com solo ou com o fluido.

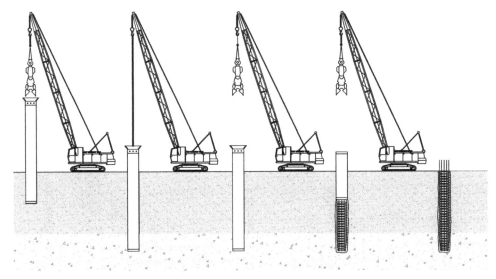

Figura 11.7 Método executivo.

As fases mostradas na Figura 11.7 descrevem as seguintes etapas:

1- Colocação do revestimento metálico;
2- Escavação no interior do revestimento com ferramenta;
3- Colocação da armadura;
4- Concretagem e extração dos revestimentos;
5- Estaca concluída.

As situações esquemáticas apresentadas oferecem uma ideia do método construtivo desse tipo de estaca (Fig. 11.7). Para a perfuração é utilizado um cilindro rotativo de aço, denominado caçamba (Fig. 11.8), dotado de saliências cortantes na base, que é forçado para baixo por um equipamento especial. O fluido tem a finalidade de dar estabilidade à escavação. Existem dois tipos: estacões (circulares – perfuradas ou escavadas) e barretes (retangular escavada com *clamshell*) (Fig. 11.9). As estacas executadas por este método não causam vibrações no terreno. O equipamento necessita de área regularizada para se deslocar de um ponto para outro.

- Processo executivo:
  - Escavação e preenchimento simultâneo da estaca com fluido (lama bentonítica ou polímero) previamente preparado;
  - Colocação da armadura dentro da escavação preenchida por fluido;
  - Lançamento do concreto, de baixo para cima, com a utilização de tubo de concretagem ou "tremonha".
- Fatores que afetam a escavação:
  - Condições do subsolo (matacões, solos muito permeáveis, camadas duras etc.);
  - Lençol freático (N.A. muito alto dificulta a escavação);
  - Lama bentonítica ou polímero;
  - Equipamentos e plataforma de trabalho (bom estado de conservação);
  - Armaduras (autoportantes).

Figura 11.8 Caçamba de escavação.

Figura 11.9 *Clamshell* para perfuração de estacas escavadas.

Figura 11.10 Concretagem de estaca barrete.

d) Estaca raiz

É um tipo de estaca em que se aplicam injeções de ar comprimido imediatamente após a moldagem do fuste após remoção de parte do revestimento. Nesse tipo de estaca utiliza-se argamassa de cimento e areia, conforme definido pela NBR 6122.

As estacas do tipo raiz surgiram na década de 1950, quando o engenheiro italiano, Fernando Lizzi, em Nápoles (Itália), desenvolveu um processo inédito de confecção de estacas injetadas, denominadas estacas raiz (*Pile Radice*). Por ser um processo diferenciado de execução, esse tipo de estaca possibilita obter algumas vantagens em relação aos demais processos convencionais, dependendo das peculiaridades do solo em que será executada a estaca.

Em função do elevado desempenho como elemento de fundação, as estacas do tipo raiz possuem grande aplicabilidade nas obras geotécnicas, tais como: estabilização de encostas, paredes de contenção para proteção de escavações, reforço de fundações, fundação de estruturas *offshore*, fundação de máquinas, além de muitas outras aplicações.

A utilização desse tipo de estaca se faz necessária, principalmente em grandes centros urbanos, nos quais existem diversas restrições, como por exemplo, locais de difícil acesso, tolerância à vibração e ruídos.

Esse tipo de estaca se caracteriza por ser do grupo injetada, e que está tendo uso cada vez mais frequente, por atender as restrições mencionadas anteriormente. O equipamento precisa ser dimensionado adequadamente para perfurar o solo. A bomba d'água deve ter capacidade suficiente para proceder à lavagem durante a perfuração; o sistema de injeção de argamassa ou calda de cimento também precisa ser dimensionado adequadamente para garantir o preenchimento da seção perfurada.

Em alguns casos, é comum seu embutimento em rocha para atender necessidades de projeto, e para isso emprega-se o martelo de fundo que tem diâmetro menor que o revestimento. Esse processo demanda mais tempo na execução que o trecho em solo, além do seu custo, que é superior à escavação convencional.

Atualmente, com as questões relativas à crise hídrica e ambiental, em vista da disposição da lama produzida no processo executivo, são temas que devem ser cuidadosamente avaliados na escolha desse tipo de fundação. Em alguns casos, têm sido empregados polímeros biodegradáveis que melhoram as condições de perfuração, possibilitando o reaproveitamento da água de perfuração. Importante ressaltar que este polímero quando em contato com o cimento da argamassa de injeção tem sua ação neutralizada.

Esta estaca pode ser executada abaixo do N.A., podendo atingir profundidade de até 100 m, e diâmetros variando entre 0,10 m a 0,50 m (depende da empresa executora).

Na Figura 11.11 pode-se observar o processo executivo e, na Figura 11.12, o martelo de fundo e o primeiro segmento do tubo de revestimento da escavação convencional em solo, respectivamente.

Importante ressaltar que, quando da necessidade de emprego de ferramentas especiais durante o processo de perfuração, como por exemplo, martelo de fundo, visando transpor interferências, não serão atendidas as questões relativas a limitação de vibração e ruído.

e) *Hollow Auger*

São executadas por perfuração rotativa com revestimentos rosqueáveis e recuperáveis segmentado (1,0 m a 2,0 m), ou não, dotadas de hélice dupla nas laterais para garantia da estabilidade dos furos (Fig. 11.13). São providas de uma tampa articulada de proteção em sua extremidade com anel de vedação e lacre que é aberta quando da injeção da argamassa (Fig. 11.14).

Em geral são empregadas em locais de difícil acesso, terrenos com características especiais e sobretudo em área contaminadas, pois o material escavado não é extraído da perfuração, além da possibilidade de execução em situações de limitação de altura. Uma das vantagens do seu emprego é que a obra fica isenta dos resíduos da escavação, além de não ocasionar vibração durante o processo. A estaca é pressurizada com pressões adequadas ao subsolo e armadas (Fig. 11.15). Esse tipo de estaca pode ser executado abaixo do N.A., perfuração sem auxílio d'água com perfuratriz rotativa, a argamassa possui fator $a/c = 0,5$ a $0,6$, consumo mínimo de cimento 600 kg/m³ e diâmetros de 0,25 a 0,50 m.

f) Estaca Strauss

Essa estaca foi desenvolvida, originalmente, para ser executada acima do nível d'água; porém, com o passar dos anos, a introdução do tubo de revestimento em seu processo de instalação possibilitou sua execução abaixo do N.A. É importante ressaltar que, ao executá-la abaixo do lençol freático, deve-se tomar cuidado, pois podem ocorrer problemas de ordem estrutural (exemplo: seccionamento do fuste, contaminação do concreto, desmoronamento das paredes etc.) comprometendo a integridade da estaca.

Inicialmente, crava-se no terreno um tubo metálico que servirá de molde da estaca. Escava-se o solo contido no interior do revestimento metálico, até a cota desejada, iniciando-se a concretagem após perfuração finalizada. A escavação é feita por meio

Capítulo 11

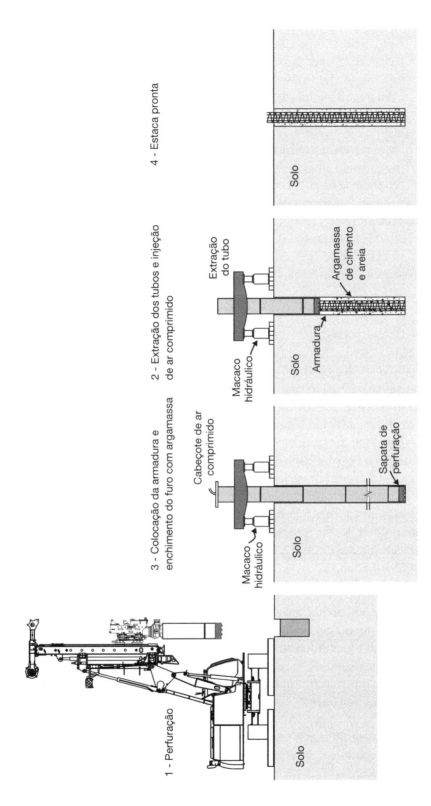

Figura 11.11 Processo executivo de estaca raiz.

Figura 11.12 Detalhe das ferramentas de perfuração: martelo de fundo (a) e coroa de perfuração (b).

Figura 11.13 Revestimento da estaca *Hollow Auger*. Fonte: Cortesia do Prof. Wilson C. Soares.

Figura 11.14 Detalhe da tampa do revestimento. Fonte: Cortesia do Prof. Wilson C. Soares.

Figura 11.15 Equipamento de perfuração – *Hollow Auger*. Fonte: Cortesia do Prof. Wilson C. Soares.

de um equipamento especial (sonda ou piteira), e é necessário que o solo no interior do tubo esteja em forma de lama para que possa ser retirado da sonda ou piteira (Fig. 11.16).

Figura 11.16 Sonda ou piteira.

A concretagem é feita em etapas de aproximadamente 70 cm a 80 cm de altura, que são apiloadas, à medida que o tubo é retirado. A operação é repetida até que seja atingida a cota do terreno.

Essa estaca é executada por meio de perfuração à percussão com lançamento de água na escavação; utiliza-se concreto para sua confecção, podendo ser executada até 20 m de profundidade e diâmetros de 0,25 m a 0,45 m (depende da empresa executora).

As vantagens inerentes a essa operação são:

- Ausência de trepidação;
- Facilidade de locomoção dentro da obra;
- Possibilidade de verificar corpos estranhos no solo;
- Execução próximo à divisa.

Cuidados:

- Quando não for possível esgotar a água do furo, ela deve ser evitada;
- Presença de argilas muitos moles e areias submersas;
- Retirada do tubo.

Na Figura 11.17 podem ser observados os equipamentos empregados durante a execução da estaca Strauss. Cabe ressaltar que, por causa da retirada do solo em forma de lama da escavação, a obra apresentará elevada geração de resíduo.

Figura 11.17 Vista da execução da estaca Strauss.

g) Estaca hélice contínua (monitorada)

Introduzida no Brasil na década de 1980 e mais amplamente difundida em 1993. Caracteriza-se pela escavação do solo através de um trado contínuo, constituído por hélices em torno de um tubo central vazado (Figs. 11.18 e 11.19). Após sua introdução no solo até a cota especificada, o trado é extraído concomitantemente à injeção do concreto através do tubo do trado.

Essas estacas não causam vibrações no terreno ao serem executadas. Uma pequena porção do concreto deve ser descartada por contaminação pelo solo escavado. Esse tipo de estaca pode ser executado abaixo do N.A., com auxílio de perfuração rotativa, uso de concreto (*slump* $\cong 22 \pm 3$ cm, pedra zero e areia). A execução é feita em profundidades até 38 m e diâmetros de 0,30 a 1,20 m.

É importante que se tenha uma usina de concreto nas proximidades da obra, pois o trado não pode ser extraído da perfuração sem que se preencha a perfuração com concreto.

A colocação da armadura é realizada posteriormente ao final da concretagem. De forma a auxiliar sua colocação no interior da escavação já preenchida com concreto, é importante que a ponta da armadura tenha um formato cônico (Fig. 11.20). A colocação de discos espaçadores visa auxiliar no direcionamento da armadura no momento da inserção e também garantir o cobrimento do concreto (Fig. 11.21).

Fundações Profundas em Estacas

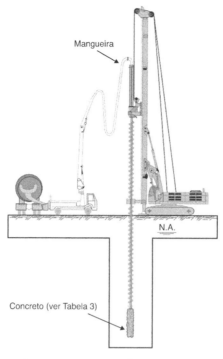

Figura 11.18 Detalhe dos equipamentos empregados na execução da estaca hélice contínua.
Fonte: ABEF, 2016.

Figura 11.19 Vista do equipamento.

Capítulo 11

Figura 11.20 Detalhe do preparo da ponta da armadura.

Figura 11.21 Espaçador na armadura.

Existe também no mercado a estaca hélice contínua segmentada, que é caracterizada pela escavação do solo por meio de trados segmentados e acopláveis, dispostos na própria perfuratriz em um sistema mecânico, denominado alimentador de hélices (Fig. 11.22). Atingida a profundidade prevista, as hélices são extraídas do terreno uma a uma, desacopladas e acondicionadas no alimentador de hélices.

Para esse processo, o sistema de bombeamento do concreto é interrompido pelo mesmo número de vezes da quantidade de segmentos de hélices utilizados na perfuração. Os comprimentos dos trados variam entre 4,5 e 6,0 m (comprimento máximo de 24 m) e diâmetros até 0,5 m (Fig. 11.23). A máquina apresenta menor dimensão em relação à hélice contínua, o que garante maior mobilidade em terrenos exíguos.

Figura 11.22 Vista do equipamento.

Figura 11.23 Detalhe dos trados.

h) Estaca hélice de deslocamento

Foi introduzida no Brasil em 1997. Seu processo executivo inicia-se pela cravação do trado cônico (Fig. 11.24) por rotação, podendo ser empregada a mesma máquina utilizada na estaca hélice contínua. Durante a descida do elemento perfurante, o solo é deslocado para baixo e para os lados da perfuração. Após sua introdução no solo até a cota especificada em projeto, o trado é extraído por rotação concomitantemente à injeção do concreto, com a utilização de tubo do trado vazado.

Esse tipo de estaca pode ser executado abaixo do N.A. por meio de perfuração rotativa e preenchimento com concreto (*slump* ≅ 22 ± 3 cm, pedra zero e areia). A execução é feita em até 28 m de profundidade e diâmetros de 0,27 a 0,47 m. Sua operação é limitada pelo torque da máquina e pelas características do subsolo, além de não ocasionar vibração no terreno.

Assim como na estaca hélice contínua, é importante escolher uma usina de concreto nas proximidades da obra, pois o trado não pode ser extraído da perfuração sem que se preencha a estaca com concreto. O processo de inserção da armadura é análogo ao empregado na estaca hélice contínua.

Uma das vantagens desse tipo de estaca está no fato de o solo não ser removido na escavação; isso evita a necessidade de um bota-fora, o que é muito interessante em situações de solos contaminados.

Figura 11.24 Detalhe da ferramenta da escavação: trado (a) e vista do equipamento (b).

i) Estacas *Franki*

No processo executivo desta estaca, crava-se um tubo de aço com um tampão de concreto "seco" ou brita e areia na extremidade inferior, denominado "bucha". Por meio de um soquete de massa de duas a quatro toneladas, apiloa-se essa bucha de concreto seco, que, pelo elevado atrito com o tubo de aço, à medida que os golpes vão sendo aplicados, se arrasta junto o tubo (Fig. 11.25).

Atingida a profundidade de projeto, ou seja, alcançando-se a *nega* decorrente do atrito do tubo com o solo, coloca-se mais material no interior do tubo, e por meio de golpes do soquete, provoca-se a expulsão da bucha do interior do molde, formando um bulbo de concreto, de diâmetro alargado.

Após a execução da base alargada, é introduzida a armação. A concretagem é executada em pequenos trechos fortemente apilados. Em razão de seu processo executivo, esse tipo de estaca desenvolve elevada capacidade de carga para pequenos recalques. Pode ser executada abaixo do N.A., por meio de perfuração à percussão (Fig. 11.26),

Fundações Profundas em Estacas

utilizando concreto convencional para o preenchimento do furo, e podem ser executadas profundidades que variam em função do comprimento do tubo e do equipamento de cravação. Os diâmetros variam de 0,30 a 0,70 m, porém ocasionam vibração no terreno.

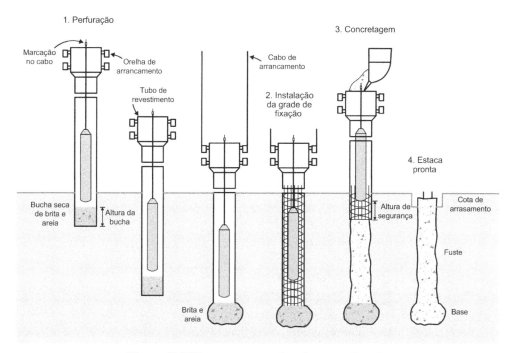

Figura 11.25 Processo executivo de estaca *Franki*.

Figura 11.26 Vista do equipamento de execução de estaca *Franki*.

11.2.2 Cravadas ou de Deslocamento

Caracterizam-se por serem cravadas à percussão, prensagem ou vibração e por fazerem parte do grupo denominado "estacas de deslocamento", no qual não há substituição do solo. Podem ser constituídas por madeira, aço, concreto armado ou protendido, ou pela associação de dois desses elementos (estaca mista).

a) Madeira

Esse tipo de estaca tem sido empregado desde os primórdios da história; entretanto, atualmente há dificuldade para a obtenção de madeiras de boa qualidade, o que tem reduzido sua utilização (Fig. 11.27). Basicamente, estacas de madeira são troncos de árvores cravados à percussão. Elas podem ser executadas abaixo do N.A., desde que não haja variação, por meio de cravação à percussão, utilizando-se troncos de árvores. As profundidades são definidas em função da limitação do comprimento do tronco e das emendas. Os diâmetros dos troncos, em geral, variam de 0,20 a 0,40 m e, por causa do processo de inserção, ocasionam vibração no terreno.

Figura 11.27 Estaca de madeira.

As estacas de madeira apresentam um sério problema de durabilidade quando expostas às variações das condições de ambiente ou aos agentes agressivos, caso não recebam tratamento adequado previamente à sua utilização. Em São Paulo, tem-se o exemplo do reforço de inúmeros casarões no bairro Jardim Europa, cujas estacas de madeira apodreceram em razão da retificação e aprofundamento da calha do rio Pinheiros.

A duração das estacas de madeira é praticamente ilimitada, desde que mantidas permanentemente submersas. Caso contrário, se estiverem sujeitas a variação do nível d'água, apodrecem rapidamente. Exemplo clássico presente na literatura técnica em geral: a reconstrução do Campanário da Igreja de São Marcos, em Veneza, no ano de 1902, revelou estacas que, após aproximadamente 1000 anos de serviço, ainda se encontravam em ótimo estado e capazes de continuarem a suportar as cargas atuantes. Foram cravadas em 900 d.C. e reutilizadas.

Para evitar o problema da durabilidade das estacas de madeira, visando à preservação das mesmas, são utilizados diversos tipos de tratamentos químicos, tais como: creosoto ou sais de zinco, cobre, mercúrio etc. Entretanto, estes oneram significativamente o custo das estacas.

Durante a cravação, a cabeça da estaca deve ser protegida por um anel cilíndrico de aço, a fim de evitar possíveis danos na madeira da estaca em razão dos golpes do bate-estacas. Sua ponta também deve ser protegida com uma ponteira metálica.

Em obras marinhas, as estacas de madeira não devem ser utilizadas sem tratamento, em hipótese alguma.

b) Metálicas

As estacas metálicas apresentam inúmeras vantagens e desvantagens em relação às estacas de concreto e de madeira. Constituídas por peças de aço laminado (W) ou soldado como perfis de seção I e H, chapas dobradas de seção circular (tubos), quadrada e retangular, bem como trilhos (reaproveitados após remoção de linhas férreas), podem ser executadas abaixo do N.A., por meio de cravação à percussão, vibração ou prensadas. A profundidade será em função dos comprimentos disponíveis e número de emendas. Em seu processo de instalação são ocasionadas vibrações no terreno.

As características mais importantes são:

- Facilidade de cravação em praticamente todo tipo de terreno, podendo atingir elevada capacidade de carga;
- Apresentam facilidade na execução de corte ou emenda;
- Podem ser submetidas a elevados empuxos laterais;
- Podem ser utilizadas para serviços provisórios, permitindo diversos reaproveitamentos;
- Resistem ao transporte e manipulação em condições adversas;
- Reduzem consideravelmente a vibração e o amolgamento do solo, durante a cravação, em virtude de sua seção transversal reduzida possuir características favoráveis ao corte do solo;
- Susceptibilidade à corrosão em meios agressivos. Nestas situações deve-se prever espessura adicional de sacrifício, ou até mesmo optar pelo emprego de aços patináveis, que mesmo em situações de águas agressivas (meio salinos) são suficientemente resistentes;
- Sua utilização é mais interessante quando se dispõe de terreno muito resistente, em face da elevada tensão admissível à compressão do aço ($\cong 250$ MPa).

Caso seja necessário aumentar a capacidade de carga de estacas metálicas, é possível obtê-la, compondo uma nova seção transversal com perfis laminados de seção I ou H, soldados entre si, formando uma única peça (Fig. 11.28).

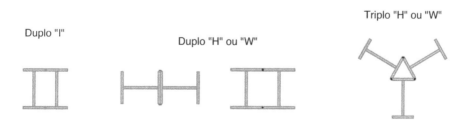

Figura 11.28 Tipos de composição de perfis metálicos.

As emendas em uma estaca metálica podem ser realizadas por meio de talas e soldagem (Fig. 11.29). Esse processo demanda tempo, pois deve ser feito com critério técnico e de acordo com as recomendações do Anexo D do *Manual de Execução de Fundações* da ABEF.

Figura 11.29 Emenda por sonda em estacas: vista do processo de soldagem (a) e detalhe das talas da emenda (b).

Além desses tipos de perfis apresentados, existem também no mercado elementos de seção tubulares (Fig. 11.30) que têm as mesmas características de cravação e durabilidade de outros perfis. Esta estaca pode ser cravada com ponta aberta ou fechada, além do fato de possibilitar seu preenchimento com concreto após escavação interna.

Figura 11.30 Estacas tubulares cravadas.

Fundações Profundas em Estacas

Podem-se também utilizar perfis tipo trilho (Fig. 11.31) provenientes de ferrovias desativadas; no entanto, a qualidade do aço é inferior àquele produzido em siderúrgicas.

Figura 11.31 Estaca trilho.

Da mesma forma que as estacas metálicas (perfil e tubular), é possível cortar e fazer emendas em perfis tipo trilho (Fig. 11.32).

Figura 11.32 Processo de corte da estaca (perfil trilho): corte da estaca (a) e estaca cortada (b).

c) Concreto

As estacas podem ser de concreto armado ou protendido, adensado por vibração ou centrifugação. As seções transversais mais comumente empregadas são: circular (maciça ou vazada), quadrada (Fig. 11.33), hexagonal, octogonal e etc. As estacas de concreto podem ser também centrifugadas ou protendidas, podendo suportar maiores cargas de trabalho.

O concreto presta-se muito bem à confecção de estacas, graças à sua grande resistência à ação dos agentes agressivos em geral, e à ação da variação da umidade ambiente (variação do N.A. em particular). Aliado a isto, as estacas de concreto apresentam a vantagem da viabilidade do controle de qualidade de um elemento confeccionado em canteiro, e são vibradas e curadas em ambiente controlado, podendo resultar em um corpo homogêneo de elevada resistência (Fig. 11.34).

Figura 11.33 Estacas pré-moldadas quadradas (maciças).

Figura 11.34 Detalhe da armadura da extremidade – estaca maciça.

Importante ressaltar que, no processo de centrifugação, parte da água é eliminada da mistura. Assim, o fator água/cimento é reduzido ao extremo, conferindo à estaca as mais elevadas características que se podem desejar para elementos de concreto, ou

Fundações Profundas em Estacas

seja, impermeabilidade, alta resistência mecânica e durabilidade em ambientes altamente agressivos.

O concreto tem f_{ck} superior a 35 MPa. A seção transversal pode ser quadrada, circular, hexagonal, entre outras. Suas propriedades variam de acordo com o fabricante. O tipo de seção escolhida depende das condições específicas de cada obra e projeto. São produzidas com comprimentos padrões e anéis metálicos incorporados em ambas as extremidades, permitindo a solda dos elementos para garantir a continuidade monolítica do conjunto.

Suas dimensões são limitadas, para as quadradas, de 0,30 m × 0,30 m de diâmetro e, para as circulares, de 0,40 m, e as seções maiores são vazadas. Cuidados devem ser tomados no seu levantamento, respeitando a carga máxima estrutural especificada pelo fabricante.

A principal desvantagem das estacas pré-moldadas de concreto é a sua dificuldade de adaptação às variações imprevistas do terreno. As estacas são cravadas no comprimento necessário para garantir a carga geotécnica exigida. Se a previsão do comprimento não for estudada cuidadosamente, surgirá a necessidade de emenda ou corte, que interfere nos custos e cronograma de execução de uma obra.

O arrasamento é realizado previamente à fase de execução dos blocos de coroamento, cortando-se com a serra a disco os fios de protensão. O elemento restante é cravado como primeiro segmento da estaca sucessiva, com aproveitamento total, eliminando as perdas, de acordo com as recomendações da NBR 6122. Em geral, os segmentos pré-fabricados são da ordem de 6, 8, 10 e 12 m, dependendo do fabricante. Deve-se tomar atenção no processo de transporte, carga e descargas desse tipo de estaca, tendo em vista o risco de dano estrutural. Outro fato a ser observado é quanto ao veículo de transporte; este deve ter comprimento suficiente para receber os segmentos.

A carga estrutural das estacas deve ser verificada pelo calculista de fundações juntamente com a capacidade de conjunto solo-estaca em função das características geotécnicas do subsolo.

Quando cravadas geram vibração e podem causar o amolgamento do terreno. Na sua cravação (Fig. 11.35), especial atenção deve ser dispensada às construções vizinhas e ao estado de suas fundações, pois podem ser afetadas pelas vibrações originadas.

Figura 11.35 Equipamentos de cravação: bate-estacas – queda livre (a) e hidráulico (b).

Capítulo 11

Além disso, apresentam o inconveniente da necessidade de serem armadas para resistir aos esforços de flexão provenientes do levantamento e transporte, e de serem limitadas em seção e comprimento, em razão do peso próprio.

Na Figura 11.36 podem-se observar as estacas ao final da cravação e um bloco de duas estacas já arrasadas.

Figura 11.36 Estaca de concreto pós-cravação: estacas cravadas (a) e arrasadas (b).

Geralmente, as estacas pré-moldadas de concreto são levantadas por um ou dois pontos. As posições mais convenientes para os pontos de levantamento são obtidas pela imposição de igualdade dos momentos máximos positivos e negativos.

A seguir, serão mostrados sucintamente os passos necessários à definição dos pontos para levantamento por um ponto (Fig. 11.37), dois pontos (Fig. 11.38) e três pontos (Fig. 11.39).

Seja P o peso da estaca por metro de comprimento e seja S_1 o ponto de levantamento.

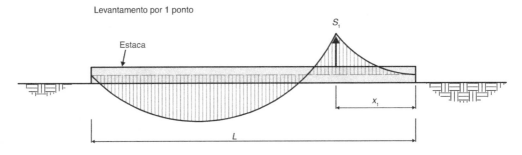

Figura 11.37 Diagrama de momento (levantamento por um ponto).

Igualando os valores absolutos dos momentos positivos e negativos,

$$\frac{PL^2}{2(L-x_1)}\left(\frac{L}{2}-x_1\right) = p\frac{x_1^2}{2} \qquad \text{Eq. 11.1}$$

Chega-se a $\dfrac{x_1}{L} = 0,29$ aproximadamente: $\dfrac{x_1}{L} \cong \dfrac{1}{3}$

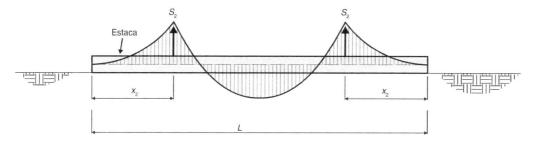

Figura 11.38 Diagrama de momento (levantamento por dois pontos).

Igualando os valores absolutos dos momentos positivo e negativo máximos,

$$p\dfrac{x_2^2}{2} = p\left[\dfrac{(L-2x_2^2)}{8} - \dfrac{x_2^2}{2}\right]$$ Eq. 11.2

Chega-se a $\dfrac{x_2}{L} = 0,207$ aproximadamente: $\dfrac{x_2}{L} \cong \dfrac{1}{5}$

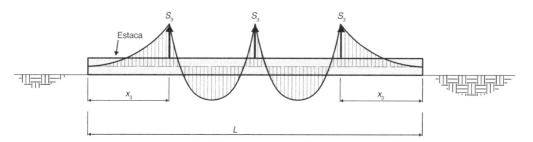

Figura 11.39 Diagrama de momento (levantamento por três pontos).

Chega-se a $\dfrac{x_3}{L} = 0,153$ aproximadamente: $\dfrac{x_3}{L} \cong \dfrac{1}{7}$

d) Estacas prensadas (mega)

São constituídas geralmente por elementos de concreto pré-moldado (Fig. 11.40), com comprimentos da ordem de 0,5 m, que são cravados estaticamente por prensagem, por meio de macaco hidráulico que reage contra um peso. São muito utilizadas para reforço ou substituição de fundações já construídas, usando como reação a própria estrutura existente (Fig. 11.41). São também utilizadas para fundações de obras novas quando há necessidade absoluta de serem evitadas as vibrações. Destacam-se como desvantagens seu elevado custo e longo tempo de execução.

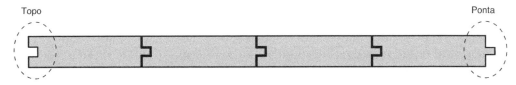

Figura 11.40 Elementos de concreto.

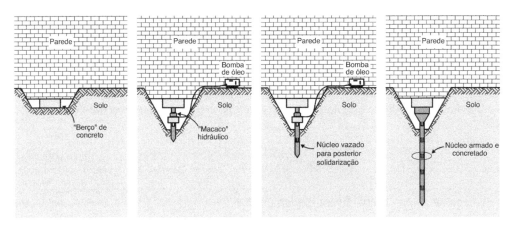

Figura 11.41 Execução de estaca mega.

e) Estacas mistas

São usadas para tentar reunir em uma só estaca as vantagens de dois tipos de estacas. Exemplos: madeira-concreto, *Franki*-pré-moldada, metálica-concreto etc. A exemplo, tem-se a emenda de uma estaca pré-moldada de concreto com um perfil metálico (Fig. 11.42).

Figura 11.42 Estaca mista (metálica – pré-moldada).

11.3 Capacidade de Carga de Estacas Isoladas

Cabe à mecânica dos solos a fixação do comprimento das estacas de fundação, de maneira que seja assegurada uma resistência do solo igual ou maior que a solicitação de projeto, considerando todos os coeficientes de segurança envolvidos. De maneira geral,

$$R = R_P + R_L \qquad \text{Eq. 11.3}$$

em que R é a capacidade de carga de uma estaca isolada, R_P é a resistência de ponta e R_L é a resistência lateral proveniente do contato solo-estaca (Fig. 11.43).

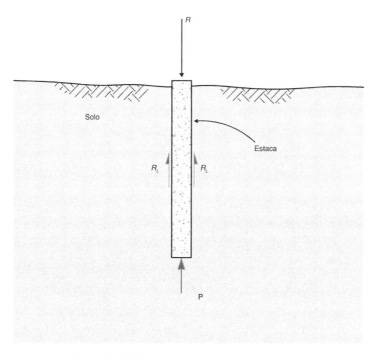

Figura 11.43 Esforços atuantes em uma estaca.

A capacidade de carga fornece o valor da carga admissível (ou resistência admissível), que deve ser confrontada com a resistência estrutural que é função da sua geometria e das propriedades do material empregado (concreto armado, protendido, aço, madeira etc.). A capacidade de carga de estacas pode ser obtida por

- Fórmulas estáticas (teóricas e semiempíricas);
- Fórmulas dinâmicas;
- Provas de carga;
- Modelos numéricos.

A carga admissível (R_{adm}) será obtida aplicando um fator de segurança global ou parcial pela proposição do método empregado na determinação da capacidade de carga (R).

CAPÍTULO 11

$$R_{adm} = \frac{R}{FS}$$ Eq. 11.4

$$R_{adm} = \frac{R_p}{FS_p} + \frac{R_L}{FS_L}$$ Eq. 11.5

11.3.1 Fórmulas Estáticas

Consiste na aplicação dos princípios da mecânica dos solos para a obtenção das resistências de ponta e lateral transmitidas à estaca pelo solo. Serão estudados os casos de solos arenosos e solos argilosos separadamente.

11.3.1.1 Fórmulas Teóricas

a) Solos coesivos – argilosos

- Resistência de ponta
  A resistência de ponta em solos argilosos é expressa por

$$R_p = r_p \cdot A_p$$ Eq. 11.6

em que r_p é a resistência de ponta unitária (kN/m^2) e A_p é a área da seção transversal da estaca (m^2).

A resistência de ponta unitária na cota de apoio da estaca pode ser estimada a partir de Fleming *et al.* (2009) pela Eq. 11.7:

$$r_p = N_c \cdot c_u$$ Eq. 11.7

$$N_c \begin{cases} 9,0 \Rightarrow h_{penet} \geq 3 \cdot \phi & \text{Eq. 11.8} \\ 6,0 + \dfrac{h_{penet}}{\phi} \Rightarrow h_{penet} < 3 \cdot \phi \rightarrow (\text{limitado} \cdot a \cdot 9,0) & \text{Eq. 11.9} \end{cases}$$

em que N_c é o fator de capacidade de carga, c_u é a coesão não drenada na ponta da estaca, h_{penet} é o comprimento inserido na camada e ϕ é o diâmetro da estaca.

- Resistência por atrito lateral
  A resistência por atrito lateral em solos argilosos é expressa pela Eq. 11.10:

$$R_L = r_L \cdot U \cdot \Delta\ell$$ Eq. 11.10

em que r_L é o atrito lateral unitário (kN/m^2), U é o perímetro da seção da estaca (m), e $\Delta\ell$ é o segmento de estaca na respectiva camada de solo (m).

A resistência por atrito lateral unitário da estaca pode ser estimada, a partir de O'Neill e Reese (1999), pela equação:

$$r_L = \alpha \cdot c_u \leq 380 \text{ kPa}$$ Eq. 11.11

232

Fundações Profundas em Estacas

$$\alpha \begin{cases} 0,55 \Rightarrow \dfrac{c_u}{p_a} \leq 1,5 & \text{Eq. 11.12} \\[3mm] 0,55 - 0,1 \cdot \left(\dfrac{c_u}{p_a} - 1,5 \right) \Rightarrow 1,5 < \dfrac{c_u}{p_a} \leq 2,5 & \text{Eq. 11.13} \end{cases}$$

em que p_a é a pressão atmosférica e igual a 101,3 kPa.

- Capacidade de carga total (na ruptura):

$$R_{rup} = R_P + R_L \qquad\qquad \text{Eq. 11.14}$$

- Capacidade de carga admissível:

$$R_{adm} = \frac{R_{rup}}{FS} \rightarrow FS \geq 3 \qquad\qquad \text{Eq. 11.15}$$

b) Solos não coesivos – arenosos

- Resistência de ponta
  A resistência de ponta em solos arenosos é estimada é expressa por

$$R_P = r_P \cdot A_P \qquad\qquad \text{Eq. 11.16}$$

em que r_P é a resistência de ponta unitária (kN/m²), A_P é a área da seção transversal da estaca (m²).

A resistência de ponta unitária na cota de apoio da estaca para solos arenosos pode ser estimada, a partir de NAVFAC (1986), pela equação:

$$r_P = N_q \cdot \sigma'_v \qquad\qquad \text{Eq. 11.17}$$

em que N_q é o fator de capacidade de carga e σ'_v é a tensão vertical efetiva na ponta da estaca (kN/m²).

O fator N_q pode ser obtido a partir do ângulo de atrito do solo (Tabela 11.1).

Tabela 11.1 Valores de N_q

ϕ (°)	26	28	30	31	32	33	34	35	36	37	38	39	40
N_q	5	8	10	12	14	17	21	25	30	38	43	60	72

Fonte: Adaptada de NAVFAC, 1986.

- Resistência por atrito lateral
  A resistência por atrito lateral em solos arenosos é expressa por

$$R_L = r_L \cdot U \cdot \Delta\ell \qquad\qquad \text{Eq. 11.18}$$

em que r_L é o atrito lateral unitário (kN/m²), U é o perímetro da seção da estaca (m), e $\Delta\ell$ é o segmento de estaca na respectiva camada de solo (m).

A resistência por atrito lateral unitário em solos arenosos é estimada a partir de Tomlinson e Woodward (2008), e pode ser expressa por

233

Capítulo 11

$$r_L = K \cdot \sigma'_{v(\text{médio})} \cdot \tan \phi' \qquad \text{Eq. 11.19}$$

$$K = 0,85 \cdot (1 - \text{sen } \phi') \qquad \text{Eq. 11.20}$$

em que:

K é o coeficiente de empuxo lateral em repouso, $\sigma'_{v(\text{médio})}$ é a tensão vertical efetiva na camada e ϕ' é o ângulo de atrito efetivo do solo.

- Capacidade de carga total (na ruptura):

$$R_{\text{rup}} = R_P + R_L \qquad \text{Eq. 11.21}$$

- Capacidade de carga admissível:

$$R_{\text{adm}} = \frac{R_{\text{rup}}}{\text{FS}} \rightarrow \text{FS} \geq 3 \qquad \text{Eq. 11.22}$$

11.3.2 Fórmulas Dinâmicas

Os métodos dinâmicos são aqueles que preveem a capacidade de carga de uma estaca com base nos resultados da cravação, ou, ainda, aqueles em que determinada resposta à cravação é especificada no seu controle de embutimento no solo.

A maneira mais simples de controlar a cravação é traçar uma linha horizontal na estaca utilizando régua apoiada em dois pontos do bate-estacas (ou no terreno), e aplicar uma sequência de dez golpes, traçar novamente outra linha, medir a distância entre os dois traços e dividir esta distância por 10, obtendo-se assim a penetração média por golpe, também chamada de "nega" (Fig. 11.44). Esses métodos são restritos para as estacas cravadas à percussão. Existem várias fórmulas, entre elas: fórmula dos holandeses, fórmula de Brix, fórmula do Engineering News etc. Em todas elas existe um fator de correção ou minoração (η) da capacidade de carga.

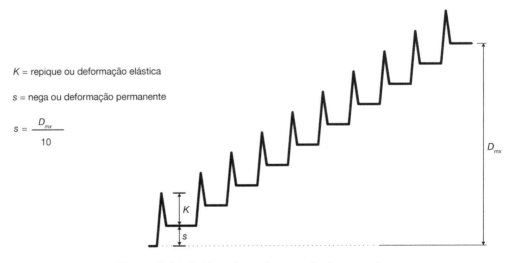

Figura 11.44 Gráfico típico do controle de cravação.

Fundações Profundas em Estacas

As fórmulas dinâmicas se baseiam no princípio da conservação de energia, igualando a energia potencial do martelo ao trabalho realizado na cravação da estaca, ou seja, o produto de resistência vencida pela estaca por sua penetração no solo. Descontando-se eventuais perdas de energia, tem-se a seguinte equação:

$$W \cdot h = R \cdot s + X \qquad \qquad \text{Eq. 11.23}$$

em que W é o peso do martelo, h é a altura de queda, R é a resistência à cravação, s é a penetração permanente ou "nega" e X representa a perda de energia do sistema.

As principais perdas de energia na cravação são repique do martelo, deformação elástica do cepo e do coxim, atrito do martelo e guias.

Para a correta utilização de uma fórmula dinâmica de cravação em um projeto de fundação em estacas, é necessário ter conhecimento do equipamento de cravação, das características e tipo de martelo, do tipo de estaca e solo, informações estas que influenciam de forma importante os resultados. Para a escolha de determinada fórmula, deve-se avaliar sua aplicabilidade a partir da hipótese que foi desenvolvida por cada autor, analisando se poderá ser empregada no caso em análise. O ideal é que se realizem provas de carga na obra, de forma a calibrar o método utilizado, de forma a ajustar os parâmetros, possibilitando, desta forma, o uso para o estaqueamento estudado. Os resultados obtidos por essas fórmulas, em geral, são insatisfatórios em casos generalizados, em virtude das incertezas quanto à validade das teorias empregadas, à variabilidade do solo e, consequentemente, à confiabilidade dos resultados.

A seguir são apresentadas algumas fórmulas dinâmicas.

- Fórmula dos holandeses (Woltmann)

$$R_d = \frac{P^2 \cdot h}{s \cdot (P+Q)} \cdot \frac{1}{\eta} \qquad \eta \geq 6 \qquad \text{Eq. 11.24}$$

- Fórmula de Brix

$$R_d = \frac{P^2 \cdot Q \cdot h}{s \cdot (P+Q)^2} \cdot \frac{1}{\eta} \qquad \eta \geq 5 \qquad \text{Eq. 11.25}$$

- Fórmula do Engineering News

$$R_d = \frac{P \cdot h}{s+c} \cdot \frac{1}{\eta} \qquad \eta \geq 6 \qquad \text{Eq. 11.26}$$

- Fórmula de Eytelwein

$$R_d = \left(\frac{P^2 \cdot h}{s \cdot (Q+P)} + Q + P \right) \cdot \frac{1}{\eta} \qquad \eta \geq 6 \qquad \text{Eq. 11.27}$$

em que R_d é a resistência oferecida pelo solo à penetração da estaca (em kN), P é o peso do martelo (em kN), Q é o peso da estaca (em kN), h é a altura de queda do martelo (em cm) e s é a "nega" para o 1 (um) golpe (em cm)

$c = 2,5$ cm (bate-estaca queda livre), $c = 0,25$ (bate-estaca a diesel – dupla ação).

235

Capítulo 11

As fórmulas dinâmicas, apesar dos elevados fatores de correção (η) da capacidade de carga recomendados pelos próprios autores, apresentam resultados mais confiáveis quando utilizadas em terrenos constituídos por solos não coesivos (arenosos), sujeitos ao efeito da adesão.

Além da "nega", é possível também registrar o "repique" durante o processo de cravação (Fig. 11.44), que é o deslocamento elástico do solo e da estaca em um determinado ponto da estaca em função do tempo em que a onda de tensão provocada por uma solicitação dinâmica propaga-se axialmente por meio da mesma (De Rosa, 2000). Por meio do valor do repique, é possível determinar a resistência mobilizada de uma estaca; uma das fórmulas que se pode empregar é a de Chellis (1951), que é dada pela equação Eq. 11.28.

$$Q_{mob} = \frac{(K - C3) \cdot E \cdot A}{f \cdot L}$$

Eq. 11.28

em que Q_{mob} é a carga mobilizada da estaca (em kN), K é o repique elástico (m), $C3$ é o encurtamento elástico do solo na ponta da estaca (m) ou *quake* (maior valor de $C3$). De Rosa (2000) sugere que o valor de $C3$ seja uma porcentagem do repique, da ordem de 20 a 30 %, E é o módulo de elasticidade da estaca, A é a área da seção da estaca (m^2), L é o comprimento da estaca (m) e f é o fator de correção do comprimento cravado a partir do diagrama de transferência de carga. O valor geralmente varia entre 0,5, quando a estaca trabalha preponderantemente por atrito, e 1,0 para estaca de ponta. Esse mesmo autor recomenda o valor de 0,8 na ausência de dados.

Tabela 11.2 Valores de C3 em função do tipo de solo

Tipo de solo	C3 (mm)
Areias	0,0-2,5
Areias siltosas e siltes arenosos	2,5-5,0
Argilas siltosas e siltes argilosos	5,0-7,5
Argilas	7,5-10,0

Fonte: Adaptada de Souza Filho e Abreu, 1990.

11.3.3 Provas de Carga em Fundação Profunda

A partir da realização deste ensaio é possível obter os valores da carga de ruptura e admissível. De acordo com a NBR 6122, se o ensaio é realizado na fase de projeto é possível utilizar um fator de segurança de 1,6; no entanto, se for executado com a obra em andamento o fator de segurança deve ser igual a 2,0. Ressalta ainda que a quantidade de ensaios a serem executados em uma obra é definida de acordo com o número de estacas previsto em projeto.

Diversos motivos que levam à execução de provas de carga:

- assegurar que não irá ocorrer ruptura para determinada carga de projeto;
- avaliar a integridade estrutural do elemento de fundação;
- determinar a carga de ruptura, comparando-a às estimativas por outros métodos;

Fundações Profundas em Estacas

- determinar o comportamento carga *vs* deslocamento de um elemento de fundação;
- conhecer a intensidade do recalque para a carga admissível da fundação.

O ensaio é realizado de acordo com as prescrições da norma de provas de carga em fundações profundas, em que são descritas toda a aparelhagem empregada, preparação, formas de carregamento (lento, rápido, misto ou cíclico) e apresentação dos resultados. A prova de carga estática é definida como a aplicação de sucessivos estágios de carga à fundação, de forma controlada, conjuntamente com a leitura dos recalques correspondentes; para aplicar a carga é preciso utilizar um sistema de reação, possibilitando efetuar o carregamento.

O elemento de fundação deve ser carregado até à ruptura, ou até duas vezes o valor da carga admissível prevista em projeto. No momento da interpretação dos deslocamentos é importante considerar a velocidade pela qual se realizou o ensaio.

A prova de carga pode ser sobre uma estaca da obra ou uma estaca teste, executada especificamente para este fim. Os ensaios podem ser realizados por solicitações à compressão, tração ou horizontal. Para a sua execução é necessária a preparação de um sistema de reação, por meio do emprego de tirantes (monobarra ou cordoalha) (Figs. 11.45 e 11.48), cargueira (ensaio à compressão) na Figura 11.46 e fogueira (ensaio à tração) na Figura 11.47.

Os dados obtidos no ensaio referem-se somente ao deslocamento e à carga aplicada no topo da estaca. São necessários apenas deflectômetros ou transdutores de deslocamento, para obtenção dos recalques no topo da estaca, e de um macaco hidráulico ligado a uma bomba possuidora de um manômetro aferido. Podem-se também utilizar células de carga para obter valores de carga com maior precisão.

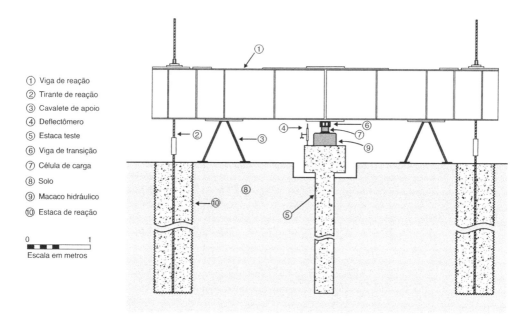

① Viga de reação
② Tirante de reação
③ Cavalete de apoio
④ Deflectômero
⑤ Estaca teste
⑥ Viga de transição
⑦ Célula de carga
⑧ Solo
⑨ Macaco hidráulico
⑩ Estaca de reação

Escala em metros

Figura 11.45 Sistema de prova de carga à compressão com tirantes.

Capítulo 11

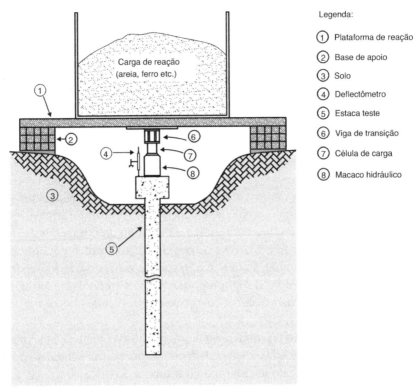

Legenda:
① Plataforma de reação
② Base de apoio
③ Solo
④ Deflectômetro
⑤ Estaca teste
⑥ Viga de transição
⑦ Célula de carga
⑧ Macaco hidráulico

Figura 11.46 Sistema de prova de carga à compressão com "cargueira".

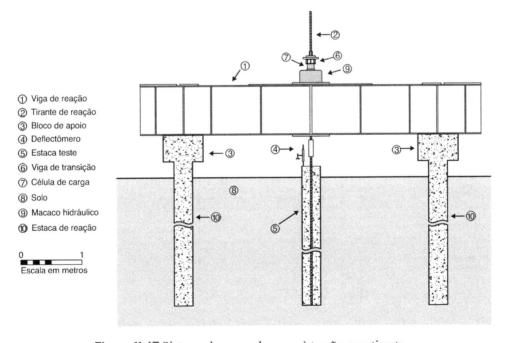

① Viga de reação
② Tirante de reação
③ Bloco de apoio
④ Deflectômero
⑤ Estaca teste
⑥ Viga de transição
⑦ Célula de carga
⑧ Solo
⑨ Macaco hidráulico
⑩ Estaca de reação

0 ▬▬▬ 1
Escala em metros

Figura 11.47 Sistema de prova de carga à tração com tirante.

Fundações Profundas em Estacas

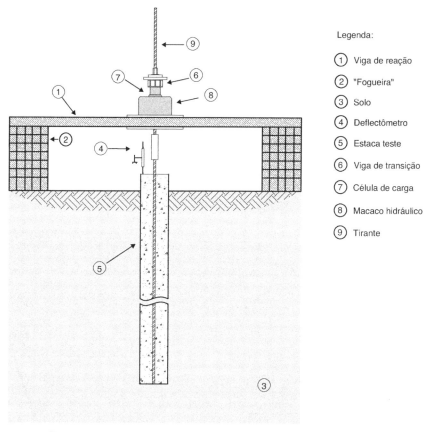

Legenda:
1. Viga de reação
2. "Fogueira"
3. Solo
4. Deflectômetro
5. Estaca teste
6. Viga de transição
7. Célula de carga
8. Macaco hidráulico
9. Tirante

Figura 11.48 Sistema de prova de carga à tração com "fogueira".

O resultado é expresso por meio de um gráfico carga *vs* recalque que, de forma geral, pode apresentar duas curvas (Fig. 11.49), em que:

- Curva A – não há definição da carga de ruptura geotécnica;
- Curva B – há definição da ruptura geotécnica.

Os resultados de prova de carga em termos de carga *vs* recalque são de extrema importância para a elaboração de um projeto geotécnico racionalizado. Entretanto, pode-se avançar no entendimento do comportamento de um elemento de fundação, incorporando-se instrumentação por extensômetros elétricos (*strain gage*) que permite obter informações sobre a transferência de carga ao longo do comprimento de uma estaca nas diferentes camadas do subsolo e as parcelas de resistência lateral e de ponta (Fig. 11.50), auxiliando na definição de critérios de ruptura. É possível obter as cargas de ponta e lateral, em cada estágio de carregamento da estaca. Porém, para o uso deste recurso, é necessário haver uma equipe especializada, conhecedora das técnicas de instrumentação e aquisição de dados. Essas resistências elétricas podem ser solidarizadas a determinado material, como o aço, fornecendo valores de deformação quando submetidos a esforços e a uma baixa corrente elétrica.

Capítulo 11

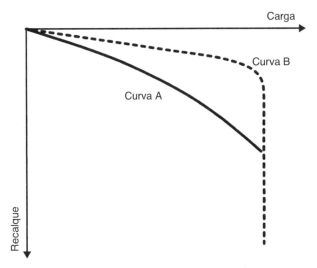

Figura 11.49 Exemplo de curvas carga vs recalque.

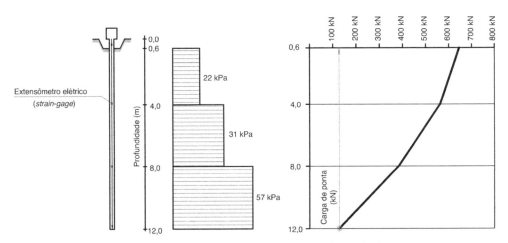

Figura 11.50 Gráficos de atrito lateral e transferência de carga.

11.3.4 Fórmulas Semiempíricas

Videoaula 13

No Brasil, geralmente são empregados os métodos de capacidade de carga baseados em valores obtidos no ensaio SPT, por serem uma técnica amplamente difundida. O ensaio CPT também fornece resultados que têm sido utilizados, entretanto, em menor frequência se comparados aos do ensaio SPT. Os métodos tradicionalmente empregados são: Décourt e Quaresma, Aoki e Velloso, Teixeira, P. P. Velloso, Alonso, Philipponat, Meyerhof etc.

Fundações Profundas em Estacas

11.3.4.1 Método de Aoki e Velloso (Aoki e Velloso, 1975)

Os autores apresentam uma expressão para o cálculo da carga de ruptura de estacas. Sua formulação está baseada em dados fornecidos por ensaios CPT ou, quando não se dispõe deste valor, em parâmetros correlacionados à resistência à penetração (N_{SPT}), obtidos de sondagem a percussão (SPT). Para proporem a fórmula, os autores consideraram o tipo de estaca *Franki* e os dados obtidos de provas de carga em estacas comprimidas. A carga de ruptura é dada pela soma das parcelas de carga de ruptura lateral e de ponta. Ressalta-se, ainda, que esta fórmula tem sido largamente utilizada no meio técnico.

- Resistência lateral (R_L):

$$R_L = U \cdot \sum (r_L \cdot \Delta_L)$$
Eq. 11.29

em que U é o perímetro da seção transversal da estaca, r_L é o atrito lateral unitário, Δ_L é o segmento de estaca na respectiva camada de solo.

Para os autores, existe uma correlação entre o valor da tensão lateral unitária na ruptura (r_L) e a resistência lateral local (f_s) medida no ensaio de penetração contínua do cone (CPT).

$$r_L = \frac{f_s}{F_2}$$
Eq. 11.30

em que F_2 é fator de carga lateral em função do tipo de estaca, e que relaciona os comportamentos do modelo (cone) e do protótipo (estaca). A resistência lateral local (f_s) pode ser estimada a partir da resistência de cone, utilizando a relação de atrito (α), que é uma constante para cada tipo de solo.

$$f_s = \alpha \cdot q_c \quad e \quad r_L = \frac{\alpha \cdot q_c}{F_2}$$
Eq. 11.31

Ainda segundo os autores, é possível estabelecer a resistência de cone (q_c), utilizando correlações empíricas com o valor da resistência à penetração (N_{SPT}).

$$q_c = K \cdot N_{SPT}$$
Eq. 11.32

E deste modo:

$$r_L = \frac{\alpha \cdot K \cdot \bar{N}_{SPT}}{F_2}$$
Eq. 11.33

Os valores dos fatores α e K e de F_1 e F_2 são apresentados na Tabela 11.3 e na Tabela 11.4, respectivamente.

Portanto, a resistência lateral total na ruptura será dada por

$$R_L = U \cdot \sum \left(\frac{\alpha \cdot K \cdot \bar{N}_{SPT}}{F_2} \cdot \Delta_L \right)$$
Eq. 11.34

em que U é o perímetro da seção transversal da estaca, N_{SPT} é o número de golpes para cada camada de solo ao longo do fuste da estaca, Δ_L é o segmento de estaca na

Capítulo 11

respectiva camada de solo, α é o coeficiente que depende do tipo de solo, F_2 é o fator de correção que depende do tipo de estaca.

- Resistência de ponta (R_p):

$$R_p = r_p \cdot A_p \qquad \text{Eq. 11.35}$$

em que r_p é a resistência de ponta unitária, A_p é a área da seção transversal da estaca.

Segundo os autores, existe uma correlação entre o valor da resistência de base na ruptura (r_p) e a resistência de ponta (q_c), medida no ensaio de penetração contínua. Tal que:

$$r_p = \frac{q_c}{F_1} \qquad \text{Eq. 11.36}$$

A resistência de cone pode ser obtida a partir dos valores da resistência à penetração (N_p), utilizando valores K da Tabela 11.3. O fator de carga de ponta F_1 relaciona o comportamento do modelo (cone) ao do protótipo (estaca) e depende do tipo de estaca (Tabela 11.4).

$$R_p = \frac{K \cdot N_p}{F_1} \cdot A_p \qquad \text{Eq. 11.37}$$

em que N_p é o número de golpes do ensaio SPT da camada de solo na região da ponta da estaca.

Tabela 11.3 Valores de α e K

Solo	K (MPa)	α (%)
Areia	1,00	1,4 %
Areia siltosa	0,80	2,0 %
Areia siltoargilosa	0,70	2,4 %
Areia argilosa	0,60	3,0 %
Areia argilossiltosa	0,50	2,8 %
Silte	0,40	3,0 %
Silte arenoso	0,55	2,2 %
Silte arenoargiloso	0,45	2,8 %
Silte argiloso	0,23	3,4 %
Silte argiloarenoso	0,25	3,0 %
Argila	0,20	6,0 %
Argila arenosa	0,35	2,4 %
Argila arenossiltosa	0,30	2,8 %
Argila siltosa	0,22	4,0 %
Argila siltoarenosa	0,33	3,0 %

Fonte: Adaptada de Aoki e Velloso, 1975.

242

Fundações Profundas em Estacas

Tabela 11.4 Fatores de correção F_1 e F_2

Tipo de estaca	F_1	F_2
Franki	2,5	$2 \cdot F_1$
Metálica	1,75	$2 \cdot F_1$
Pré-moldada	$1 + D/0,8$	$2 \cdot F_1$
Escavada	3,0	$2 \cdot F_1$
Raiz	2,0	$2 \cdot F_1$
Hélice contínua	2,0	$2 \cdot F_1$
Hélice de deslocamento	2,0	$2 \cdot F_1$

Fonte: Adaptada de Cintra e Aoki, 2010.

- Capacidade de carga:

$$R_{rup} = U \cdot \sum \left(\frac{\alpha \cdot K \cdot N_{SPT}}{F_2} \cdot \Delta_L \right) + \frac{K \cdot N_p}{F_1} \cdot A_p \qquad \text{Eq. 11.38}$$

- Carga admissível:

$$R_{adm} = \frac{R_{rup}}{2,0} \qquad \text{Eq. 11.39}$$

De acordo com a NBR 6122, no caso específico de estacas escavadas com fluido estabilizante ou hélice contínua, se o executor não assegurar os requisitos mínimos para haver o contato entre a ponta de estaca e o solo competente ou rocha, deve considerar a resistência de ponta nula, sendo a carga admissível obtida pela aplicação de um fator de segurança igual a dois, para a carga lateral de ruptura, um.

11.3.4.2 Método de Décourt e Quaresma (Décourt, 2016; Décourt; Quaresma, 1978)

Os autores apresentam uma fórmula para estacas pré-moldadas, abrangendo posteriormente outros tipos de estacas. Esta fórmula fornece a carga de ruptura total por meio da soma das parcelas das resistências lateral e de ponta, utilizando a resistência à penetração obtida pelo número de golpes, N_{SPT}. Recomenda-se a realização da leitura do torque no ensaio SPT e, com esse valor, calcula-se o N_{eq} (número de golpes equivalente) por meio da Eq. 11.40.

$$N_{eq} = \frac{T}{1,2} \qquad \text{Eq. 11.40}$$

em que T é o valor do torque em kgf · m.

- Resistência lateral (R_L):

Considerando r_L a resistência lateral unitária média, obtida ao longo do fuste da estaca, a resistência lateral é dada por

243

CAPÍTULO 11

$$R_L = \beta \cdot r_L \cdot U \cdot L \qquad \text{Eq. 11.41}$$

em que U é o perímetro da estaca, r_L é o atrito lateral unitário, L é o comprimento da estaca e β é o fator de atrito que depende do tipo de solo e estaca.

Os autores estabeleceram uma correlação empírica entre o atrito lateral unitário médio, r_L, e o valor da resistência à penetração média ao longo do fuste da estaca, N_{SPT}.

$$r_L = 10 \cdot \left(\frac{N_L}{3} + 1 \right) \qquad \text{Eq. 11.42}$$

Obs.: Os valores de N_L devem estar compreendidos entre $3 \leq N_L \leq 50$.

N_{SPT} é o valor médio do número de golpes para cravação do amostrador-padrão nas camadas de solo, compreendidas ao longo do fuste da estaca.

A resistência lateral é expressa por

$$R_L = \beta \cdot U \cdot \Delta_L \cdot \left[10 \cdot \left(\frac{\overline{N}_{SPT}}{3} + 1 \right) \right] \qquad \text{Eq. 11.43}$$

Essa expressão foi originalmente estabelecida para estacas cravadas de concreto ($\alpha = 1$ e $\beta = 1$), e teve sua utilização ampliada para outros tipos de estacas, por meio do emprego do fator β (Tabela 11.5).

Tabela 11.5 Valores típicos de β

Tipo de solo	Tipo de estaca				
	Escavada em geral	Escavada (bentonita)	Hélice contínua / Hélice de deslocamento	Raiz	Injetadas sob pressão
Argilas	0,80*	0,90*	1,00*	1,50*	3,00*
Siltes	0,65*	0,75*	1,00*	1,50*	3,00*
Areias	0,50*	0,60*	1,00*	1,50*	3,00*

*Valores apenas orientativos diante do reduzido número de dados disponíveis. Fonte: Adaptada de Décourt, 2016.

- Resistência de ponta (R_P):

$$R_p = \alpha \cdot r_p \cdot A_p \qquad \text{Eq. 11.44}$$

em que A_p é a área da ponta da estaca, r_p é a tensão resistente na ponta e α é o fator de reação de ponta que depende do tipo de solo e da estaca.

O valor de r_p pode ser obtido utilizando-se sua correlação empírica com a resistência à penetração média na região da ponta da estaca.

$$r_p = C \cdot N_p \qquad \text{Eq. 11.45}$$

em que N_p é o valor resultante da média de três valores obtidos ao nível da ponta da estaca, imediatamente acima e abaixo desta (Fig. 11.51 e Eq. 11.46). C é o coeficiente que correlaciona a resistência à penetração (N_{SPT}) com a resistência de ponta em função do tipo de solo proposto pelos autores (Tabela 11.6). Os valores de α podem ser obtidos na Tabela 11.7.

244

Fundações Profundas em Estacas

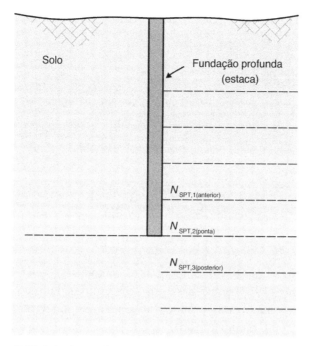

Figura 11.51 Cálculo médio do $N_{SPT,médio}$ da região da ponta da estaca.

$$\bar{N}_p = \frac{N_{SPT,1} + N_{SPT,2} + N_{SPT,3}}{3}$$

Eq. 11.46

Tabela 11.6 Valores de C

Solo	C (kPa)
Argilas	120
Siltes argilosos*	200
Siltes arenosos*	250
Areias	400

*Solos residuais.

Tabela 11.7 Valores típicos de α

Solo	Tipo de estaca				
	Escavada em geral	Escavada (bentonita)	Hélice contínua / Hélice de deslocamento	Raiz	Injetadas sob pressão
Argilas	0,85	0,85	0,30*	0,85*	1,00*
Solos intermediários	0,60	0,60	0,30*	0,60*	1,00*
Areias	0,50	0,50	0,30*	0,50*	1,00*

*Valores apenas orientativos diante do reduzido número de dados disponíveis. Fonte: Adaptada de Décourt, 2016.

CAPÍTULO 11

- Resistência de ponta (R_p):

$$R_p = \alpha \cdot C \cdot \overline{N}_p \cdot A_p \qquad \text{Eq. 11.47}$$

- Capacidade de carga:

$$R_{\text{rup}} = \beta \cdot U \cdot L \cdot \left[10 \cdot \left(\frac{\overline{N}_{\text{SPT}}}{3} + 1 \right) \right] + \alpha \cdot C \cdot \overline{N}_p \cdot A_p \qquad \text{Eq. 11.48}$$

- Carga admissível:

$$R_{\text{adm}} = \frac{R_L}{1,3} + \frac{R_P}{4,0} \qquad \text{Eq. 11.49}$$

11.3.4.3 Método de Teixeira (Teixeira, 1996)

Em seu método, Teixeira (1996), empregou os métodos de Aoki e Velloso (1975) e Décourt e Quaresma (1978) como base dos seus estudos. Para o cálculo da carga de ruptura lateral e de ponta, o autor propõe a utilização dos números de golpes do ensaio SPT, e dos fatores α e β recomendados.

- Carga de ruptura lateral:
Considerando r_L a resistência lateral de ruptura média, obtida ao longo do fuste da estaca, a resistência lateral é dada por

$$R_L = \beta_T \cdot \overline{N}_{\text{SPT}} \cdot U \cdot \Delta_L \qquad \text{Eq. 11.50}$$

em que U é o perímetro da estaca, Δ_L é o comprimento da estaca, β_T é o fator de atrito que depende do tipo de estaca (Tabela 11.8) e N_{SPT} é a média dos valores de resistência à penetração do solo compreendido ao longo do fuste da estaca.

Tabela 11.8 Parâmetros de β_T

Tipo de estaca	β_T [kPa]
Pré-moldada e perfil metálico	4
Franki	5
Escavada a céu aberto	4
Raiz	6

Fonte: Adaptada de Teixeira, 1996.

- Resistência de ponta (R_p):

$$R_p = \alpha_T \cdot \overline{N}_p \cdot A_p \qquad \text{Eq. 11.51}$$

em que A_p é a área da ponta da estaca, $\overline{N}_p$ é o valor médio da resistência à penetração medido no ensaio SPT no intervalo de quatro diâmetros acima da ponta da estaca até um diâmetro abaixo, e α_T é o fator de correção que é função do tipo de solo (Tabela 11.9).

246

Fundações Profundas em Estacas

Esse método não se aplica às estacas pré-moldadas de concreto flutuantes em espessas camadas de argila mole, com $N_{SPT} < 3$ (Cintra e Aoki, 2010).

Tabela 11.9 Valores de α_T em kN/m²

Tipo de solo (4 < N_{SPT} < 40)	Tipo de estaca			
	Pré-moldada e perfil metálico	*Franki*	Escavada a céu aberto	Raiz
Argila siltosa	110	100	100	100
Silte argiloso	160	120	110	110
Argila arenosa	210	160	130	140
Silte arenoso	260	210	160	160
Areia argilosa	300	240	200	190
Areia siltosa	360	300	240	220
Areia	400	340	270	260
Areia com pedregulhos	440	380	310	290

Fonte: Adaptada de Teixeira, 1996.

- Capacidade de carga:

$$R_{rup} = (\beta_T \cdot \bar{N}_{SPT} \cdot U \cdot \Delta_L) + \alpha_T \cdot \bar{N}_p \cdot A_p \qquad \text{Eq. 11.52}$$

- Carga admissível (pré-moldada, perfil, raiz e *Franki*):

$$R_{adm} = \frac{R_{rup}}{2,0} \qquad \text{Eq. 11.53}$$

- Carga admissível (escavada a céu aberto):

$$R_{adm} = \frac{R_L}{1,5} + \frac{R_P}{4,0} \qquad \text{Eq. 11.54}$$

11.4 Dimensionamento

Conhecidos as cargas de projeto e o perfil geotécnico do terreno, e escolhidas as estacas a serem utilizadas, o dimensionamento consiste em determinar o comprimento das estacas, assim como o número delas necessário para transferir a carga para o subsolo. Para o dimensionamento de uma fundação por estacas, basicamente levam-se em consideração:

- 1. Escolha do tipo de estaca, com base em critérios técnicos e econômicos
- 2. Carga admissível da estaca

Na grande maioria dos casos, procura-se trabalhar com a carga máxima que a estaca pode suportar do ponto de vista estrutural, isto é, de acordo com sua seção transversal e a resistência à compressão do material que a constitui.

Capítulo 11

Em qualquer caso, para a definição da carga admissível de uma estaca, deve ser levado em consideração que

$$R_{adm\ (geotécnica)} \leq R_{adm\ (estrutural)} \qquad \text{Eq. 11.55}$$

em que $R_{adm\ (geotécnica)}$ é a carga admissível geotécnica e $R_{adm\ (estrutural)}$ é a carga estrutural do elemento de fundação (estaca ou tubulão).

A resistência admissível da estaca (R_{adm}) será definida pelo menor valor entre as duas resistências, estrutural ou geotécnica.

- 3. Estacas metálicas

No dimensionamento de estacas metálicas (perfil e trilho), deve-se adotar um critério de área e perímetro para o cálculo da capacidade de carga e respectivas resistências, de ponta e lateral. No caso da resistência de ponta, existe uma área bruta da ponta da estaca metálica ou a área circunscrita deve ser considerada. Para o atrito lateral o perímetro a ser considerado pode ser o colado ou o circunscrito (Fig. 11.52).

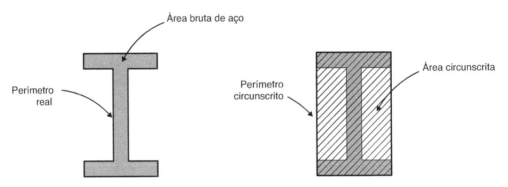

Figura 11.52 Perímetro e área em estacas metálicas.

- 4. Comprimento da estaca

De posse de carga P_i do pilar e perfil geotécnico do subsolo, o cálculo do comprimento necessário à estaca pode ser feito com a utilização dos métodos vistos anteriormente (métodos de Aoki e Velloso, Décourt e Quaresma, Teixeira etc.).

- 5. Centros de gravidade

A carga P_i de um pilar é transferida para o grupo de estacas por um bloco rígido de concreto, denominado bloco de capeamento ou coroamento. A resultante das cargas das estacas ($R_{adm-grupo}$) deve ter a mesma linha de ação da carga P_i do(s) pilar(es). Para tanto, os centros de gravidade do pilar, do bloco de capeamento e do grupo de estacas devem ser coincidentes, isto é,

$$CG_{pilar(es)} = CG_{bloco} = CG_{grupo\ de\ estacas} \qquad \text{Eq. 11.56}$$

Fundações Profundas em Estacas

- 6. Número mínimo necessário de estacas para pilar(es)

O número mínimo (n) de estacas necessárias para transmitir ao subsolo a carga P_i do(s) pilar(es) será

$$n_{estacas} = \frac{P_i}{R_{adm}} \cdot \frac{1}{\in} \qquad \text{Eq. 11.57}$$

em que $\in$ é a eficiência do grupo.

- 7. Espaçamento "s" (mínimo) entre eixos de estacas
  - Estacas cravadas (deslocamento): $s_{min} = 2{,}5 \cdot \phi$
  - Moldadas *in loco*: $s_{min} = 3{,}0 \cdot \phi$
- 8. Cobrimento "c" entre eixo da estaca e bordo do bloco (Fig. 11.53):

$$c = 15 + \frac{\phi}{2} \qquad \text{Eq. 11.58}$$

em que ϕ é o diâmetro da estaca (em centímetros).

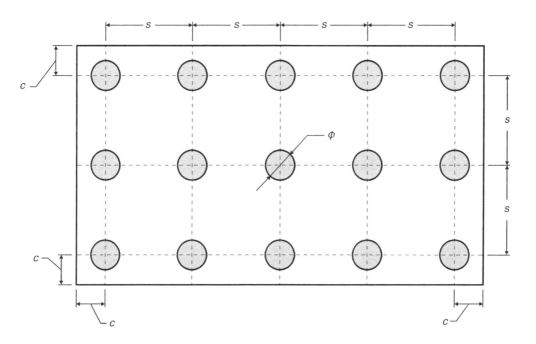

Figura 11.53 Cobrimento e espaçamento entre estacas.

Na Tabela 11.10 são apresentados os tipos mais comuns de estacas encontradas no mercado, bem como as características geométricas e a carga estrutural.

CAPÍTULO 11

Tabela 11.10 Principais tipos de fundações disponíveis no mercado

Tipo	Dimensões (cm)	R_{adm} (kN) – estrutural	Comprimento (m)
Madeira	$\phi = 20$ a 40	150 a 500	3 a 15
Trilho ferroviário			Qualquer emenda por solda
Perfis de aço (laminados)			
Tubulares			
Pré-moldada (concreto) seção circular	Maciça		Emenda
	Vazada		
Pré-moldada (concreto) seção hexagonal	Maciça		
	Vazada		
Pré-moldada (concreto) seção quadrada	Maciça		
	Vazada		
Brocas (trado manual)	$\phi = 20$ $\phi = 25$ $\phi = 30$	40 60 80	3 a 6 m
Escavadas com trado mecânico ($\sigma_{conc} = 4$ MPa) Sem fluido estabilizante	$\phi = 25$ $\phi = 30$ $\phi = 40$ $\phi = 50$ $\phi = 60$ $\phi = 70$ $\phi = 80$ $\phi = 90$ $\phi = 100$ $\phi = 110$ $\phi = 120$	150 280 500 780 1150 1540 2010 2550 3140 3800 4520	3 a 18 m (depende do equipamento)

Escavada com fluido estabilizante		σ_{conc} [MPa]				Equipamentos especiais com profundidades de 60 a 100 m
		3,5	4,0	4,5	5,0	
	$\phi = 60$	1000	1100	1250	1400	
	$\phi = 70$	1350	1500	1700	1900	
	$\phi = 80$	1750	2000	2250	2500	
	$\phi = 90$	2200	2550	2850	3150	
	$\phi = 100$	2750	3100	3500	3900	
	$\phi = 110$	3300	3800	4300	4750	
	$\phi = 120$	3950	4500	5050	5650	
	$\phi = 130$	4600	5300	6000	6600	
	$\phi = 140$	5400	6150	6900	7700	
	$\phi = 150$	6200	7100	8000	8850	
	$\phi = 160$	7000	8000	9000	10.000	

(continua)

250

Fundações Profundas em Estacas

Tipo	Dimensões (cm)	R_{adm} (kN) – estrutural				Comprimento (m)
Raiz		$4\phi16$	$5\phi16$	$5\phi20$	$8\phi20$	Variável
	$\phi = 16$	300	–	–	–	
	$\phi = 20$	400	500	700	1100	
	$\phi = 25$	600	650	800	1300	
	$\phi = 31$	800	850	1000	1700	
	$\phi = 41$	1200	1300	1450	1950	
	$\phi = 45$	1400	1500	1650		
Hollow Auger	$\phi = 25$	600				Variável
	$\phi = 31$	900				
	$\phi = 41$	1100				
	$\phi = 50$	1500				
Strauss	$\phi = 25$	200				Máximo 25 m
	$\phi = 32$	300				
	$\phi = 38$	400				
	$\phi = 42$	500				
	$\phi = 45$	600				
Franki	$\phi = 30$	450				Máximo de 15 a 40 m
	$\phi = 35$	650				
	$\phi = 40$	850				
	$\phi = 45$	1100				
	$\phi = 52$	1500				
	$\phi = 60$	1950				
	$\phi = 70$	2600				
Hélice contínua	$\phi = 30$	150-300				Máximo 38 m
	$\phi = 40$	350-600				
	$\phi = 50$	700-1100				
	$\phi = 60$	1200-1400				
	$\phi = 70$	1500-1900				
	$\phi = 80$	2000-2500				
	$\phi = 90$	2600-3200				
	$\phi = 100$	3300-3900				
	$\phi = 120$	4800-5600				
Hélice de deslocamento	$\phi = 27$	340				28 m
	$\phi = 32$	480				
	$\phi = 37$	650				
	$\phi = 42$	830				
	$\phi = 47$	1040				

Capítulo 11

Para o cálculo da carga estrutural admissível de estacas metálicas (sem flambagem), é necessária a definição da área líquida da seção (A'_s) e da resistência ao escoamento do aço (f_{yk}).

$$R_{adm} = \frac{A'_s \cdot f_{yk}}{\gamma_f \cdot \gamma_p} = \frac{A'_s \cdot f_{yk} \cdot 0,9}{1,1 \cdot 1,5} = \frac{A'_s \cdot f_{yk}}{1,65}$$ Eq. 11.59

- Perfil Gerdau AçoMinas – f_{yk} = 345 MPa (grau 50) (Tabela 11.13)
- Estaca tubular f_{yk} = 250, 300 a 350 MPa (Tabela 11.14)
- Trilho ferroviário – f_{yk} = 150 MPa (verificar as condições da peça (nível de desgaste e alinhamento)

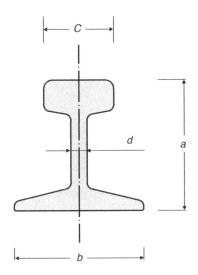

Tabela 11.11 Características de trilhos ferroviários

TR	ASCE	kg/m	Dimensões a	b	c	d	Área	Eixo J	W	Y
			cm	cm	cm	cm	cm²	cm⁴	cm³	cm
25	5040	24,6	98,4	98,4	54	11,1	31,5	413	81,6	4,77
32	6540	32,0	112,7	112,7	61,1	12,7	40,8	702	121	5,44
37	7540	37,1	122,2	122,2	62,7	13,5	47,3	951	149	5,84
45	90 ARA–A	44,6	142,9	130,2	65,1	14,3	56,9	1605	205	6,45
50	100 RE	50,3	152,4	136,5	68,2	14,3	64,2	2037	247	6,98
57	115 RE	56,7	168,3	139,7	69,0	15,9	72,5	2735	295	7,56
68	136 RE	67,6	185,7	152,4	74,6	17,4				

Obs.: Os trilhos são identificados pela classificação da Companhia Siderúrgica Nacional (CSN). Exemplo, TR-50.

Fundações Profundas em Estacas

Tabela 11.12 Características estruturais de estacas de perfis trilhos simples e compostos-padrão CSN

Estacas	Símbolos	SPE [cm²]	SPNE [cm²]	SL [m²]	S [cm²]	Ixx [cm⁴]	Iyy [cm⁴]	Wxx [cm³]	Wyy [cm³]	d [cm]
A	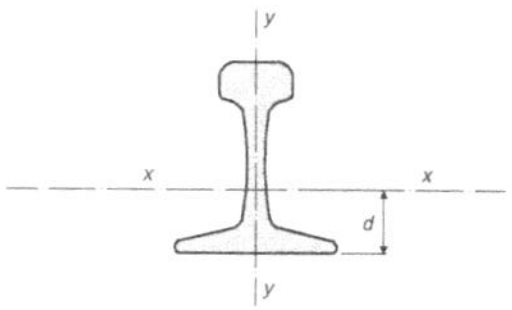	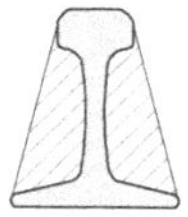 113	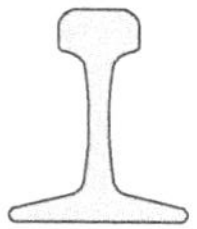 47,3	0,44	47,3	951	269	149	44	5,84
BI	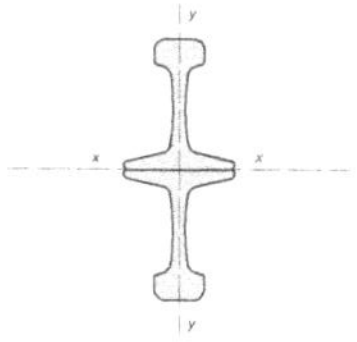	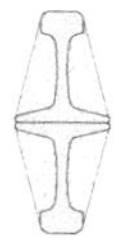 226	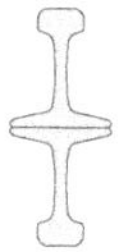 94,6	0,63	94,6	5128	538	420	88	
BO	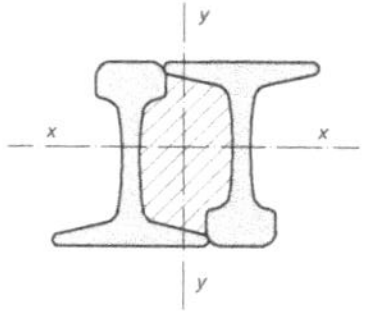	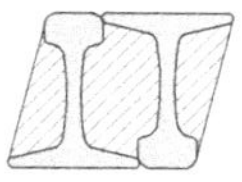 226	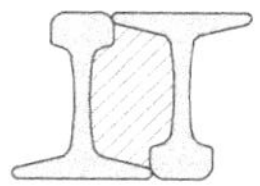 160	0,62	94,6	1909	2559	312	239	
C	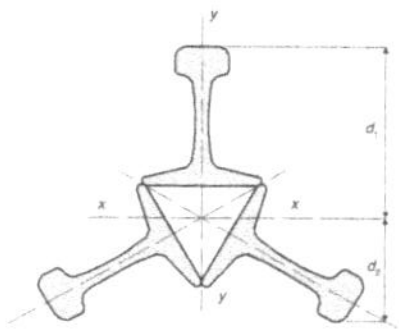	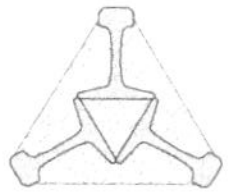 404	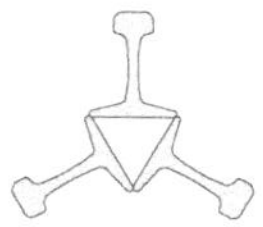 207	0,91	141,9	8059	8059	Em relação a: $A = 512$ $B = 761$	530	$d_1 = 15,75$ $d_2 = 10,59$
D	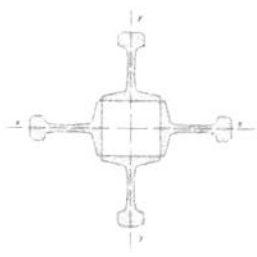	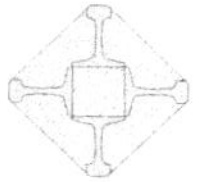 601	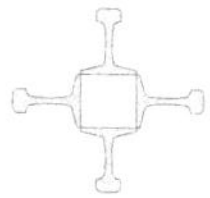 339	1,11	189,2	15.949	15.949	870	870	

ES-37

(continua)

Estacas	Símbolos	SPE [cm²]	SPNE [cm²]	SL [m²]	S [cm²]	Ixx [cm⁴]	Iyy [cm⁴]	Wxx [cm³]	Wyy [cm³]	d [cm]
A (ES-45)		140	56,9	0,49	56,9	1.605	368	205	57	6,45
BI (ES-45)		229	113,8	0,72	113,8	7944	736	556	113	
BO (ES-45)		279	196	0,68	113,8	3265	3449	457	303	
C (ES-45)		492	244	1,04	170,7	11.857	11.857	Em relação a: $A = 657$ $B = 1001$	687	$d_1 = 18,05$ $d_2 = 11,84$
D (ES-45)		730	397	1,25	227,6	23.060	23.060	1109	1109	

Legenda: *SPE* – área da ponta embuchada; *SPNE* – área da ponta não embuchada; *SL* – área lateral por metro de trilho; *S* – área bruta de aço.

Tabela 11.13 Características estruturais de estacas de perfis laminados (grau 50)

BITOLA	Massa linear kg/m	d mm	b_f mm	Espessura t_w mm	Espessura t_f (mm)	h mm	d' mm	Área bruta A_s cm²	Perímetro U cm	1 mm (sacrifício) Área reduzida A'_s cm²	Retângulo envolvente Área plena A cm²	$\dfrac{Q \cdot A'_s \cdot f_{yk}}{1,66}$ f_{yk} 345 MPa Q_{adm} (estrutural) kN
DESIGNAÇÃO mm × kg/m												
W 150×13,0	13,0	148	100	4,3	4,9	138	118	16,6	67	9,9	148	**205**
W 150×18,0	18,0	153	102	5,8	7,1	139	119	23,4	69	16,5	156	**342**
W 150×24,0	24,0	160	102	6,6	10,3	139	115	31,5	69	24,5	163	**507**
W 200×15,0	15,0	200	100	4,3	5,2	190	170	19,4	77	11,7	200	**235**
W 200×19,3	19,3	203	102	5,8	6,5	190	170	25,1	79	17,3	207	**358**
W 200×22,5	22,5	206	102	6,2	8,0	190	170	29,0	79	21,1	210	**436**
W 200×26,6	26,6	207	133	5,8	8,4	190	170	34,2	92	25,1	275	**519**

Perfil I

(continua)

Capítulo 11

BITOLA DESIGNAÇÃO mm × kg/m	Massa linear kg/m	d mm	b_f mm	Espessura t_w mm	Espessura t_f mm	h mm	d' mm	Área bruta A_s cm²	Perímetro U cm	1 mm (sacrifício) Área reduzida A'_s cm²	Retângulo envolvente Área plena A cm²	$\dfrac{Q \cdot A'_s \cdot f_{yk}}{1,66}$ f_yk 345 MPa Q_adm (estrutural) kN
W 200×31,3	31,3	210	134	6,4	10,2	190	170	40,3	93	31,1	281	643
W 250×17,9	17,9	251	101	4,8	5,3	240	220	23,1	88	14,3	254	273
W 250×22,3	22,3	254	102	5,8	6,9	240	220	28,9	89	20,0	259	406
W 250×25,3	25,3	257	102	6,1	8,4	240	220	32,6	89	23,7	262	489
W 250×28,4	28,4	260	102	6,4	10,0	240	220	36,6	90	27,6	265	572
W 250×32,7	32,7	258	146	6,1	9,1	240	220	42,1	107	31,4	377	647
W 250×38,5	38,5	262	147	6,6	11,2	240	220	49,6	108	38,8	385	803
W 250×44,8	44,8	266	148	7,6	13,0	240	220	57,6	109	46,7	394	966
W 310×21,0	21,0	303	101	5,1	5,7	292	272	27,2	98	17,4	306	312
W 310×23,8	23,8	305	101	5,6	6,7	292	272	30,7	99	20,9	308	388
W 310×28,3	28,3	309	102	6,0	8,9	291	271	36,5	100	26,5	315	509
W 310×32,7	32,7	313	102	6,6	10,8	291	271	42,1	100	32,1	319	636
W 310×38,7	38,7	310	165	5,8	9,7	291	271	49,7	125	37,2	512	726
W 310×44,5	44,5	313	166	6,6	11,2	291	271	57,2	126	44,6	520	896
W 310×52,0	52,0	317	167	7,6	13,2	291	271	67,0	127	54,3	529	1125
W 310×60,0	60,0	303	203	7,5	13,1	277	245	76,1	138	62,4	615	1291
W 310×67,0	67,0	306	204	8,5	14,6	277	245	85,3	138	71,5	624	1479
W 310×74,0	74,0	310	205	9,4	16,3	277	245	95,1	139	81,2	636	1680
W 360×32,9	32,9	349	127	5,8	8,5	332	308	42,1	117	30,3	443	558
W 360×39,0	39,0	353	128	6,5	10,7	332	308	50,2	118	38,3	452	733
W 360×44,0	44,0	352	171	6,9	9,8	332	308	57,7	135	44,2	602	862
W 360×51,0	51,0	355	171	7,2	11,6	332	308	64,8	136	51,2	607	1014
W 360×57,8	57,8	358	172	7,9	13,1	332	308	72,5	137	58,8	616	1192
W 360×64,0	64,0	347	203	7,7	13,5	320	288	81,6	146	67,0	704	1374
W 360×72,0	72,0	350	204	8,6	15,1	320	288	91,3	147	76,6	714	1586
W 360×79,0	79,0	354	205	9,4	16,8	320	288	101,2	148	86,4	726	1788
W 410×38,8	38,8	399	140	6,4	8,8	381	357	50,3	132	37,0	559	664

Perfil I

Perfil I

Fundações Profundas em Estacas

BITOLA DESIGNAÇÃO mm × kg/m	Massa linear kg/m	d mm	b_f mm	Espessura t_w mm	t_f (mm)	h mm	d' mm	Área bruta A_s cm²	Perímetro U cm	1 mm (sacrifício) Área reduzida A'_s cm²	Retângulo envolvente Área plena A cm²	$\dfrac{Q \cdot A'_s \cdot f_{yk}}{1,66}$ f_{yk} 345 MPa Q_{adm} (estrutural) kN
W 410 × 46,1	46,1	403	140	7,0	11,2	381	357	59,2	133	45,9	564	855
W 410 × 53,0	53,0	403	177	7,5	10,9	381	357	68,4	148	53,6	713	1025
W 410 × 60,0	60,0	407	178	7,7	12,8	381	357	76,2	149	61,3	724	1186
W 410 × 67,0	67,0	410	179	8,8	14,4	381	357	86,3	150	71,4	734	1428
W 410 × 75,0	75,0	413	180	9,7	16,0	381	357	95,8	151	80,7	743	1657
W 410 × 85,0	85,0	417	181	10,9	18,2	381	357	108,6	152	93,4	755	1934
W 460 × 52,0	52,0	450	152	7,6	10,8	428	404	66,6	147	51,9	684	943
W 460 × 60,0	60,0	455	153	8,0	13,3	428	404	76,2	149	61,4	696	1144
W 460 × 68,0	68,0	459	154	9,1	15,4	428	404	87,6	150	72,7	707	1409
W 460 × 74,0	74,0	457	190	9,0	14,5	428	404	94,9	164	78,5	868	1527
W 460 × 82,0	82,0	460	191	9,9	16,0	428	404	104,7	164	88,3	879	1762
W 460 × 89,0	89,0	463	192	10,5	17,7	428	404	114,1	165	97,6	889	1980
W 460 × 97,0	97,0	466	193	11,4	19,0	428	404	123,4	166	106,8	899	2210
W 460 × 106,0	106,0	469	194	12,6	20,6	428	404	135,1	167	118,4	910	2451
W 530 × 66,0	66,0	525	165	8,9	11,4	502	478	83,6	167	66,8	866	1193
W 530 × 72,0	72,0	524	207	9,0	10,9	502	478	91,6	184	73,2	1085	1327
W 530 × 74,0	74,0	529	166	9,7	13,6	502	478	95,1	168	78,2	878	1448
W 530 × 82,0	82,0	528	209	9,5	13,3	501	477	104,5	185	85,9	1104	1601
W 530 × 85,0	85,0	535	166	10,3	16,5	502	478	107,7	169	90,8	888	1725
W 530 × 92,0	92,0	533	209	10,2	15,6	502	478	117,6	186	99,0	1114	1892
W 530 × 101,0	101,0	537	210	10,9	17,4	502	470	130,0	186	111,4	1128	2186
W 530 × 109,0	109,0	539	211	11,6	18,8	501	469	139,7	187	121,0	1137	2418
W 530 × 123,0*	123,0	544	212	13,1	21,2	502	470	157,8	188	139,0	1153	2877
W 530 × 138,0*	138,0	549	214	14,7	23,8	501	469	177,8	190	158,8	1175	3287
W 610 × 82,0	82,0	599	178	10,0	12,8	573	541	105,1	186	86,5	1066	1536
W 610 × 92,0	92,0	603	179	10,9	15,0	573	541	118,4	187	99,6	1079	1834

(continua)

Capítulo 11

BITOLA DESIGNAÇÃO mm × kg/m	Massa linear kg/m	d mm	b_f mm	Espessura t_w (mm)	Espessura t_f (mm)	h mm	d' mm	Área bruta A_s cm²	Perímetro U cm	1 mm (sacrifício) Área reduzida A'_s cm²	Retângulo envolvente Área plena A cm²	$\dfrac{Q \cdot A'_s \cdot f_{yk}}{1{,}66}$ f_{yk} 345 MPa Q_{adm} (estrutural) kN
W 610 × 101,0	101,0	603	228	10,5	14,9	573	541	130,3	207	109,6	1375	2026
W 610 × 113,0	113,0	608	228	11,2	17,3	573	541	145,3	208	124,5	1386	2356
W 610 × 125,0	125,0	612	229	11,9	19,6	573	541	160,1	209	139,2	1401	2690
W 610 × 140,0	140,0	617	230	13,1	22,2	573	541	179,3	210	158,3	1419	3145
W 610 × 153,0°	153,0°	623	229	14,0	24,9	573	541	196,5	211	175,4	1427	3551
W 610 × 155,0	155,0	611	324	12,7	19,0	573	541	198,1	247	173,4	1980	3437
W 610 × 174,0	174,0	616	325	14,0	21,6	573	541	222,8	248	198,0	2002	4020
W 610 × 195,0	195,0	622	327	15,4	24,4	573	541	250,0	249	225,1	2034	4660
W 610 × 217,0	217,0	628	328	16,5	27,7	573	541	278,4	251	253,3	2060	5244
W 150 × 22,5	22,5	152	152	5,8	6,6	139	119	29,0	88	20,1	231	417
W 150 × 29,8	29,8	157	153	6,6	9,3	138	118	38,5	90	29,5	240	611
W 150 × 37,1	37,1	162	154	8,1	11,6	139	119	47,8	91	38,8	249	802
W 200 × 35,9	35,9	201	165	6,2	10,2	181	161	45,7	103	35,4	332	733
W 200 × 41,7	41,7	205	166	7,2	11,8	181	161	53,5	104	43,1	340	892
W 200 × 46,1	46,1	203	203	7,2	11,0	181	157	58,6	119	46,7	412	966
W 200 × 52,0	52,0	206	204	7,9	12,6	181	157	66,9	119	55,0	420	1139
HP 200 × 53,0	53,0	204	207	11,3	11,3	181	161	68,1	120	56,2	422	1163
W 200 × 59,0	59,0	210	205	9,1	14,2	182	158	76,0	120	64,0	431	1324
W 200 × 71,0	71,0	216	206	10,2	17,4	181	161	91,0	122	78,8	445	1632
W 200 × 86,0	86,0	222	209	13,0	20,6	181	157	110,9	123	98,5	464	2039
W 200 × 100,0°	100,0°	229	210	14,5	23,7	182	158	127,1	125	114,6	481	2373
HP 250 × 62,0	62,0	246	256	10,5	10,7	225	201	79,6	147	64,9	630	1343
W 250 × 73,0	73,0	253	254	8,6	14,2	225	201	92,7	148	77,8	643	1611
W 250 × 80,0	80,0	256	255	9,4	15,6	225	201	101,9	149	87,0	653	1801
HP 250 × 85,0	85,0	254	260	14,4	14,4	225	201	108,5	150	93,6	660	1937
W 250 × 89,0	89,0	260	256	10,7	17,3	225	201	113,9	150	98,9	666	2047

Perfil I

Perfil H

Perfil H

| BITOLA | Massa linear kg/m | d mm | b_f mm | Espessura | | h mm | d' mm | Área bruta | Perímetro | 1 mm (sacrifício) Área reduzida | Retângulo envolvente Área plena | $\dfrac{Q \cdot A'_s \cdot f_{yk}}{1,66}$ |
| | | | | t_w mm | t_f mm | | | A_s | U | A'_s | A | f_{yk} 345 MPa |
DESIGNAÇÃO mm × kg/m								cm²	cm	cm²	cm²	Q_{adm} (estrutural) kN
W 250×101,0	101,0	264	257	11,9	19,6	225	201	128,7	151	113,6	678	2352
W 250×115,0	115,0	269	259	13,5	22,1	225	201	146,1	153	130,8	697	2708
W 250×131,0*	131,0	275	261	15,4	25,1	225	193	167,8	154	152,5	718	3156
W 250×149,0*	149,0	282	263	17,3	28,4	225	193	190,5	155	175,0	742	3623
W 250×167,0*	167,0	289	265	19,2	31,8	225	193	214,0	157	198,3	766	4105
HP 310×79,0	79,0	299	306	11,0	11,0	277	245	100,0	177	82,3	915	1683
HP 310x93,0	93,0	303	308	13,1	13,1	277	245	119,2	178	101,3	933	2097
W 310×97,0	97,0	308	305	9,9	15,4	277	245	123,6	179	105,7	939	2188
W 310×107,0	107,0	311	306	10,9	17,0	277	245	136,4	180	118,5	952	2452
HP 310×110,0	110,0	308	310	15,4	15,5	277	245	141,0	180	123,0	955	2546
W 310×117,0	117,0	314	307	11,9	18,7	277	245	149,9	180	131,9	964	2730
HP 310×125,0	125,0	312	312	17,4	17,4	277	245	159,0	181	140,9	973	2917
W 310×129,0*	129,0	318	308	13,1	20,6	277	245	165,4	181	147,2	979	3047
HP 310×132,0	132,0	314	313	18,3	18,3	277	245	167,5	182	149,4	983	3092
W 310×143,0*	143,0	323	309	14,0	22,9	277	245	182,5	183	164,3	998	3400
W 310×158,0*	158,0	327	310	15,5	25,1	277	245	200,7	184	182,4	1014	3775
W 310×179,0*	179,0	333	313	18,0	28,1	277	245	227,9	185	209,4	1042	4334
W 310×202,0*	202,0	341	315	20,1	31,8	277	245	258,3	187	239,6	1074	4959
W 360×91,0	91,0	353	254	9,5	16,4	320	288	115,9	168	99,2	897	2053
W 360×101,0	101,0	357	255	10,5	18,3	320	286	129,5	168	112,6	910	2331
W 360×110,0	110,0	360	256	11,4	19,9	320	288	140,6	169	123,7	922	2560
W 360×122,0	122,0	363	257	13,0	21,7	320	288	155,3	170	138,3	933	2862

Legenda: d – distância do centro de gravidade até a borda do perfil; SL – área lateral por metro de comprimento; SPE – área de ponta embuchada; SPNE – área de ponta não embuchada.

Capítulo 11

Tabela 11.14 Características dos tubos laminados

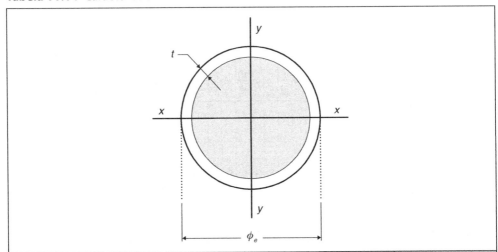

ϕ_e (mm)	t (mm)	m (kg/m)	A (cm²)	A_L (m²/m)
141,3	5,0	16,8	21,4	0,440
	6,4	21,3	27,1	
	8,0	26,3	33,5	
	10,0	32,4	41,2	
	12,5	39,7	50,6	
	16,0	49,4	63,0	
	17,5	53,4	68,1	
168,3	5,0	20,1	25,7	0,529
	6,4	25,6	32,6	
	8,0	31,6	40,3	
	10,0	39,0	49,7	
	12,5	48,0	61,2	
	16,0	60,1	76,6	
	20,0	73,1	93,2	
219,1	6,4	33,6	42,8	0,688
	8,0	41,6	53,1	
	10,0	51,6	65,7	
	12,5	63,7	81,1	
	16,0	80,1	102,0	
	20,0	98,2	125,0	
	25,0	120	152	
273,0	6,4	42,1	53,6	0,858
	8,0	52,3	66,6	
	10,0	64,9	82,6	

(continua)

Fundações Profundas em Estacas

ϕ_e (mm)	t (mm)	m (kg/m)	A (cm²)	A_L (m²/m)
273,0	12,5	80,3	102,0	0,858
	16,0	101,0	129,0	
	20,0	125,0	159,0	
	25,0	153,0	195,0	
	30,0	180,0	229,0	
323,8	6,4	50,1	63,8	1,017
	8,0	62,3	79,4	
	10,0	77,4	98,6	
	12,5	96,0	122,0	
	16,0	121,0	155,0	
	20,0	150,0	191,0	
	25,0	184,0	235,0	
355,6	8,0	68,6	87,4	1,117
	10,0	85,2	109,0	
	12,5	106,0	135,0	
	16,0	134,0	171,0	
	20,0	166,0	211,0	
	25,0	204,0	260,0	
Propriedades mecânicas				
Designação		f_{yk} (MPa)		
VMB 250		≥ 250		
VMB 300		≥ 250		
VMB 350		≥ 250		
VMB 250 cor		≥ 250		
VMB 300 cor		≥ 300		
VMB 350 cor		≥ 350		

ϕ_e = diâmetro externo; t = espessura da parede (mm), m = massa por unidade de comprimento; A = área da seção transversal; A_L = área lateral por metro linear. Fonte: Adaptada de http://www.vallourec.com/COUNTRIES/BRAZIL/PT/Products-and-services/tuboindustriais /Documents/Catalogo%20Estruturais.pdf. Acesso em: 15/01/2018.

Tabela 11.15 Características de estaca circular – maciça

Diâmetro (cm)	Massa nominal (kg/m)	R_{est} (kN)
18	85	380
23	114	550
26	135	720
30	165	980

Fonte: Adaptada de http://www.estacasipr.com.br/fabricacao-de-estacas-de-concreto-em-sp.html. Acesso em: 16/01/2018.

CAPÍTULO II

Tabela 11.16 Características de estaca circular – vazada (protendida)

Diâmetro externo (cm)	Diâmetro interno (cm)	A_{conc} (cm²)	Massa nominal (kg/m)	R_{est} (kN)
28	12,5	489	120	720
33	17,5	614	150	740
34	18,0	653	160	800
38	20,0	810	198	1000
50	9	1159	290	1700
	10	1257	314	1850
60	10	1571	393	2350
	11	1693	423	2550
70	11	2039	510	3150
	12	2187	547	3350
80	12	2564	641	4000
	15	3063	766	5000

A_{conc} = área da seção de concreto.
Fonte: Adaptada de https://issuu.com/scacengenharia/docs/catalogotecnicoestacascentrifugadas. Acesso em: 16/01/2018.

Tabela 11.17 Características da estaca hexagonal – maciça

Diagonal (cm)	Massa nominal (kg/m)	R_{est} (kN)
17	51	250
20	69	350
24	97	500
27	119	700
31	153	900
34	188	1050

Adaptada de Fonte: http://incopre.com.br/index.php/estacas-concreto/.
Acesso em: 16/01/2018.

Tabela 11.18 Características da estaca hexagonal – vazada

Diâmetro (cm)	Diâmetro interno (cm)	A_{conc} (cm²)	Massa nominal (kg/m)	R_{est} (kN)
35	15	619	154	880
40	15	863	215	1250
45	20	1002	250	1450
50	25	1134	282	1650
60	30	1633	400	2450

A_{conc} = área da seção de concreto.
Fonte: Adaptada de http://www.sotef.com.br/_arquivos/diversos/cat-logo-sotef-pr-fabricada-de-concreto-h-lice-continua-monitorada.pdf. Acesso em: 16/01/2018.

Fundações Profundas em Estacas

Tabela 11.19 Características da estaca quadrada maciça (protendida)

Seção (cm)	Massa nominal (kg/m)	R_{est} (kN)
16 × 16	64	250
18 × 18	81	350
20 × 20	100	450
23 × 23	132	600
26 × 26	169	750
30 × 30	225	1000
33 × 33	273	1200

Fonte: Adaptada de https://www2.cassol.ind.br/produtos-2/estacas/. Acesso em: 16/01/2018.

Tabela 11.20 Características da estaca quadrada vazada (protendida)

Diâmetro (cm)	Diâmetro interno (cm)	A_{conc} (cm²)	Massa nominal (kg/m)	R_{est} (kN)
30 × 30	14,5	746	186	1050
34 × 34	17,5	916	225	1350
35 × 35	18,5	957	235	1060
37,5 × 37,5	20,0	1076	276	1540
40 × 40	22,5	1202	300	1710
45 × 45	26,5	1494	366	2140
50 × 50	30,0	1793	440	2590

Fonte: Adaptada de http://www.prefaz.com.br/media/k2/attachments/Manual_Estacas_Prefaz.pdf.
Acesso em: 16/01/2018.

São apresentadas nas Figuras 11.54 e 11.55 algumas sugestões de distribuição das estacas nos blocos de coroamento.

A exemplo da distribuição de estacas em um bloco, observa-se na Figura 11.56 um bloco de coroamento com cinco estacas.

Na Tabela 11.21 podem-se observar alguns limites para as estacas. Esses valores são advindos da prática de execução de fundações.

263

Capítulo 11

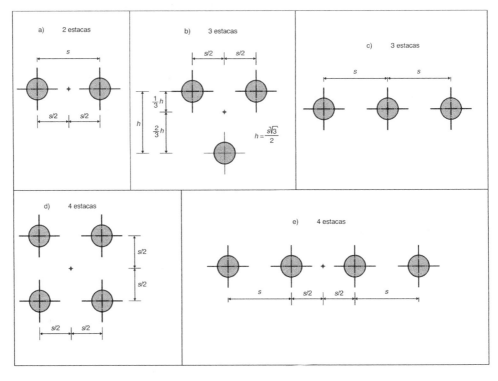

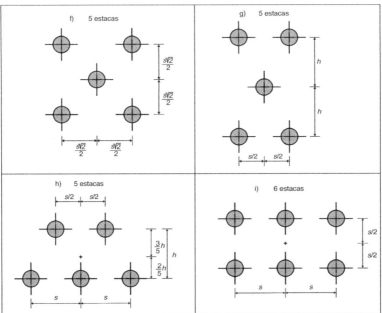

Figura 11.54 Distribuição de estacas nos blocos.

Fundações Profundas em Estacas

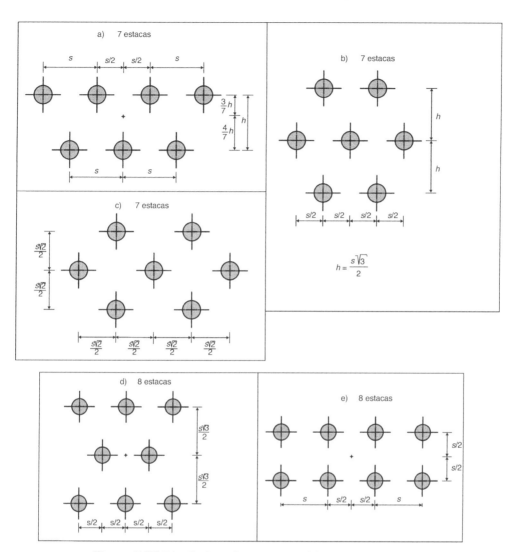

Figura 11.55 Distribuição de estacas nos blocos (continuação).

Figura 11.56 Bloco de cinco estacas.

CAPÍTULO 11

Tabela 11.21 Limites máximos de N_{SPT} que possibilitam a execução de diversos tipos de fundações

Tipo		N_{SPT} Limite de execução do equipamento	Observações
Pré-moldadas	$\phi \leq 25$ cm	A cravação para encontrar camada com $N_{SPT} \approx 25$	Cuidado: solo com matacões. Tensões elevadas de cravação.
	$\phi > 25$ cm	A cravação para encontrar $N_{SPT} \approx 35$	
Strauss	$\phi = 25$ cm	$N_{SPT} \approx 17$	Limite: água agressiva
	$\phi = 32$ cm	$N_{SPT} \approx 20$	
	$\phi = 38$ cm	$N_{SPT} \approx 25$	
	$\phi = 45$ cm	$N_{SPT} \approx 27$	
	$\phi = 55$ cm	$N_{SPT} \approx 30$	
Franki	Solos arenosos	$N_{SPT} \approx 10$ a 12	Cuidado com aproximação de rocha, argila mole ou dura. Água agressiva
	Solos argilosos	$N_{SPT} \approx 25$ a 30	
Hélice contínua	Solos arenosos	Torque 120 kN · m, $\phi \leq 0,6$ m – $N_{SPT} \approx 45$	Limite: haste da ferramenta. Água agressiva
		Torque 160 kN · m, $\phi \leq 0,8$ m – $N_{SPT} \approx 50$	
		Torque 200 kN · m, $\phi \leq 0,8$ m – $N_{SPT} \approx 60$; $0,9 \leq \phi \leq 1,0$ m – $N_{SPT} \approx 55$; $1,1 \leq \phi \leq 1,2$ m – $N_{SPT} \approx 50$	
	Solos argilosos	Torque 120 kN · m, $\phi \leq 0,6$ m – $N_{SPT} \approx 35$	
		Torque 160 kN · m – $\phi \leq 1,0$ m, $N_{SPT} \approx 40$	
		Torque 200 kN · m, $\phi \leq 0,6$ m – $N_{SPT} \approx 60$; $0,7 \leq \phi \leq 0,8$ m – $N_{SPT} \approx 50$; $0,9 \leq \phi \leq 1,0$ m – $N_{SPT} \approx 45$; $1,1 \leq \phi \leq 1,2$ m – $N_{SPT} \approx 40$	
Perfis metálicos		$N_{SPT} \approx 60$ a 70	Desvios durante a cravação.
Escavadas com fluido estabilizante		$N_{SPT} \approx 50$ a 60	Limite: haste da ferramenta.
Escavada mecânica (a seco)		$N_{SPT} \approx 25$ a 30	N.A.
Hélice de deslocamento (Ômega)		$N_{SPT} \approx 20$ a 30	Limite: haste da ferramenta. Água agressiva – torque da máquina.
Tubulões		$N_{SPT} \approx 50$ a 60	Variável

Fundações Profundas em Estacas

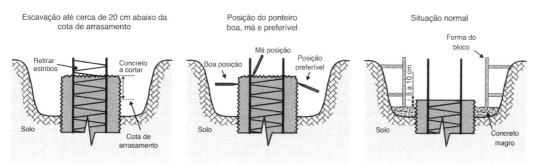

Figura 11.57 Preparo da cabeça das estacas para execução do bloco de coroamento. Fonte: Adaptada de ABEF, 2016.

11.5 Estacas Isoladas e Grupos de Estacas

O comportamento de uma estaca difere sensivelmente do comportamento de uma única estaca, em razão da soma dos efeitos dos bulbos de tensão. A carga de ruptura de um grupo *n* de estacas não é igual a *n* vezes a carga de ruptura de uma estaca isolada.

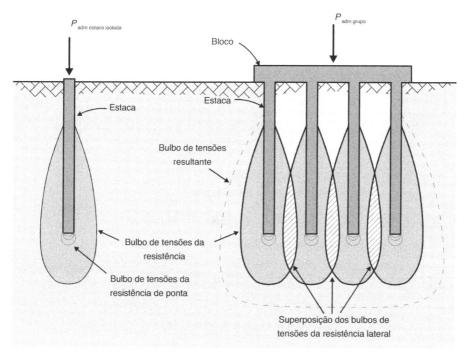

Figura 11.58 Bulbo de tensões.

Existem fórmulas empíricas que calculam a "eficiência" do grupo de estacas.

$$\text{Eficiência} \Rightarrow \in = \frac{R_{\text{ruptura média (grupo de estacas)}}}{R_{\text{ruptura (estaca isolada)}}} \qquad \text{Eq. 11.60}$$

CAPÍTULO 11

11.5.1 Fórmula das Filas e Colunas

Será considerado um grupo de estacas de um mesmo bloco, constituído por N filas e M colunas, como esquematizado na figura, em que 's' é o espaçamento mínimo entre duas estacas vizinhas e 'D' é a dimensão representativa da seção transversal da estaca.

A eficiência será calculada considerando que as estacas formam um conjunto de perímetro igual ao perímetro do grupo de estacas trabalhando conjuntamente. Sendo assim, a eficiência pode ser representada por

$$\text{Eficiência} \Rightarrow \in = \frac{R_{L\,(\text{grupo de estacas})}}{\sum R_{L\,(\text{estaca isolada})}} \qquad \text{Eq. 11.61}$$

em que:

$\sum R_{L\,(\text{estaca isolada})} = m \cdot n \cdot R_{L\,(\text{estaca isolada})}$

$R_{L\,(\text{estaca isolada})} = A_{L\,(\text{estaca isolada})} \cdot r_{L\,(\text{estaca isolada})}$

$A_{L\,(\text{estaca isolada})} = U_{(\text{estaca isolada})} \cdot h_{(\text{estaca isolada})}$

$R_{L\,(\text{estaca isolada})}$ é a resistência lateral da estaca isolada

$A_{L\,(\text{estaca isolada})}$ é a área lateral da estaca isolada

$U_{(\text{estaca isolada})}$ é o perímetro da seção transversal da estaca isolada

$h_{(\text{estaca isolada})}$ é o comprimento da estaca isolada

$R_{L\,(\text{estaca isolada})} = A_{L\,(\text{estaca isolada})} \cdot r_{L\,(\text{estaca isolada})}$

$R_{L\,(\text{estaca isolada})} = A_{L\,(\text{estaca isolada})} \cdot r_{L\,(\text{estaca isolada})}$

$R_{L\,(\text{grupo estacas})} = A_{L\,(\text{grupo estacas})} \cdot r_{L\,(\text{grupo estacas})} \cdot \dfrac{1}{\in}$

$A_{L\,(\text{grupo estacas})} = U_{(\text{grupo estacas})} \cdot h_{(\text{grupo estacas})}$

$U_{L\,(\text{grupo estacas})} = 2 \cdot (L_1 + L_2) + 8 \cdot \dfrac{\phi}{2}$

$U_{(\text{grupo estacas})}$ é o perímetro do grupo de estacas

$A_{L\,(\text{grupo estacas})}$ é a área lateral do grupo de estacas

Dimensão representativa da seção transversal da estaca:

$L_1 = (n-1) \cdot s$

$L_2 = (m-1) \cdot s$

$R_{L\,(\text{grupo estacas})} = [2 \cdot (m+n-2) \cdot s + 4 \cdot \phi) \cdot h \cdot r_{L\,(\text{grupo estacas})} \cdot \dfrac{1}{\in}$

Mas:

$r_{L\,(\text{grupo estacas})} = r_{L\,(\text{estaca isolada})}$ e que é função do solo e do tipo de estaca

Com esses dados, chega-se à determinação da eficiência pela fórmula das filas e colunas:

$$\text{Eficiência} \Rightarrow \in = \frac{2 \cdot (m+n-2) \cdot s + 4 \cdot \phi}{m \cdot n \cdot U_{\text{estaca isolada}}} \qquad \text{Eq. 11.62}$$

Fundações Profundas em Estacas

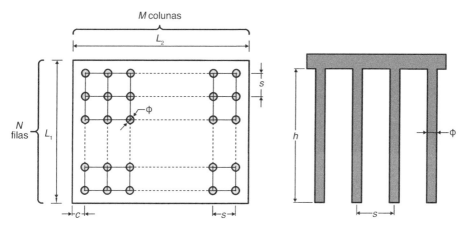

Figura 11.59 Método das filas e colunas.

11.5.2 Fórmula de Converse-Labarre

Válida para o mesmo grupo de $m \times n$ estacas já consideradas para a fórmula das filas e colunas.

$$\text{Eficiência} \Rightarrow \in = 1 - \alpha \cdot \left[\frac{(n-1) \cdot m + (m-1) \cdot n}{90 \cdot m \cdot n} \right] \quad \text{Eq. 11.63}$$

$$\alpha = \arctan\left(\frac{\phi}{s}\right) \Rightarrow \alpha \text{ em graus} \quad \text{Eq. 11.64}$$

11.5.3 Método de Feld

Consiste em descontar 1/16 de cada estaca do grupo, para cada estaca vizinha a ela. Trata-se de uma média ponderada entre a interação das estacas. Considera-se que um bloco com uma única estaca tem eficiência de 100 %.

$$\text{Eficiência} \in = \frac{16}{16} \; 1 = 100 \% \quad \text{Eq. 11.65}$$

Como exemplo, pode-se observar o emprego da metodologia de dois tipos de blocos de quatro estacas (Fig. 11.60).

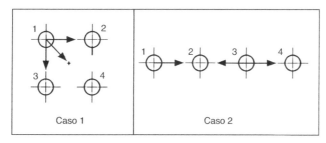

Figura 11.60 Metodologia de Feld.

Capítulo 11

- Caso 1

Estacas 1, 2, 3 e 4 – três estacas vizinhas $\dfrac{16}{16} - \dfrac{3}{16} = \dfrac{13}{16}$

$$\in = \left[\dfrac{4 \cdot \left(\dfrac{13}{16}\right)}{4}\right] = 0{,}8125 = 81{,}25\ \% \qquad \text{Eq. 11.66}$$

- Caso 2

Estacas 1 e 4 – uma estaca vizinha $\dfrac{16}{16} - \dfrac{1}{16} = \dfrac{15}{16}$

Estacas 2 e 3 – duas estacas vizinhas $\dfrac{16}{16} - \dfrac{2}{16} = \dfrac{14}{16}$

$$\in = \left[\dfrac{2 \cdot \left(\dfrac{15}{16}\right) + 2 \cdot \left(\dfrac{14}{16}\right)}{4}\right] = 0{,}9063 = 90{,}63\ \% \qquad \text{Eq. 11.67}$$

11.6 Exercícios Resolvidos

1) Calcular a capacidade de carga admissível para a estaca pré-moldada. Dados:

- Seção transversal da estaca: 0,40 m × 0,40 m.
- Comprimento total da estaca: 10 m.

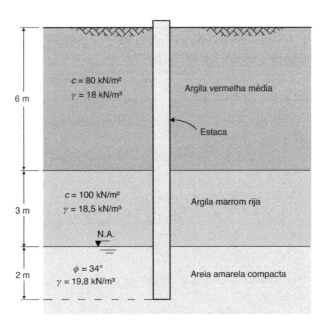

Fundações Profundas em Estacas

Resposta:

a) Cálculo do atrito lateral

Camada 1 – argila vermelha (espessura 6 m):

$R_L = r_L \cdot U \cdot \Delta\ell$, sendo $r_L = \alpha \cdot c_u \leq 380$ kPa

$$\alpha \begin{cases} 0,55 \Rightarrow \dfrac{c_u}{p_a} \leq 1,5 \\[2mm] 0,55 - 0,1 \cdot \left(\dfrac{c_u}{p_a} - 1,5 \right) \Rightarrow 1,5 < \dfrac{c_u}{p_a} \leq 2,5 \end{cases}$$

$\dfrac{c_u}{p_a} = \dfrac{80}{101,3} = 0,79$; então, $\alpha = 0,55$, o que resulta em $r_L = 0,55 \cdot 80 = 44$ kPa

$R_{L(1)} = r_L \cdot U \cdot \Delta\ell = 44 \cdot (4 \cdot 0,40) \cdot 6,0 = 422,4$ kN

Camada 2 – argila marrom (espessura 3 m):

$\dfrac{c_u}{p_a} = \dfrac{100}{101,3} = 0,99$; então, $\alpha = 0,55$, o que resulta em $r_L = 0,55 \cdot 100 = 55$ kPa

$R_{L(2)} = r_L \cdot U \cdot \Delta\ell = 55 \cdot (4 \cdot 0,40) \cdot 3,0 = 264$ kN

Camada 3 – areia amarela (espessura 2 m):

$r_L = K \cdot \sigma'_{v(médio)} \cdot \tan \phi'$, sendo $K = 0,85 \cdot (1 - \text{sen } \phi') = 0,85 \cdot (1\ \text{sen}34) = 0,375$

$$\sigma'_{v(médio)} = \frac{\sigma'_{v(-9m)} + \sigma'_{v(-11m)}}{2} = \frac{163,5 + 183,1}{2} = 173,3 \text{ kPa}$$

$\sigma'_{v(-9m)} = (6 \cdot 18 + 3 \cdot 18,5) = 163,5$ kPa

$\sigma'_{v(-11m)} = (18 \cdot 6,0 + 18,5 \cdot 3,0 + 19,8 \cdot 2,0) - (10 \cdot 2) = 183,1$ kPa

O atrito lateral unitário será

$r_L = K \cdot \sigma'_{v(médio)} \cdot \tan \phi' = 0,376 \cdot 173,3 \cdot \tan 34° = 43,8$ kPa

A carga lateral na camada de areia é

$R_{L(3)} = R_L \cdot U \cdot \Delta\ell = 43,8 \cdot (4 \cdot 0,40) \cdot 2,0 = 14$ kN

b) Cálculo da carga de ponta (areia)

$R_P = r_P \cdot A_P$, sendo $r_P = N_q \cdot \sigma'_v$

$\sigma'_v = (18 \cdot 6,0 + 18,5 \cdot 3,0 + 19,8 \cdot 2,0) - (10 \cdot 2) = 183,1$ kPa

$A_p = 0,40^2 = 0,16$ m² e $N_q = 21$ (Tabela 11.2)

$R_P = (N_q \cdot \sigma'_v) \cdot A_p = (21 \cdot 183,1) \cdot 0,16 = 615,2$ kN

Capítulo II

Capacidade de carga total: $R_{rup} = R_p + R_L = 615,2 + 422,4 + 264\ 14 = 1315,6$ kN

Capacidade de carga admissível: $R_{adm} = \dfrac{R_{rup}}{FS} = \dfrac{1315,6}{3} \cong 439$ kN

2) Considerando os dados do Exercício 1, determinar o comprimento da estaca para que a estaca suporte uma carga admissível de 600 kN.

Determinar o comprimento no trecho embutido em areia e somar aos 9 m em argila. Para obter uma carga admissível de 350 kN, devem-se fazer os cálculos para a carga de ruptura, que será igual a $600 \cdot 3 = 1800$ kN.

Resposta:

$R_{L1} + R_{L2} + R_{L3} + R_p = 950$ kN $\rightarrow 686,4 + R_{L3} + R_p = 1800$ kN

Carga lateral (R_{L3}):

$$R_{L(3)} = \left[0,375 \cdot \left(\frac{163,5 + \gamma_{sub} \cdot z}{2} \right) \cdot \tan 34° \right] \cdot (4 \cdot 0,40) \cdot z$$

Sendo $\gamma_{sub} = \gamma_{sat} - \gamma_w = 19,8 - 10 = 9,8$ kN/m³

$\therefore R_{L(3)} = [20,68 + 1,24\ z] \cdot 0,16\ z = 3,31\ z + 0,198\ z^2$

Sendo $\gamma_{sub} = \gamma_{sat} - \gamma_w = 19,8 - 10 = 9,8$ kN/m³

Carga de ponta (R_p):

$R_p = [(21 \cdot (163,5 + \gamma_{sub} \cdot z))] \cdot 0,16$

$\therefore R_p = 549,36 + 32,93\ z$

Assim,

$686,4 + (3,31\ z + 0,198\ z^2) + 549,36 + 32,93\ z) = 1800$ kN

Resulta em

$0,198\ z^2 + 36,24\ z - 564,24 = 0$

$z \geq 14,4$ m (trecho em areia)

Comprimento total da estaca $\rightarrow 9 + 14,4 = 23,4$ m $\therefore L \cong 24$ m

3) Para o perfil de sondagem apresentado a seguir, calcular a carga admissível de uma estaca *Strauss*, de 0,42 m de diâmetro e 9,0 de comprimento, arrasada na cota 0 m. Calcular pelos métodos Aoki e Velloso, Décourt e Quaresma e Teixeira.

Fundações Profundas em Estacas

Videoaula 14

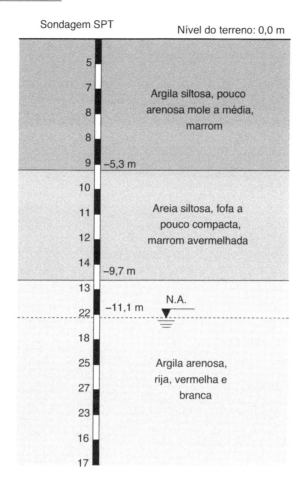

Resposta:
a) Aoki e Velloso

Resistência lateral $R_L = U \cdot \sum \left(\dfrac{\alpha \cdot K \cdot \bar{N}_{SPT}}{F_2} \cdot \Delta_L \right)$

Camada argila siltosa ($\Delta_L = 5{,}3$ m)

$\alpha = 4{,}0$ % (Tabela 11.4)

$K = 0{,}22$ MPa $= 220$ kPa (Tabela 11.4)

$\bar{N}_{SPT} = \dfrac{5 + 7 + 8 + 8 + 9}{5} = 7{,}4$

273

CAPÍTULO 11

Estaca *Strauss* (se enquadra como estaca escavada) $F_2 = 2 \cdot F_1 = 2 \cdot 3 = 6$

$U = \pi \cdot \phi = \pi \cdot 0,42 = 1,32$ m

$$R_{L(1)} = U \cdot \sum \left(\frac{\alpha \cdot K \cdot \bar{N}_{SPT}}{F_2} \cdot \Delta_L \right) = 1,32 \cdot \left(\frac{0,04 \cdot 220 \cdot 7,4}{6} \cdot 5,3 \right) \cong 76 \ \text{kN}$$

Camada areia siltosa ($\Delta_L = 3,7$ m)

$\alpha = 2,0$ % (Tabela 11.4)

$K = 0,80$ MPa $= 880$ kPa (Tabela 11.4)

$$\bar{N}_{SPT} = \frac{10 + 11 + 12 + 14}{4} = 11,75$$

$$R_{L(2)} = 1,32 \cdot \left(\frac{0,02 \cdot 800 \cdot 11,75}{6} \cdot 3,7 \right) = 153 \ \text{kN}$$

Então

$R_L = R_{L(1)} + R_{L(2)} = 76 + 153 = 229$ kN

Carga de ponta $R_P = \dfrac{K \cdot N_P}{F_1} \cdot A_P$

Camada de areia siltosa

$F_1 = 3$ (Tabela 11.4)

$K = 0,80$ MPa $= 880$ kPa (Tabela 11.4)

$N_P = 13$

$$A_P = \frac{\pi \cdot \phi^2}{4} = 0,139 \ \text{m}^2$$

$$R_P = \frac{K \cdot N_P}{F_1} \cdot A_P = \frac{800 \cdot 13}{3} \cdot 0,139 \cong 482 \ \text{kN}$$

A capacidade de carga será:

$R_{rup} = R_{L(1)} + R_{L(2)} + R_P = 76 + 153 + 482 = 711$ kN

$$R_{adm} = \frac{R_{rup}}{2} = \frac{711}{2} \cong 356 \ \text{kN}$$

Fundações Profundas em Estacas

b) Décourt e Quaresma

Resistência lateral $R_L = \beta \cdot U \cdot \Delta_L \cdot \left[10 \cdot \left(\dfrac{\overline{N}_{SPT}}{3} + 1 \right) \right]$

Camada argila siltosa ($\Delta_L = 5,3$ m)

$\overline{N}_{SPT} = 7,4$

$\beta = 0,80$ (Tabela 11.6)

$U = 1,32$ m

$R_{L(1)} = \beta \cdot U \cdot \Delta_L \cdot \left[10 \cdot \left(\dfrac{\overline{N}_{SPT}}{3} + 1 \right) \right] = 0,80 \cdot 1,32 \cdot 5,3 \cdot \left[10 \cdot \left(\dfrac{7,4}{3} + 1 \right) \right] = 194$ kN

Camada areia siltosa ($\Delta_L = 3,7$ m)

$\overline{N}_{SPT} = 11,75$

$\beta = 0,50$ (Tabela 11.6)

$R_{L(2)} = 0,50 \cdot 1,32 \cdot 3,7 \cdot \left[10 \cdot \left(\dfrac{11,75}{3} + 1 \right) \right] = 120$ kN

Então

$R_L = R_{L(1)} + R_{L(2)} = 194 + 120 \cong 314$ kN

Carga de ponta $R_p = \alpha \cdot C \cdot N_p \cdot A_p$

$\overline{N}_{SPT} = \dfrac{N_{SPT,1} + N_{SPT,2} + N_{SPT,3}}{3} = \dfrac{12 + 14 + 13}{3} = 13$

$C = 400$ kPa (Tabela 11.7)

$\alpha = 0,50$ (Tabela 11.8)

$R_p = \alpha \cdot C \cdot N_p \cdot A_p = 0,50 \cdot 400 \cdot 13 \cdot 0,139 = 361$ kN

A capacidade de carga será:

$R_{rup} = R_{L(1)} + R_{L(2)} + R_p = 194 + 120 + 361 = 675$ kN

$R_{adm} = \dfrac{R_L}{1,3} + \dfrac{R_p}{4} = \dfrac{314}{1,3} + \dfrac{361}{4} = 242 + 90 = 332$ kN

Capítulo 11

c) Teixeira

Resistência lateral $R_L = \beta_T \cdot \bar{N}_{SPT} \cdot U \cdot \Delta L$

$$\bar{N}_{SPT} = \frac{5 + 7 + 8 + 8 + 9 + 10 + 11 + 12 + 14}{9} = 9,3$$

$\beta_T = 4$ (Tabela 11.9)

$R_L = \beta_T \cdot \bar{N}_{SPT} \cdot U \cdot \Delta L = 4 \cdot 9,3 \cdot 1,32 \cdot 9 \cong 442$ kN

Resistência de ponta $R_P = \alpha_T \cdot \bar{N}_P \cdot A_P$

$\bar{N}_P$ é o valor médio da resistência penetração medido no ensaio SPT no intervalo de $4\,\phi$ acima da ponta da estaca até $1\,\phi$ abaixo

$4\,\phi = 4 \cdot 0,42 = 1,68$ m $\cong 2,00$ m   e $1\,\phi = 1 \cdot 0,42 = 0,42$ m $\cong 1,00$ m

$$\bar{N}_P = \frac{N_{(-8m)} - N_{(-9m)} - N_{(-10m)}}{3} = \frac{12 + 14 + 13}{3} = 13,0$$

$\alpha_T = 240$ kPa (Tabela 11.10)

$R_P = \alpha_T \cdot \bar{N}_P \cdot A_P = 240 \cdot 13,0 \cdot 0,139 = 434$ kN

A capacidade de carga será:

$R_{rup} = R_L + R_P = 442 + 434 = 876$ kN

$$R_{adm} = \frac{R_L}{1,5} + \frac{R_P}{4,0} = \frac{442}{1,5} + \frac{434}{4,0} = 403 \text{ kN}$$

Obs.: No método de Teixeira pode-se considerar os valores obtidos na carga admissível, tendo em vista que o fator de segurança para a carga de ponta é quatro (4,0). Cabe observar, caso haja dúvida da carga na ponta, sugere-se considerar nulo este valor ($R_P = 0$), como segue:

$$R_{adm} = \frac{R_L}{1,5} = \frac{442}{1,5} = 295 \text{ kN}$$

4) Para o perfil de sondagem do Exercício 3, calcular a carga admissível de uma estaca de aço (perfil laminado) W530 × 109 de comprimento 12 m apoiado à cota −14 m. Utilizar o método Aoki e Velloso (considerar as superfícies colada e circunscrita).

Resposta:

As propriedades geométricas podem ser obtidas por meio da Tabela 11.15, conforme segue:

- d (alma) $= 53,9$ cm e b_f (mesa) $= 21,1$ cm
- Perímetro colado $= 187$ cm e perímetro circunscrito $= 150$ cm
- Área bruta $= 139,7$ cm² e área circunscrita $= 1137$ cm²

Considerando o tipo de solo em que a estaca está embutida e a Tabela 11.2, a espessura de sacrifício analisada é de 1,0 mm. Assim, a área líquida será de 121 cm², o que resulta em uma carga estrutural máxima de 2418 kN.

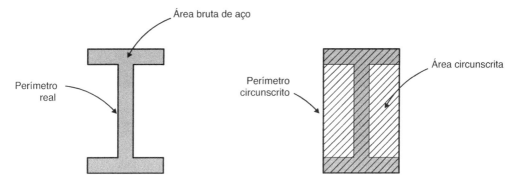

a) Superfície circunscrita
Estaca metálica $F_2 = 1,75 \Leftrightarrow F_1 = 2 \cdot 1,75 = 3,5$

Resistência lateral $R_L = U \cdot \sum \left(\dfrac{\alpha \cdot K \cdot \bar{N}_{SPT}}{F_2} \cdot \Delta_L \right)$

Perímetro circunscrito $U = 1,50$ m

- Camada argila siltosa -2 m a $-5,3$ m ($\Delta_L = 3,3$ m)
$\alpha = 4,0$ % (Tabela 11.4)
$K = 0,22$ MPa $= 220$ kPa (Tabela 11.4)

$\bar{N}_{SPT} = \dfrac{8 + 8 + 9}{3} = 8,3$

d) Aoki e Velloso
Resistência lateral $R_L = 1,50 \cdot \left(\dfrac{0,04 \cdot 220 \cdot 8,3}{3,5} \cdot 3,3 \right) \cong 103$ kN

- Camada areia siltosa $-5,3$ m a $-9,7$ m ($\Delta_L = 4,4$ m)
$\alpha = 2,0$ % (Tabela 11.4)
$K = 0,80$ MPa $= 880$ kPa (Tabela 11.4)

$\bar{N}_{SPT} = \dfrac{10 + 11 + 12 + 14}{4} = 11,75$

$R_{L(2)} = 1,50 \cdot \left(\dfrac{0,02 \cdot 800 \cdot 11,75}{3,5} \cdot 4,4 \right) = 354,5$ kN

- Camada argila arenosa $-9,7$ m a $-14,0$ m ($\Delta_L = 4,3$ m)
$\alpha = 2,4$ % (Tabela 11.4)

CAPÍTULO 11

$K = 0,35$ MPa $= 350$ kPa (Tabela 11.4)

$$\bar{N}_{SPT} = \frac{13 + 22 + 18 + 25}{4} = 19,5$$

$$R_{L(3)} = 1,50 \cdot \left(\frac{0,024 \cdot 350 \cdot 19,5}{3,5} \cdot 4,3 \right) = 301,9 \text{ kN}$$

Então

$$R_L = R_{L(1)} + R_{L(2)} + R_{L(3)} = 103,3 + 354,5 + 301,9 = 759,7 \text{ kN}$$

Resistência de ponta $R_P = \dfrac{K \cdot N_P}{F_1} \cdot A_P$

• Camada de argila arenosa

$F_1 = 1,753$ (Tabela 11.4)

$K = 0,35$ MPa $= 350$ kPa (Tabela 11.4)

$N_p = 27$

$$R_P = \frac{350 \cdot 27}{1,75} \cdot 0,1137 = 614 \text{ kN}$$

A capacidade de carga será:

$$R_{rup} = R_{L(1)} + R_{L(2)} + R_{L(3)} + R_P = 103,3 + 354,5 + 301,9 + 614 \cong 759,7 \text{ kN}$$

$$R_{adm} = \frac{R_{rup}}{2} = \frac{1374}{2} = 687 \text{ kN}$$

b) Superfície colada

Consideram-se os mesmos valores de α, K, $\bar{N}_{SPT}$, F_1 e F_2

Resistência lateral

Perímetro colado $U = 1,87$ m

• Camada argila siltosa -2 m a $-5,3$ m ($\Delta_L = 3,3$ m)

$$R_L = 1,87 \cdot \left(\frac{0,04 \cdot 220 \cdot 8,3}{3,5} \cdot 3,3 \right) \cong 129 \text{ kN}$$

• Camada areia siltosa $-5,3$ m a $-9,7$ m ($\Delta_L = 4,4$ m)

$$R_{L(2)} = 1,87 \cdot \left(\frac{0,02 \cdot 800 \cdot 11,75}{3,5} \cdot 4,4 \right) \cong 442 \text{ kN}$$

• Camada argila arenosa $-9,7$ m a $-14,0$ m ($\Delta_L = 4,3$ m)

$$R_{L(3)} = 1,87 \cdot \left(\frac{0,024 \cdot 350 \cdot 19,5}{3,5} \cdot 4,3 \right) = 376,3 \text{ kN}$$

Então:

$$R_L = R_{L(1)} + R_{L(2)} + R_{L(3)} = 129 + 442 + 376,3 = 947,3 \text{ kN}$$

Resistência de ponta $R_P = \dfrac{K \cdot N_P}{F_1} \cdot A_P$

278

Fundações Profundas em Estacas

- Camada de argila arenosa

$N_p = 27$

A_p (bruta) = 0,01397 m²

$R_p = \dfrac{350 \cdot 27}{1,75} \cdot 0,1397 = 75,4$ kN

A capacidade de carga será:

$R_{rup} = R_{L(1)} + R_{L(2)} + R_{L(3)} + R_P = 124 + 442 + 376,3 + 75,4 \cong 1018$ kN

$R_{adm} = \dfrac{R_{rup}}{2} = \dfrac{1018}{2} = 509$ kN

5) Executou-se uma obra de fundações constituídas por estacas pré-moldadas de concreto, maciças, de 26 cm de diâmetro e comprimento médio de cravação de 10 m; foram cravadas com um bate-estacas de queda livre com massa do martelo de 2800 kg e altura de queda de 0,50 m. Determinar a resistência mobilizada utilizando os dados da nega e repique, conforme a figura a seguir. O terreno de embutimento da estaca é caracterizado por argila siltosa.

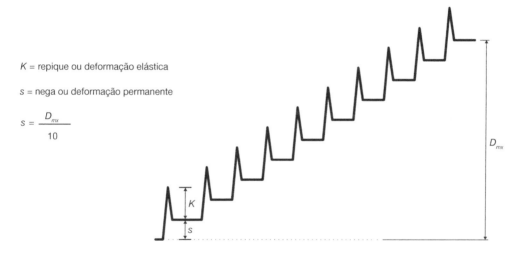

K = repique ou deformação elástica

s = nega ou deformação permanente

$s = \dfrac{D_{mx}}{10}$

Dados: K (médio) = 15 mm e D_{mx} = 20 mm

Resposta:

a) Nega $\left(s = \dfrac{D_{mx}}{10} \right)$

$P = 28$ kN, $Q = \left[\left(\dfrac{\pi \cdot \phi^2}{4} \right) \cdot L \right] \cdot \gamma_{conc} = \left[\left(\dfrac{\pi \cdot 0,26^2}{4} \right) \cdot 10 \right] \cdot 25 = 13,27$ kN,

$h = 0,50$ m, s = $\dfrac{D_{mx}}{10} = \dfrac{20}{10} = 2$ mm = 0,002 m, $c = 2,5$ cm = 0,025 m

CAPÍTULO 11

- Fórmula dos holandeses (Woltmann)

$$R_d = \frac{P^2 \cdot h}{s \cdot (P+Q)} \cdot \frac{1}{\eta} = \frac{28^2 \cdot 0,50}{0,002 \cdot (28+13,27)} \cdot \frac{1}{6} = 791 \text{ kN}$$

- Fórmula de Brix

$$R_d = \frac{P^2 \cdot Q \cdot h}{s \cdot (P+Q)^2} \cdot \frac{1}{\eta} = \frac{28^2 \cdot 13,27 \cdot 0,50}{0,002 \cdot (28+13,27)^2} \cdot \frac{1}{6} = 254 \text{ kN}$$

- Fórmula do Engineering News

$$R_d = \frac{P \cdot h}{s+c} \cdot \frac{1}{\eta} = \frac{28 \cdot 0,50}{0,002+0,025} \cdot \frac{1}{6} = 86 \text{ kN}$$

- Fórmula de Eytelwein

$$R_d = \left(\frac{P^2 \cdot h}{s \cdot (Q+P)} + Q + P \right) \cdot \frac{1}{\eta} = \left(\frac{28^2 \cdot 0,50}{0,002 \cdot (28+13,27)} + 28 + 13,27 \right) \cdot \frac{1}{6} = 798 \text{ kN}$$

b) Repique $R_{mob} = \dfrac{(K-C3) \cdot E \cdot A}{f \cdot L}$

$E = 30$ GPa $= 30 \cdot 10^6$ kPa, $A = 0,053$ m^2, $f = 0,8$, $K = 1,5$ cm $= 0,015$ m, $L = 10$ m

$C3 = 5,0$ a $7,5$ cm (Tabela 12,4) $= 6,25$ mm $= 0,00625$ m (média)

$$Q_{mob} = \frac{(0,015-0,00625) \cdot 30.000.000 \cdot 0,053}{0,8 \cdot 10} = 1739 \text{ kN}$$

6) Determinar a "nega" para 10 golpes necessários para que uma estaca de concreto pré-moldada, com 15 m de comprimento e seção 0,35 m × 0,35 m, cravada com um martelo de queda livre com peso de 35 kN e altura de queda de 0,60 m, que possa suportar uma carga de 450 kN. Utilize os métodos dos holandeses, Brix, Engineering News e Eytelwein.

Resposta:

Sendo

$P = 35$ kN, $h = 0,60$ m, $c = 2,5$ cm $= 0,025$ m

$Q = (0,35 \cdot 0,35 \cdot 15) \cdot \gamma_{conc} = 1,8375 \cdot 25 = 45,94$ kN

$R_d = 450$ kN

s (10 golpes) $= ?$

- Fórmula dos holandeses (Woltmann)

$$s = \frac{P^2 \cdot h}{R_d \cdot (P+Q)} \cdot \frac{1}{\eta} = \frac{35^2 \cdot 0,60}{450 \cdot (35+45,94)} \cdot \frac{1}{6} = 0,0034 \text{ m} = 3,4 \text{ mm}$$

s (10 golpes) $= 34$ mm

280

Fundações Profundas em Estacas

- Fórmula de Brix

$$s = \frac{P^2 \cdot Q \cdot h}{R_d \cdot (P+Q)^2} \cdot \frac{1}{\eta} = \frac{35^2 \cdot 45,94 \cdot 0,60}{450 \cdot (35+45,94)^2} \cdot \frac{1}{6} = 0,0019 \text{ m} = 1,9 \text{ mm}$$

s (10 golpes) = 19 mm

- Fórmula do Engineering News

$$s = \frac{P \cdot h - R_d \cdot c}{R_d} \cdot \frac{1}{\eta} = \frac{35 \cdot 0,60 - 450 \cdot 0,025}{450} \cdot \frac{1}{6} = 0,0036 \text{ m} = 3,6 \text{ mm}$$

s (10 golpes) = 36 mm

- Fórmula de Eytelwein

$$s = \left(\frac{P^2 \cdot h}{R_d \cdot Q + R_d \cdot P - Q \cdot P - P \cdot c - Q^2 - P^2} \right) \cdot \frac{1}{\eta}$$

$$s = \left(\frac{35^2 \cdot 0,60}{450 \cdot 45,94 + 450 \cdot 35 - 45,94 \cdot 35 - 35 \cdot 0,025 - 45,94^2 - 35^2} \right) \cdot \frac{1}{6} = 0,0039 = 3,9 \text{ mm}$$

s (10 golpes) = 39 mm

7) Para um grupo de estacas (obedecendo a todas as especificações de espaçamento mínimo etc.), dispostas em um bloco de 4 × 5 (estacas) apresentado a seguir, determinar a eficiência pelas fórmulas das filas e colunas, Converse-Labarre e Feld. Fazer o cálculo para estacas pré-moldadas e moldadas *in loco*, com diâmetro de 0,40 m.

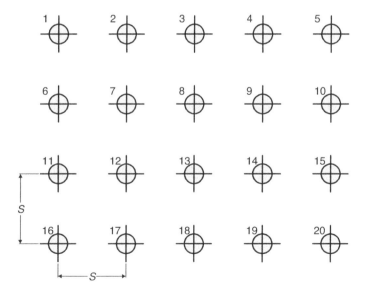

Resposta:

Dados:

$U = \pi \cdot \phi = \pi \cdot 0,40 = 1,26$ m

CAPÍTULO 11

m (filas) = 4

n (colunas) = 5

Estaca pré-moldada

Espaçamento mínimo $\rightarrow s_{min} = 2,5 \cdot \phi = 2,5 \cdot 0,40 = 1,00$ m

a) Filas e colunas

$$\in \; = \; \frac{2 \cdot (m+n-2) \cdot s + 4 \cdot \phi}{m \cdot n \cdot U_{estaca\ isolada}} = \frac{2 \cdot (4+5-2) \cdot 1,0 + 4 \cdot 0,40}{4 \cdot 5 \cdot 1,26} = 0,619 = 61,9\ \%$$

b) Converse-Labarre

$$\in \; = \; 1 - \alpha \cdot \left[\frac{(n-1) \cdot m + (m-1) \cdot n}{90 \cdot m \cdot n} \right], \text{ sendo } \alpha = \arctan\left(\frac{\phi}{s} \right) \Rightarrow \alpha \text{ em graus}$$

$$\alpha = \arctan\left(\frac{\phi}{s} \right) = \arctan\left(\frac{0,4}{1,0} \right) = 21,8°$$

$$\in \; = \; 1 - 21,8 \cdot \left[\frac{(5-1) \cdot 4 + (4-1) \cdot 5}{90 \cdot 4 \cdot 5} \right] = 0,625 = 62,5\ \%$$

c) Feld

Estaca	Vizinhas	Eficiência		
1-5-16-20	3	$\frac{16}{16}$	$-\frac{3}{16}$	$= \frac{13}{16} = 0,8125$
2-3-4-6-10-11-15-17-18-19	5	$\frac{16}{16}$	$-\frac{5}{16}$	$= \frac{11}{16} = 0,6875$
7-8-9-12-13-14	8	$\frac{16}{16}$	$-\frac{8}{16}$	$= \frac{8}{16} = 0,5000$

$$\in \; = \; \left[\frac{(4 \cdot 0,8125) + (10 \cdot 0,6875) + (6 \cdot 0,5000)}{20} \right] = 0,656 = 65,6\ \%$$

Estaca moldada *in loco*

Espaçamento mínimo $\rightarrow s_{min} = 3,0 \cdot \phi = 3,0 \cdot 0,40 = 1,20$ m

a) Filas e colunas

$$\in \; = \; \frac{2 \cdot (4+5-2) \cdot 1,2 + 4 \cdot 0,40}{4 \cdot 5 \cdot 1,26} = 0,730 = 73,0\ \%$$

b) Converse-Labarre

$$\alpha = \arctan\left(\frac{\phi}{s} \right) = \arctan\left(\frac{0,4}{1,2} \right) = 18,4°$$

282

$$\in \;=\; 1-18,4\cdot\left[\frac{(5-1)\cdot 4+(4-1)\cdot 5}{90\cdot 4\cdot 5}\right]=0,683=68,3\ \%$$

c) Feld

Este método é independente do tipo de estaca; desta forma, a eficiência é a mesma que a calculada para estaca pré-moldada, ou seja, 65,6 %.

11.7 Exercícios Propostos

1) Calcule a capacidade de carga admissível para a estaca pré-moldada. Dados:
- Seção transversal da estaca: $\phi = 0,30$ m.
- Comprimento total da estaca: 14 m.

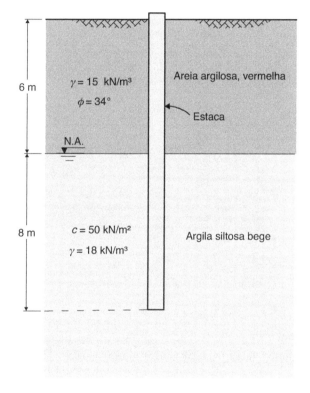

Capítulo II

2) Para o perfil de sondagem apresentado a seguir, calcule a carga admissível de uma estaca pré-moldada, de concreto, quadrada, maciça, com 16 cm × 16 cm de lados e 13,0 de comprimento, arrasada na cota 0 m. Calcule pelos métodos Aoki e Velloso, Décourt e Quaresma e Teixeira.

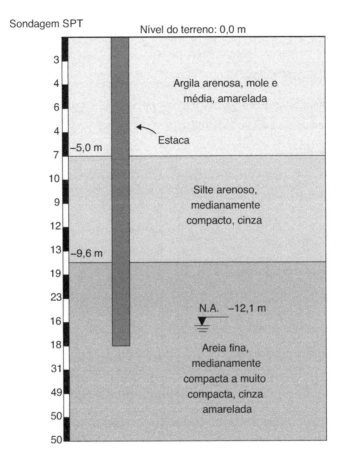

3) Para o perfil de sondagem do exercício anterior, calcule a carga admissível de uma estaca de aço circular de ponta fechada (laminado), de diâmetro de 323,8 mm (12,5 mm) de comprimento de 13 m. Utilize os métodos Aoki e Velloso, Décourt e Quaresma e Teixeira.

4) Determine a resistência mobilizada de uma estaca pré-moldada, de concreto, quadrada, protendida maciça, de 40 cm de lado e comprimento médio de cravação de 12 m. A estaca foi cravada com um bate-estacas de queda livre com massa do martelo de 3500 kg e altura de queda de 0,45 m. Determine a resistência mobilizada utilizando os dados da cravação (DMX = 15 mm) e repique (20 mm), e empregando os métodos com base na nega e repique. O terreno de embutimento da estaca é caracterizado por areia siltosa ($\gamma_c = 25$ kN/m^3).

5) Para um grupo de estacas (obedecendo a todas as especificações de espaçamento mínimo etc.), dispostas em um bloco com 12 estacas apresentado a seguir, determine a eficiência pelas fórmulas das filas e colunas, Converse-Labarre e Feld. Faça o cálculo para estacas pré-moldadas e moldadas *in loco*, com diâmetro de 0,50 m.

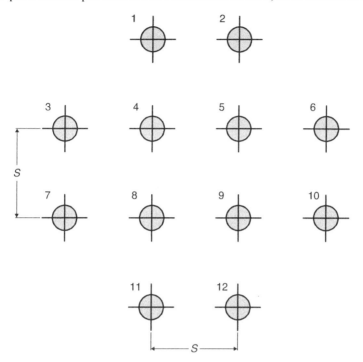

Capítulo 12

Escolha do Tipo de Fundação

Videoaula 15

Uma das etapas mais importantes da Engenharia de Fundações é a definição do elemento estrutural a ser empregado em um projeto geotécnico. Conforme visto anteriormente, a fundação pode ser rasa ou profunda, em seus mais variados processos executivos. Nesta fase é primordial que se tenha o conhecimento de alguns elementos para que se possa fazer a opção técnica e economicamente adequada para determinada obra. Entre esses elementos, destacam-se:

- Sistema estrutural empregado, a intensidade das cargas, incluindo a forma (distribuída ou concentrada) e o tipo dos carregamentos (tração, horizontal, momentos etc.);
- Características geológicas e geotécnicas do subsolo e informações sobre o nível do lençol freático. Tais informações devem ser obtidas pelo menos por meio de sondagens SPT executadas de acordo com a NBR 6484 e em quantidade e distribuição adequadas às peculiaridades do projeto. Caso haja necessidade de informações mais detalhadas, podem-se executar ensaios adicionais, por exemplo, CPTu, DMT, PMT, entre outros;
- As condições de mercado do local, verificando a disponibilidade de determinados processos executivos e seus custos;
- A necessidade de avaliação do local da obra, analisando as questões urbanísticas e suas restrições (ruídos, vibrações etc.). Destaca-se a importância da avaliação das construções existentes, tendo em vista que o processo executivo da fundação pode acarretar danos às edificações lindeiras.

Na escolha de uma fundação, além dos critérios técnicos, que são os principais, devem-se avaliar também os custos envolvidos, pois há situações em que determinadas soluções podem ser mais onerosas que outras potencialmente elegíveis, embora estas apresentem as mesmas condições técnicas em termos de segurança. Desta forma o critério econômico será um fator decisivo no processo de escolha do tipo de fundação a ser empregado. Outro fator a ser analisado é o tempo despendido durante a execução, pois deve estar adequado ao cronograma da obra. Sempre que for possível, aspectos

Escolha do Tipo de Fundação

relacionados à logística e à economia de escala devem ser priorizados optando-se pelo uso de um único tipo de fundação para uma obra.

12.1 Planejamento

Para desenvolvimento desta etapa, é preciso ter em mãos as informações e os dados indicados anteriormente, tais como: dados do subsolo, carregamentos etc. Assim, o procedimento será o seguinte:

– Deve-se analisar o emprego de fundações rasas (sapatas e *radiers* econômicos), por serem um elemento de fundação que requer, em geral, menos escavações e volumes de concreto e aço. Para isso deve-se analisar a capacidade de suporte do terreno (compacidade ou consistência), além de avaliar a colapsibilidade em função do aumento do teor de umidade.

Considera-se o uso de fundação direta como solução econômica quando for atendida a seguinte relação (Eq. 12.1):

$$\frac{\sigma_{prédio}}{\sigma_{adm}} \leq \frac{2}{3} \qquad \text{Eq. 12.1}$$

$$\sigma_{prédio} = n \cdot \sigma_{tip} \qquad \text{Eq. 12.2}$$

em que n é o número de andares e σ_{tip} é a tensão média típica de 12 kN/m² por andar (estruturas de concreto armado destinadas a moradias e escritórios).

Desta forma a tensão admissível mínima a ser empregada para atender essa condição será dada por

$$\sigma_{adm\,(min)} \geq 1,5 \cdot \sigma_{tip} \cdot n \qquad \text{Eq. 12.3}$$

– Mesmo sendo possível o emprego de fundação rasa, deve-se analisar o emprego de fundações profundas (estaca ou tubulão), em função do critério econômico. Neste caso, é importante verificar a viabilidade do emprego de determinados elementos estruturais de fundação profunda aplicáveis no local, levando em consideração os efeitos de vibração, ruído etc. No caso de estacas, deve-se indicar o diâmetro a ser utilizado, em função da carga estrutural (Tabela 10.11) e indicar a profundidade de embutimento, por meio da estimativa da sua capacidade de carga, conforme visto no Capítulo 10. No caso do emprego de tubulão, deve-se verificar a metodologia adequada de escavação, de acordo com a posição do lençol freático, assim como definir a cota de apoio da base por meio da estimativa da capacidade de suporte do solo, ou seja, determinar o valor da tensão admissível.

Para o caso do emprego de estacas deve-se definir o diâmetro da estaca com base na carga do pilar e consequentemente o valor da tensão de compressão a que o elemento de fundação estará submetido, do ponto de vista estrutural. É indicado que um bloco de coroamento seja composto por, no mínimo, três estacas em geometria triangular; desta forma, tem-se rigidez nas duas direções (Fig. 12.1). Para que esta situação ocorra, deve-se determinar a carga média majorada dos pilares em função do peso

287

Capítulo 12

próprio do bloco (acréscimo de 5 %), e dividir esse valor por três. Utilizando-se essa condição, resultarão, para situações de pilares com carga mínina, blocos de uma ou duas estacas, enquanto, nos pilares de carga máxima, a quantidade de estacas se situará entre cinco e seis.

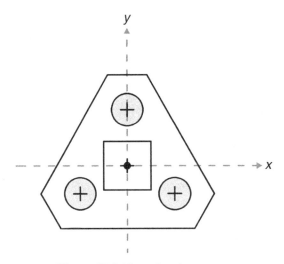

Figura 12.1 Bloco de três estacas.

12.2 Estimativa dos Esforços nas Fundações

Em determinadas situações o engenheiro de fundações necessita elaborar um anteprojeto de viabilidade do empreendimento, tendo em vista que o seu subsolo pode requerer o emprego de alguma técnica executiva de fundação que onere de forma significativa os custos da obra, como no caso da presença de argilas moles, material contaminado etc. Nesta fase de estudos, pode haver situações em que o projeto estrutural não está concluído. Nestes casos deve-se fazer uma estimativa das cargas dos pilares, em função das características e da atividade fim da construção, para que se possa fazer um pré-dimensionamento das fundações. Existem alguns critérios de estimativa dessas cargas, que podem ser em função dos números de pavimentos (n) da edificação destinada a moradias e escritórios.

Em geral os pilares de canto são os menos carregados, enquanto os centrais são os mais carregados, em razão da maior contribuição das áreas de influência nesses pilares (Fig. 12.2). Dessa forma e adotando a tensão média típica (σ_{tip}) de 12 kN/m² por pavimento, para estruturas de concreto armado destinadas a moradias e escritórios, determinam-se as cargas nos pilares, conforme a Eq. 12.4.

A carga estimada aplicada em cada um dos pilares pode ser calculada como

$$Q_{pilar(i)} = n \cdot A_i \cdot \sigma_{tip} [kN] \qquad \text{Eq. 12.4}$$

em que $Q_{pilar(i)}$ é a carga estimada aplicada a determinado pilar, n é o número de pavimentos da edificação, A_i é a área de influência relativa ao pilar i, s_{tip} é a tensão média típica para esse tipo de construção.

Escolha do Tipo de Fundação

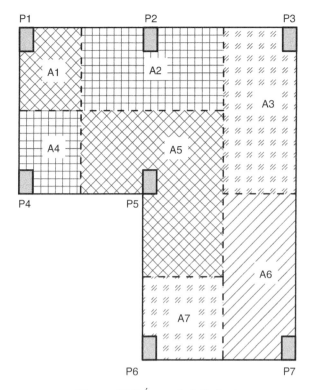

Figura 12.2 Áreas de influência.

Em caso de paredes de edificações térreas ou de dois pavimentos executadas em alvenaria estrutural, desde que não haja presença de cargas concentradas de pilares, o carregamento é considerado distribuído linearmente ao longo da parede, permitindo o emprego de sapata corrida (Fig. 12.3). Tal opção pode gerar economia na construção, tendo em vista a redução de concreto e aço, além da sistematização do processo.

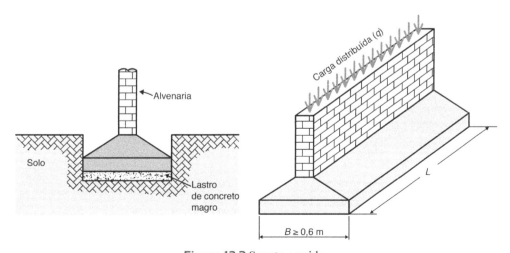

Figura 12.3 Sapata corrida.

CAPÍTULO 12

De forma simplificada, as cargas distribuídas da parede que incidem na sapata corrida em residências térreas são da ordem de 20 kN/m e naquelas de dois pavimentos (sobrados) são de 40 kN/m.

12.3 Limitações

Todas as fundações apresentam alguma limitação no seu emprego, tendo em vista seu processo executivo, as características do subsolo, regionalidade e viabilidade econômica (Tabela 12.1).

Tabela 12.1 Limitações de uso

Sapatas, sapatas corridas, blocos de fundação, *radiers*˙	- Em solos potencialmente colapsíveis e com possibilidade do aumento do teor de umidade, o que pode ser um fator impeditivo para adoção desta solução - Abaixo do N.A. necessitam de esgotamento e/ou rebaixamento do lençol - Aterros não controlados e/ou de materiais não convencionais (resíduos)
Tubulões a céu aberto	- Estabilidade das paredes da escavação, necessitando de revestimentos - Abaixo do N.A. - Operários não habilitados para a atividade (NR 18).
Tubulões a ar comprimido	- Custo elevado - Limitados em profundidades elevadas abaixo do N.A. por causa da pressão de ar interna da câmara (campânula) - Operários não habilitados para a atividade (NR 18) - Doenças de compressivas
Estacas brocas (trado manual)	- Abaixo do N.A. - Para estabilidade das paredes da escavação é recomendável sua execução em solos coesivos - Alívio da escavação (redução da resistência) pela demora na concretagem - Limitação da profundidade da escavação e no diâmetro do fuste em razão da resistência do solo - Limitação no emprego em vista da reduzida capacidade de carga geotécnica
Estacas escavadas a seco (trado mecânico)	- Abaixo do N.A. - Para estabilidade das paredes da escavação é recomendável sua execução em solos coesivos
Estacas escavadas com fluido estabilizante	- Elevada geração de resíduo da escavação - Destinação adequada dos resíduos - Disponibilidade de área no canteiro de obras para instalação dos equipamentos - Custo elevado - Demandam cuidados com a concretagem
Estaca *Strauss*	- Limitação no comprimento - Revestimento obrigatório - Demanda cuidados na concretagem - Presença de solos moles

(continua)

290

Escolha do Tipo de Fundação

Tabela 12.1 Limitações de uso (*continuação*)

Estaca *Franki*	- Elevada vibração - Presença de matacões - Presença de solos moles - Construções vizinhas em estado precário - Limitação no comprimento - Baixa velocidade de execução
Estaca *hollowauger*	- Torque da máquina - Limitação no comprimento e diâmetro - Custo elevado
Estaca raiz	- Elevado consumo de água - Elevada geração de resíduos da escavação - Destinação adequada dos resíduos - Custo elevado
Estaca hélice contínua	- Mobilização - Proximidade de usina de concreto - Demanda terreno plano e de fácil acesso - Colocação da armadura - Comprimento limitado para armadura
Estaca hélice de deslocamento	- Mobilização - Proximidade de usina de concreto - Limitação do diâmetro - Terreno plano e de fácil acesso - Comprimento limitado para armadura - Torque da máquina - Solos resistentes
Estaca mega	- Sistema de reação para cravação - Custo elevado
Estaca pré-moldada de concreto	- Mobilização - Transporte dos elementos estruturais (estacas) - Presença de camadas resistentes - Vibração
Estaca metálica	- Mobilização - Vibração reduzida - Desvio durante a cravação em terreno com presença de matacões (interferências) - Custo
Estaca de madeira	- Não indicada para obras permanentes, exceto se forem realizados estudos para essa destinação

* Como fundação de edificações de múltiplos andares, por envolver elevado custo de concreto e aço.

12.4 Exercícios Resolvidos

1) Indicar os tipos de fundações mais adequados para a construção de um edifício residencial de dez pavimentos, considerando o perfil de subsolo apresentado a seguir. A distância média entre pilares é da ordem de 4 m.

Capítulo 12

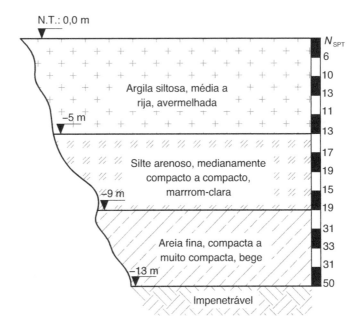

Resposta:

Como não foram fornecidas as cargas da edificação, emprega-se o recurso da tensão média típica (σ_{tip}) de 12 kN/m² por pavimento. A carga média de um pilar pode ser obtida da seguinte forma:

Considerando-se dez pavimentos e uma área de influência de 16 m² (ou 4 m × 4 m), tem-se:

$$Q_{\text{média-pilar}} = n \cdot A_i \cdot \sigma_{tip} = 10 \cdot (4 \cdot 4) \cdot 12 = 1920 \text{ kN}$$

em que:

n = número de pavimentos;

A_i = área de influência.

Na escolha do tipo de fundação, deve-se verificar o emprego de fundações rasas e profundas como opção técnica. Adicionalmente, observar os critérios econômicos e tempo de execução como orientadores na tomada de decisão. Baseando-se nessas premissas, procedem-se as seguintes etapas de avaliação do processo:

a) Fundação direta

Supondo o apoio das sapatas na cota −2 m, pode-se estimar a tensão admissível do solo por meio do uso de alguma fórmula empírica. Neste caso será empregada a proposta de De Mello (1975):

$$\sigma_{adm} = 20 \cdot \bar{N}_{SPT} \text{ (kPa)}$$

É importante ressaltar que valores baixos do N_{SPT} fornecerão tensões admissíveis também baixos; desta forma, sugere-se apoiar as sapatas em $N_{SPT} \geq 10$ golpes.

Escolha do Tipo de Fundação

Como não se dispõe das dimensões das sapatas e, consequentemente, da possibilidade de avaliar a profundidade do bulbo de tensões, pode-se adotar a média de três valores do N_{SPT} que estão sob a sapata.

$$\overline{N}_{SPT} = \frac{10 + 13 + 11}{3} = 11,3$$

Assim, $\sigma_{adm} \approx 20 \cdot 11,3 = 226$ kPa

Adota-se um valor de tensão admissível que seja múltiplo de 50 kPa; desta forma, será utilizado um valor de 200 kPa. Considera-se o uso de fundação direta como solução econômica quando for atendida a seguinte relação:

$$\frac{\sigma_{prédio}}{\sigma_{adm}} \leq \frac{2}{3}, \text{ em que } \sigma_{prédio} = n \cdot \sigma_{tip}$$

Assim, $\dfrac{\sigma_{prédio}}{\sigma_{adm}} = \dfrac{10 \cdot 12}{200} = 0,60 < \dfrac{2}{3}$ Ok!

A sapata (quadrada) do pilar de carga média será:

$$B = \sqrt{\frac{1920}{200}} = 3,09 \ \text{m} \rightarrow B = 3,10 \ \text{m}$$

Observação: É importante avaliar a possibilidade de se tratar de solo colapsável ao avaliar o emprego de sapatas e a análise dos recalques.

b) Fundação profunda (tubulão)

Inicialmente descarta-se o uso de tubulões, tendo em vista a possibilidade do uso de sapatas; no entanto, se as cargas do edifício obtidas pelo projeto estrutural finalizado forem elevadas, deve-se analisar a possibilidade de buscar horizonte mais resistente.

Supondo o apoio das sapatas na cota –6 m, pode-se estimar a tensão admissível do solo por meio do uso de alguma fórmula empírica. Neste caso será empregada a proposta de Alonso (1983):

$$\sigma_{adm} < 33,33 \cdot \overline{N}_{SPT} \ (\text{kPa}) \rightarrow \overline{N}_{SPT} \leq 20$$

Considerando-se um bulbo com $H = 3$ m, tem-se o seguinte valor de N_{SPT} médio:

$$\overline{N}_{SPT} = \frac{17 + 19 + 15}{3} = 17, \overline{N}_{SPT} = \frac{17 + 19 + 15}{3} = 17; \text{ logo, a tensão admissível}$$

poderá ser calculada da seguinte forma:

$$\sigma_{adm} = 33,33 \cdot 17 \cong 565 \ \text{kPa}$$

Será adotada uma tensão admissível de 550 kPa.

Consequentemente, o diâmetro da base será:

$$D = \sqrt{\frac{4 \cdot P}{\pi \cdot \sigma_{adm}}} = \sqrt{\frac{4 \cdot 1920}{\pi \cdot 550}} \cong 2,10 \ \text{m (sendo um tubulão por pilar)}$$

CAPÍTULO 12

c) Fundação profunda (estacas)

Adotando-se um bloco com três estacas em média, a carga por estaca será:

$$P = \frac{1920}{3} = 640 \text{ kN}$$

Na avaliação das possíveis estacas que podem ser utilizadas no projeto, deve-se avaliar a geometria (seção transversal) que atende a carga (640 kN) (Tabelas 10.13 a 10.22) e também a limitação dos equipamentos de perfuração tendo em vista os valores do N_{SPT} (Tabela 10.23). Cabe ressaltar que, em casos de obras permanentes, não se empregam estacas de madeira. Desta forma, as opções seriam:

a) Estaca escavada (sem fluido) → ϕ 50 cm

b) Estaca hélice contínua → ϕ 50 cm

c) Pré-moldada concreto (circular) → ϕ 26 cm (maciça) ou ϕ 28 cm (vazada)

O comprimento será definido com base no emprego de fórmulas de capacidade de carga, de forma que seja compatível com a carga mínima necessária, que neste caso é de 640 kN, considerando em média três estacas por pilar.

Há de se destacar as limitações do uso de cada tipo de estaca com relação à resistência do solo em função do N_{SPT} (Tabela 10.23) e da execução (Tabela 11.1), além dos critérios de custos de cravação ou perfuração e de mobilização dos equipamentos.

2) Para implantação de uma fábrica, foram feitas sondagens SPT, cujos resultados são fornecidos abaixo. Indique quais os tipos de fundação mais adequados, sabendo que a carga média dos pilares é da ordem de 1200 kN.

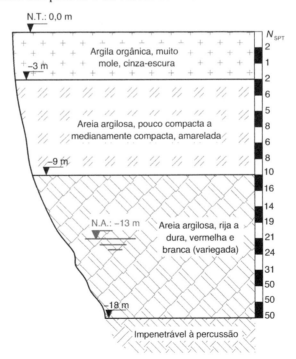

Escolha do Tipo de Fundação

Resposta:

a) Fundação direta

Não é viável, pois a camada superficial é constituída por argila orgânica com N_{SPT} baixos, seguida por uma camada de areia argilosa com valores inferiores a dez golpes, o que não é aconselhável.

b) Fundação profunda (tubulão)

Analisando o perfil, verifica-se que a partir da cota –9 m o terreno apresenta maior resistência, com um valor do N_{SPT} igual a dez, e que se apresenta crescente em profundidade. Supondo o apoio do tubulão na cota –9 m, pode-se estimar a tensão admissível empregando a proposta de Alonso (1983).

$$\sigma_{adm} < 33,33 \cdot \bar{N}_{SPT} \rightarrow \bar{N}_{SPT} \leq 20$$

Como não se dispõe das dimensões dos tubulões e, consequentemente, da possibilidade de avaliar a profundidade do bulbo de tensões, pode-se adotar a média de três valores do N_{SPT} que estão sob o tubulão.

$$\bar{N}_{SPT} = \frac{10 + 16 + 14}{3} = 13,3$$

Assim, $\sigma_{adm} = 33,33 \cdot 13,3 = 443$ kPa

Adota-se um valor de tensão admissível que seja múltiplo de 50 kPa; desta forma será adotado um valor de 400 kPa. Assim é possível estimar o diâmetro do tubulão referente à estaca carga média (1920 kN).

$$D = \sqrt{\frac{4 \cdot P}{\pi \cdot \sigma_{adm}}} = \sqrt{\frac{4 \cdot 1200}{\pi \cdot 400}} = 1,95 \text{ m}$$

c) Fundação profunda (estacas)

Adotando-se um bloco com três estacas em média, a carga por estaca será:

$$P = \frac{1200}{3} = 400 \text{ kN}$$

Na avaliação das possíveis estacas que podem ser utilizadas no projeto, deve-se avaliar a geometria (seção transversal) que atende a carga 420 kN (Tabelas 13.11 a 13.21) e também a limitação dos equipamentos de perfuração tendo em vista os valores do N_{SPT} (Tabela 13.22), além da avaliação do lençol freático. Desta forma, as opções seriam:

a) Estaca escavada (sem fluido) $\rightarrow \phi$ 40 cm. Limitada a $L \leq 13$ m (devido ao lençol freático)

b) Estaca Strauss $\rightarrow \phi$ 38 cm

c) Pré-moldada concreto (circular) $\rightarrow \phi$ 23 cm

CAPÍTULO 12

O comprimento será definido com base no emprego de fórmulas de capacidade de carga, de forma que seja compatível com a carga mínima necessária, que neste caso é de 420 kN, considerando em média três estacas por pilar.

Da mesma forma como foi destacado para o Exercício 1, o comprimento será definido com base no emprego de fórmulas de capacidade de carga. Devem-se verificar também as limitações do uso de cada tipo de estaca, dos equipamentos de perfuração e dos critérios de custos de cravação ou perfuração e de mobilização dos equipamentos.

3) Será construído um edifício residencial de 15 pavimentos em área urbana de alta concentração de residências, muitas delas antigas. Os perfis de sondagem médios obtidos nas sondagens do tipo SPT são apresentados na figura a seguir. A distância média entre pilares é da ordem de 4 m. Indique os tipos de fundação mais adequados, como segue:

Caso A – Edifício sem subsolo

Caso B – Edifício com um subsolo (cota –5 m)

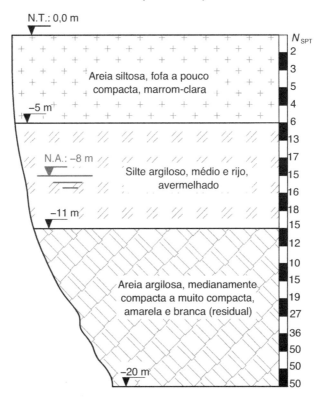

Resposta:
- Caso A – Edifício sem subsolo

  A carga média de um pilar será:

  $Q_{\text{média-pilar}} = n \cdot A_i \cdot \sigma_{\text{tip}} = 15 \cdot (4 \cdot 4) \cdot 12 = 2880$ kN

Escolha do Tipo de Fundação

em que:

n = número de pavimentos de 15

A_i = área de influência de 4 × 4 m²

a) Fundação direta

Não é viável, pois a camada superficial é constituída por areia siltosa fofa a pouco compacta, com valor máximo do número de golpes do ensaio SPT da ordem de seis, o que torna não aconselhável empregar este tipo de fundação.

b) Fundação profunda (tubulão)

Analisando o perfil, verifica-se na cota –6 m um valor do N_{SPT} superior a dez, e que se apresenta crescente em profundidade. Supondo o apoio do tubulão nesta cota, pode-se estimar a tensão admissível.

$$\bar{N}_{SPT} = \frac{13 + 17 + 15}{3} = 15$$

Assim, $\sigma_{adm} \approx 33,33 \cdot 15 = 500$ kPa

Logo, é possível estimar o diâmetro do tubulão referente à estaca carga média (2880 kN).

$$D = \sqrt{\frac{4 \cdot P}{\pi \cdot \sigma_{adm}}} = \sqrt{\frac{4 \cdot 2880}{\pi \cdot 500}} = 2,71 \text{ m} \rightarrow D = 2,75 \text{ m}$$

c) Fundação profunda (estacas)

Adotando-se um bloco com três estacas em média, a carga por estaca será:

$$P = \frac{2880}{3} = 960 \text{ kN}$$

Na avaliação das possíveis estacas que podem ser utilizadas no projeto, deve-se avaliar a geometria (seção transversal) e limitação dos equipamentos e nível do lençol freático (Tabelas 13.11 a 13.22). Cabe destacar que o fato de a construção estar localizada em área urbana densa e próxima de edificações antigas restringem-se muito determinados tipos de fundações, em razão da vibração e ruído. Desta forma, as opções seriam:

a) Estaca raiz → ϕ 31 cm (5 ϕ 20)

b) Estaca hélice contínua → ϕ 50 cm

Da mesma forma como foi destacado para o Exercício 1, o comprimento será definido com base no emprego de fórmulas de capacidade de carga. Devem-se verificar também as limitações do uso de cada tipo de estaca, dos equipamentos de perfuração e dos critérios de custos de cravação ou perfuração e de mobilização dos equipamentos.

CAPÍTULO 12

- Caso B – Edifício com um subsolo
  A carga média de um pilar será:
  $Q_{\text{média-pilar}} = n \cdot A_i \cdot \sigma_{\text{tip}} = 16 \cdot (4 \cdot 4) \cdot 12 = 3072$ kN
  em que:
  n = número de pavimentos de 15 + 1 subsolo
  A_i = área de influência de 4 × 4 m²

a) Fundação direta

Como haverá a escavação de ao menos 5 m, será possível o emprego de fundação por sapatas, podendo apoiá-las na cota −7 m, conforme foi visto no Exercício 1. Como não se dispõe das dimensões das sapatas e, consequentemente, a possibilidade de avaliar a profundidade do bulbo de tensões, pode-se adotar a média de três valores do N_{SPT} que estão sob a sapata.

$$\bar{N}_{\text{SPT}} = \frac{17 + 15 + 16}{3} = 16$$

Assim, $\sigma_{\text{adm}} \approx 20 \cdot 16 = 320$ kPa

Adota-se um valor de tensão admissível que seja múltiplo de 50 kPa; desta forma será adotado um valor de 300 kPa. Considera-se o uso de fundação direta como solução econômica quando for atendida a seguinte relação:

$$\frac{\sigma_{\text{prédio}}}{\sigma_{\text{adm}}} \leq \frac{2}{3}, \text{ em que } \sigma_{\text{prédio}} = n \cdot \sigma_{\text{tip}}$$

Assim, $\dfrac{\sigma_{\text{prédio}}}{\sigma_{\text{adm}}} = \dfrac{10 \cdot 16}{300} = 0{,}53 < \dfrac{2}{3}$ Ok!

A sapata (quadrada) do pilar de carga média será:

$$B = \sqrt{\frac{3070}{300}} = 3{,}20 \text{ m}$$

b) Fundação profunda (tubulão)

Por causa da posição do lençol freático, não é possível executar tubulão a céu aberto. O uso de tubulão sob ar comprimido poderia ser empregado; no entanto, seu custo elevado torna-se impeditivo em um edifício residencial.

c) Fundação profunda (estacas)

Adotando-se um bloco com três estacas em média, a carga por estaca será:

$$P = \frac{3070}{3} = 1023 \text{ kN}$$

Pelos mesmos motivos mostrados no Caso A, alguns tipos de estacas não podem ser executados. Com o aumento de um pavimento, há pouco reflexo na carga das estacas; desta forma, podem-se empregar as mesmas estacas indicadas anteriormente:

c) Estaca raiz → ϕ 31 cm (5 ϕ 20)

d) Estaca hélice contínua → ϕ 40 cm

Da mesma forma como foi destacado para o Caso A, o comprimento será definido com base no emprego de fórmulas de capacidade de carga. Devem-se verificar também as limitações do uso de cada tipo de estaca, dos equipamentos de perfuração e dos critérios de custos de cravação ou perfuração e de mobilização dos equipamentos.

12.5 Exercícios Propostos

1) Indique os tipos de fundações mais adequados para a construção de um edifício residencial de 12 pavimentos a ser construído em cidade localizada em região litorânea do Brasil, considerando o perfil de subsolo apresentado a seguir. Obs.: adotar a distância média entre os pilares de 4 m.

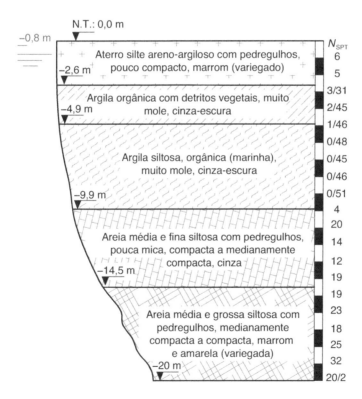

Capítulo 12

2) Será construído um edifício comercial com três subsolos de garagem (pé-direito de 3,0 m) em área urbana de alta concentração de residências. O perfil de sondagem médio obtido nas sondagens do tipo SPT é apresentado na figura a seguir. A carga média dos pilares é de 1800 kN. Indique os tipos de fundações mais adequados para o projeto.

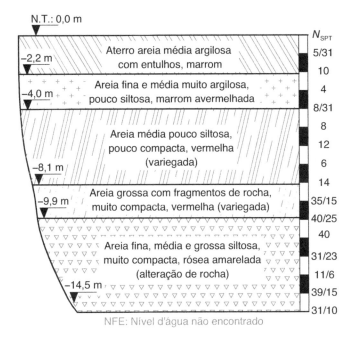

3) Será construída, no terreno da figura a seguir, uma residência de dois pavimentos, cujo pilar de carga mínima é de 100 kN e o de carga máxima de 300 kN. Indique os tipos de fundações que podem ser empregadas na obra.

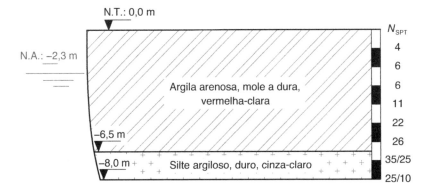

4) Um edifício de três pavimentos apresentou trincas, conforme pode ser observado na figura a seguir. Para embasar as análises, foi pedido um conjunto de sondagens SPT no entorno da edificação, bem como escavações próximas às paredes, para identificação da fundação empregada na construção. Verificou-se que foram executadas estacas escavadas de 0,25 m de diâmetro com profundidade de 3 m. Com os dados em mãos, você foi contratado para dar a solução definitiva para o problema, ou seja, reforçar as fundações. Desta forma, indique qual ou quais os tipos de fundações que podem ser empregadas no local.

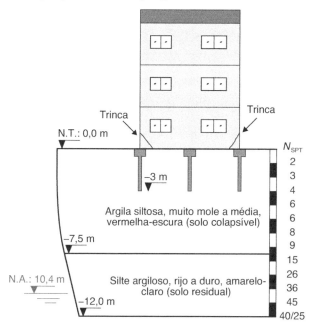

5) Será construído um galpão industrial medindo 100 m × 150 m em subsolo, conforme perfil apresentado na figura seguinte. As cargas dos pilares são da ordem de 400 kN. Indique os tipos de fundações que podem ser empregadas na obra.

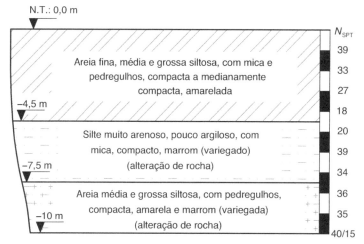

Capítulo 13

Projeto

Neste capítulo serão elaborados projetos de fundações contemplando os três tipos apresentados neste livro (sapata, tubulão e estaca). Serão efetuadas as determinações das tensões e cargas admissíveis utilizando dados de sondagens SPT, bem como o projeto geométrico resultante do dimensionamento.

13.1 Projeto de Sapatas

São apresentadas aqui a planta de locação dos pilares (Fig. 13.1), as cargas na fundação (Tabela 13.1) de uma edificação a ser construída no perfil de subsolo representativo mostrado na Figura 13.2.

Tabela 13.1 Dados dos pilares

Pilar	Dimensões (m)	Cargas P_k (kN)
P_1	$0,30 \times 0,60$	700
P_2	$0,40 \times 0,40$	600
P_3	$0,30 \times 0,60$	630
P_4	$0,40 \times 0,40$	430
P_5	$0,50 \times 0,50$	870
P_6	$0,30 \times 0,60$	540
P_7	$0,80 \times 0,20$	660

Folga $(f) = 2,5$ cm.

Em face do perfil de sondagem (Fig. 13.2) e sabendo que no edifício não haverá subsolos, a cota de apoio viável para as sapatas será de -2 m. Será feito o cálculo da tensão admissível utilizando o método semiempírico proposto por Teixeira (1996), supondo que o lado B das sapatas (quadrada e retangular) seja de 1 m, 2 m e 3 m, avaliando a propagação dos bulbos de tensão (Tabela 13.2) para, por fim, adotar a tensão admissível, conforme proposto adiante:

* Sapata quadrada ($L = B$) → Bulbo $z = 2 B$
* Sapata retangular ($L = 2$ a $4 B$) → Bulbo $z = 3 B$

302

Projeto

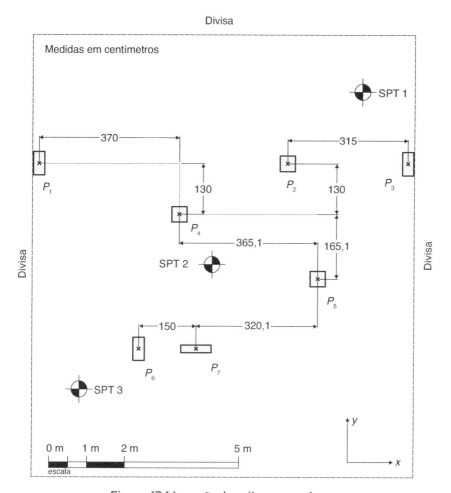

Figura 13.1 Locação dos pilares e sondagens.

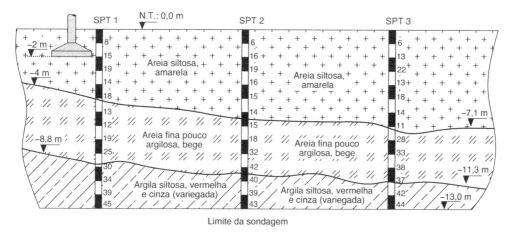

Figura 13.2 Perfil do subsolo.

CAPÍTULO 13

Como visto anteriormente, para efeitos de economia é ideal que o formato da sapata acompanhe o do pilar. Assim, as sapatas sob pilares quadrados seguirão esta forma, empregando um bulbo igual a 2 B, enquanto aquelas sob pilares retangulares terão um bulbo igual a 3 B.

Foi feita uma análise do número médio de golpes, considerando cada situação de sapata (quadrada e retangular) para cada sondagem realizada (Tabela 13.2).

Tabela 13.2 Valores do número médio de golpes (N_{SPT}) em função do bulbo

	Bulbo	Quadrada			Retangular		
	z (m)	B = 1 m	B = 2 m	B = 3 m	B = 1 m	B = 2 m	B = 3 m
SPT 1	2 m	$N_{SPT} = 17$					
SPT 2		$N_{SPT} = 18$					
SPT 3		$N_{SPT} = 18$					
SPT 1	4 m		$N_{SPT} = 17$				
SPT 2			$N_{SPT} = 17$				
SPT 3			$N_{SPT} = 17$				
SPT 1	6 m			$N_{SPT} = 15$		$N_{SPT} = 15$	
SPT 2				$N_{SPT} = 16$		$N_{SPT} = 16$	
SPT 3				$N_{SPT} = 15$		$N_{SPT} = 15$	
SPT 1	3 m				$N_{SPT} = 16$		
SPT 2					$N_{SPT} = 17$		
SPT 3					$N_{SPT} = 16$		
SPT 1	9 m						$N_{SPT} = 18$
SPT 2							$N_{SPT} = 21$
SPT 3							$N_{SPT} = 21$

Com base na análise da Tabela 13.2 e utilizando a Equação 13.1 proposta por Teixeira (1996), foram determinadas as tensões admissíveis para cada situação (Fig. 13.3).

$$\sigma_{adm} = 20 \cdot \bar{N}_{SPT} \text{ (kPa)} \rightarrow 5 \le N_{SPT} \le 25 \qquad \text{Eq. 13.1}$$

Analisando os gráficos (Fig. 13.3), verifica-se que a menor tensão admissível obtida foi da ordem de 300 kPa, sendo, então, a tensão a ser utilizada neste projeto.

$$\sigma_{adm} = 300 \text{ kPa}$$

Para o dimensionamento das sapatas, inicialmente devem-se majorar as cargas dos pilares em 5 %, tendo em vista o peso próprio (Tabela 13.3).

$$A_{sapata} = \frac{1,05 \cdot P_k}{\sigma_{adm}} = B \cdot L$$

Projeto

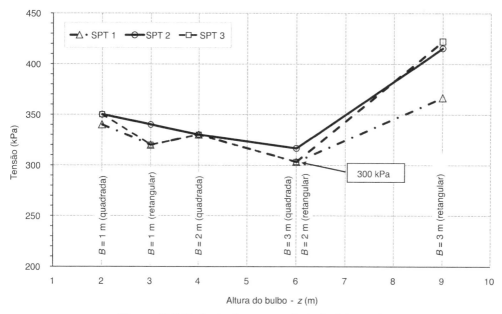

Figura 13.3 Variação da tensão admissível (sapata).

Tabela 13.3 Carga dos pilares majorada

Pilar	Cargas majoradas P_d (kN)
P_1	735,0
P_2	630,0
P_3	661,5
P_4	451,5
P_5	913,5
P_6	567,0
P_7	693,0

- Dimensionamento – P_1 e P_4

No caso do pilar P_1, como haverá excentricidade, pois o centro de gravidade da sapata (CG) não coincidirá com o do pilar, será necessário empregar uma viga alavanca, que será engastada no pilar mais próximo P_4 (Fig. 13.4).

- Etapas de cálculo

1- Conforme foi visto, uma das possibilidades parte da relação econômica para determinação das dimensões da sapata, em que $L_i \leq 2 \cdot B_i$; portanto, depreende-se o valor de B mínimo na etapa i:

$$B_{i=1} = B_{min} = \sqrt{\frac{P_{d,1}}{2 \cdot \sigma_{adm}}} = \sqrt{\frac{735}{2 \cdot 300}} = 1,11 \text{ m} \rightarrow B_{min} \cong 1,15 \text{ m}$$

Capítulo 13

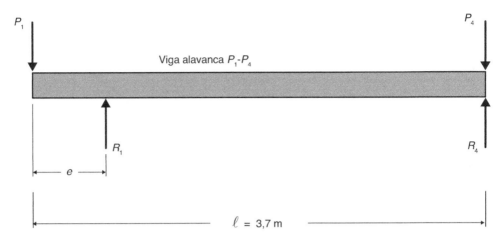

Figura 13.4 Esquema estático (P_1-P_4).

2- De posse do valor de B_i determina-se o valor da excentricidade, "e_i", e em seguida,

$$e_i = \frac{B_1}{2} - \frac{b}{2} - f = \frac{1,15}{2} - \frac{0,3}{2} - 0,025 = 0,40 \text{ m}$$

3- Cálculo do valor da reação na sapata de divisa, $R_{1,i}$

$$R_{1,i} = P_{1d} \cdot \left(\frac{\ell}{\ell - e_1}\right) = 735\left(\frac{3,70}{3,70 - 0,40}\right) = 824 \text{ kN}$$

4- A partir do valor da reação ($R_{1,i}$) é possível calcular a dimensão do maior lado (L_i) da sapata de divisa.

$$L_1 = \frac{R_1}{B_1 \cdot \sigma_{adm}} = \frac{824}{1,15 \cdot 300} = 2,38 \text{ m} \rightarrow L_i = 2,40 \text{ m}$$

5- Verificação: a relação entre as dimensões L e B da sapata devem atender a condição: $\frac{L_i}{B_i} \leq 2,5$

$$\frac{L_1}{B_1} = \frac{2,40}{1,15} = 2,09 \quad \text{Ok!}$$

6- Dimensionar a sapata do pilar P_4. Deve-se aliviar a carga do pilar em apenas metade de ΔP_1, conforme segue.

$$R_{4d} = P_{4d} - \frac{\Delta P_1}{2} = 451,5 - \frac{824 - 735}{2} = 407 \text{ kN}$$

Deve ser verificado o levantamento do pilar central: $P_4 - \Delta P_1 > 0$; neste caso, $P_{4d} = 451,5$ kN e $\Delta P_1 = 89$ kN; portanto Ok!

Projeto

7- A área da sapata do pilar P_4 será dada por

$$A_{S,4} = \frac{R_{4d}}{\sigma_{adm}} = \frac{407}{300} = 1,36 \text{ m}^2$$

8- Como o pilar é quadrado, a sapata será quadrada.

$$B = L = \sqrt{1,36} = 1,16 \text{ m} \rightarrow B = 1,20 \text{ m}$$

- Dimensionamento – P_2 e P_3

No caso do pilar P_3, como haverá excentricidade, pois o centro de gravidade da sapata (CG) não coincidirá com o do pilar, será necessário empregar uma viga alavanca, que será engastada no pilar mais próximo P_2 (Fig. 13.5).

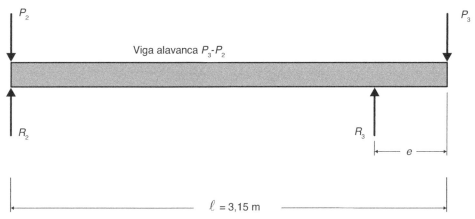

Figura 13.5 Esquema estático (P_2-P_3).

- Etapas de cálculo

1- Determinação de B_3 (i = 1 ou tentativa 1)

$$B_{3,1} = B_{mín} = \sqrt{\frac{P_{d,3}}{2 \cdot \sigma_{adm}}} = \sqrt{\frac{661,5}{2 \cdot 300}} = 1,05 \text{ m} \qquad \text{Eq. 13.2}$$

2- Determinação da excentricidade, "e_3"

$$e_{3,1} = \frac{B_{3,1}}{2} - \frac{b}{2} - f = \frac{1,05}{2} - \frac{0,3}{2} - 0,025 = 0,35 \text{ m}$$

3- Cálculo do valor da reação na sapata de divisa, $R_{3,i}$

$$R_{3,i} = P_{3d} \cdot \left(\frac{\ell}{\ell - e_i}\right) = 661,5 \left(\frac{3,15}{3,15 - 0,35}\right) = 744 \text{ kN}$$

4- Determinação do maior lado (L_3) da sapata de divisa

$$L_{3,1} = \frac{R_{3,1}}{B_{3,1} \cdot \sigma_{adm}} = \frac{744}{1,05 \cdot 300} = 2,36 \text{ m} \rightarrow L_{3,1} = 2,40 \text{ m}$$

CAPÍTULO 13

5- Verificação

$$\frac{L_{3,1}}{B_{3,1}} = \frac{2,40}{1,05} = 2,29 \quad \text{Ok!}$$

6- Dimensionamento da sapata do pilar P_2. Deve-se aliviar a carga do pilar em apenas metade de ΔP_3, conforme segue.

$$R_{2d,1} = P_{2d} - \frac{\Delta P_{3,1}}{2} = 630 - \frac{744 - 661,5}{2} = 588,75 \text{ kN}$$

É preciso verificar o levantamento do pilar central: $P_2 - \Delta P_{3,1} > 0$; neste caso, $P_{2d} = 630$ kN e $\Delta P_{1,1} = 82,5$ kN; portanto Ok!

7- A área da sapata do pilar P_2 será dada por

$$A_{S,2} = \frac{R_{2d,1}}{\sigma_{adm}} = \frac{588,75}{300} = 1,96 \text{ m}^2$$

8- Como o pilar é quadrado, a sapata será quadrada.

$$B_{2,1} = L_{2,1} = \sqrt{1,96} = 1,40 \text{ m}$$

- Dimensionamento – P_5

1- A área da sapata do pilar P_5 será dada por

$$A_{S,5} = \frac{R_{5d,1}}{\sigma_{adm}} = \frac{913,5}{300} = 3,05 \text{ m}^2$$

2- Como o pilar é quadrado, a sapata será quadrada.

$$B_{5,1} = L_{5,1} = \sqrt{3,05} = 1,75 \text{ m}$$

- Dimensionamento – P_7

Como o pilar P_6 encontra-se próximo de P_7, dimensionam-se os dois pilares como isolados para em seguida verificar se há espaço suficiente. Caso não seja possível, haverá necessidade de associar a sapata.

1- Cálculo de P_7 (isolado)

Como se trata de um pilar retangular, a sapata deverá ser retangular (critério econômico).

$$L_{7,1} - B_{7,1} = \ell - b \Rightarrow L_{7,1} - B_{7,1} = 0,60 \text{ m} \rightarrow L_{7,1} = 0,60 + B_{7,1} \quad \text{(I)}$$

$$L_{7,1} \cdot B_{7,1} = \frac{P_{7d,1}}{\sigma_{adm}} = \frac{693}{300} = 2,31 \text{ m}^2 \text{ (II)}$$

Então, substituindo (I) em (II), tem-se:

$$B_{7,1}^2 + 0,60 \cdot B_{7,1} - 2,31 = 0 \rightarrow B = 1,25 \text{ m}$$

resultando em $B_{7,1} = 1,25$ m e $L_{7,1} = 2,05$ m

- Dimensionamento – P_6

1- Cálculo de P_6 (isolado)

Como se trata de um pilar retangular, a sapata deverá ser retangular (critério econômico).

$$L_{7,1} - B_{7,1} = \ell - b \Rightarrow L_{7,1} - B_{7,1} = 0,30 \text{ m} \rightarrow L = 0,30 + B \quad (I)$$

$$L_{7,1} \cdot B_{7,1} = \frac{P_{6d,1}}{\sigma_{adm}} = \frac{567}{300} = 1,89 \text{ m}^2 \quad (II)$$

Então, substituindo (I) em (II), tem-se:

$$B_{7,1}^2 + 0,30 \cdot B_{7,1} - 1,89 = 0 \rightarrow B = 1,23 \text{ m} = 1,25 \text{ m}$$

resultando em $B_{6,1} = 1,25$ m e $L_{6,1} = 1,55$ m

Verificação:

O espaço disponível entre os pilares P_6 e P_7 é a distância entre os CGs subtraída de 0,10 m (espaço livre entre as sapatas), ou seja, $d \geq s$.

Sendo:

$$d = 1,50 - 0,10 = 1,40 \text{ m e } s = \frac{B_6}{2} + \frac{L_7}{2} = \frac{1,25}{2} + \frac{2,05}{2} = 1,65 \text{ m}$$

Como a condição não é satisfeita, não é possível executar as sapatas como isoladas; devem ser associadas.

- Dimensionamento – P_6 e P_7 (sapata associada)

Inicialmente, deve-se determinar o centro de carga (CC) (Fig. 13.6).

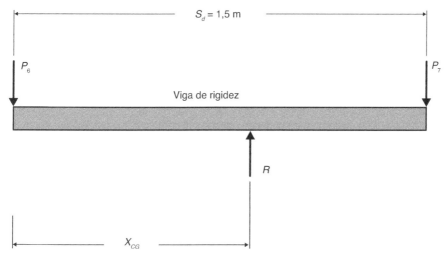

Figura 13.6 Esquema estático (P_6-P_7).

Sendo $R = P_7 + P_6 = 1260$ kN

$$X_{CG} = \frac{P_7}{R} \cdot S_d = \frac{693}{1260} 1,50 = 0,825 \text{ m}$$

Capítulo 13

Por meio da determinação do centro de carga é possível verificar a distância entre este ponto e a face externa dos pilares (Fig. 13.7) e obter as dimensões do pilar fictício, ou seja, aquele que circunscreve os pilares P_6 e P_7 (Fig. 13.8).

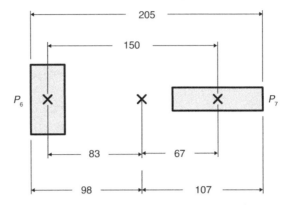

Figura 13.7 Distâncias entre as faces dos pilares.

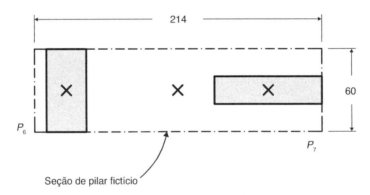

Figura 13.8 Pilar fictício.

Com as dimensões do pilar fictício (2,16 m × 0,60 m), calcula-se a sapata associada (retangular)

$$L - B = \ell - b \Rightarrow L - B = 2{,}16 - 0{,}60 = 1{,}56 \text{ m} \rightarrow L = 1{,}56 + B \quad (I)$$

$$L \cdot B = \frac{R}{\sigma_{adm}} = \frac{1260}{300} = 4{,}20 \text{ m}^2 \quad (II)$$

Então, substituindo (I) em (II), tem-se:

$$B^2 + 1{,}56\,B - 4{,}20 = 0 \rightarrow B = 1{,}41 \text{ m} \approx 1{,}45 \text{ m}$$

resultando em $B_{6\text{-}7} = 1{,}45$ m e $L_{6\text{-}7} = 3{,}00$ m ($A_{sap} = 4{,}35$ m² > $A_{min} = 4{,}20$ m² – Ok!)

Outra possibilidade de solução para o caso das sapatas dos pilares P_6 e P_7 seria:
– Cálculo dos valores de B_{min} da sapata para cada pilar, obtendo-se o valor do espaço mínimo disponível:

$$B_{7,1} = B_{min} = \sqrt{\frac{P_{d,7}}{2 \cdot \sigma_{adm}}} = \sqrt{\frac{693}{2 \cdot 300}} \cong 1{,}10 \text{ m}$$

Projeto

$$B_{6,1} = B_{\text{mín}} = \sqrt{\frac{P_{d,6}}{2 \cdot \sigma_{\text{adm}}}} = \sqrt{\frac{567}{2 \cdot 300}} \cong 1,00 \text{ m}$$

$$\ell_{\text{mín}} = \frac{B_{7(\text{mín})} + B_{6(\text{mín})}}{2} + \text{folga} = \frac{1,1+1,0}{2} + 0,10 = 1,15 \text{ m}$$

Como $\ell_{\text{mín}} < \ell_{\text{disponível}}$ (ou S_d) portanto, não é necessário associá-las.

Aproveitando a distância disponível entre os pilares P_6 e P_7 e respeitando a folga construtiva (10 cm), mantém-se a dimensão mínima de B para o pilar P_6, possibilitando o melhor aproveitamento para o pilar P_7, conforme abaixo:

Adotando $B_{6,1} = B_{6\,\text{mín}} = 1,00$ m, resulta que

$$\ell_{\text{disponível}} = S_d = \frac{B_{6,1} + B_{7,1}}{2} + \text{folga} \Rightarrow 1,5 = \frac{1,0 + B_{7,1}}{2} + 0,1 \Rightarrow \therefore B_{7,1} = 1,80 \text{ m}$$

Logo, os valores de L_7 e L_6 serão:

$$A_6 = \frac{P_6}{\sigma_{\text{adm}}} \Rightarrow L_6 \cdot 1,00 = \frac{567}{300} \Rightarrow L_6 \cong 1,90 \text{ m}$$

$$A_7 = \frac{P_7}{\sigma_{\text{adm}}} \Rightarrow L_7 \cdot 1,80 \Rightarrow \frac{693}{300} = L_7 \cong 1,30 \text{ m, ou seja, adapta-se a nomenclatura}$$

dos lados, sendo $B_7 = 1,30$ m e $L_7 = 1,80$ m

Verificando a relação L/B:

$$\frac{L_7}{B_7} = \frac{1,80}{1,30} = 1,38 < 2,5 \therefore \text{ ok!}$$

$$\frac{L_6}{B_6} = \frac{1,90}{1,00} = 1,90 < 2,5 \therefore \text{ Ok!}$$

O dimensionamento ainda poderia ser otimizado, aumentando-se o valor de B_6, o que diminuiria a relação L/B da sapata.

Finalizado o dimensionamento das sapatas, em que suas dimensões são resumidas na Tabela 13.4.

Tabela 13.4 Dimensões das sapatas

Pilar	B (m)	L (m)
P_1	1,15	2,40
P_2	1,40	1,40
P_3	1,05	2,40
P_4	1,20	1,20
P_5	1,75	1,75
P_6-P_7 (opção 1)	1,45	3,00
P_6 (opção 2)	1,00	1,90
P_7 (opção 2)	1,30	1,80

311

Capítulo 13

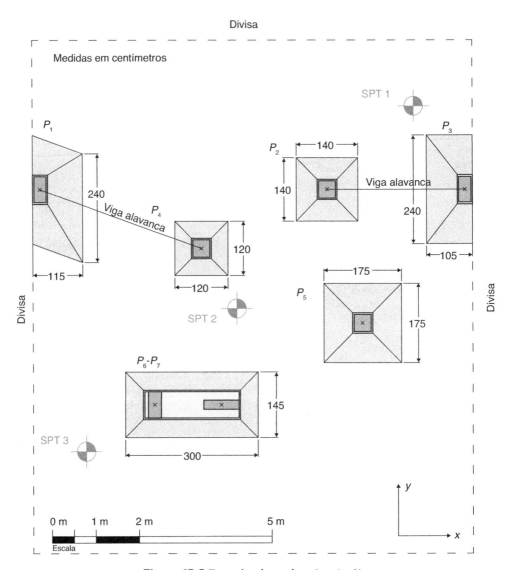

Figura 13.9 Desenho do projeto (opção 1).

Projeto

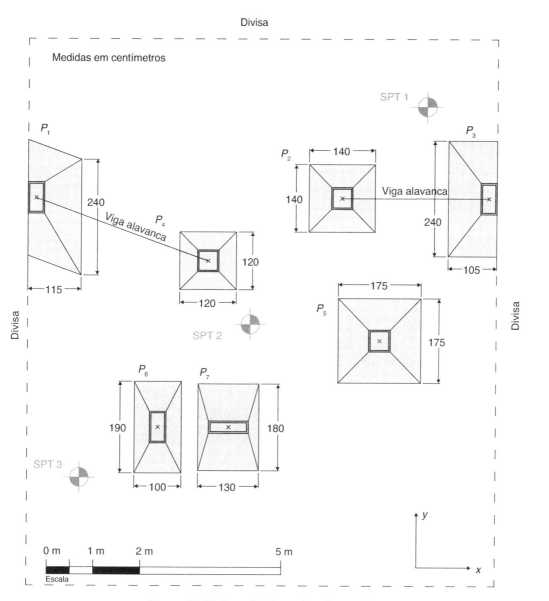

Figura 13.10 Desenho do projeto (opção 2).

A partir da conclusão do projeto é possível estimar os recalques imediatos das sapatas; para isso será empregado o método proposto por Schmertmann (1970, 1978). A espessura da camada foi obtida por meio da média das cotas de mudança de solo nas sondagens dos furos 1, 2 e 3, conforme a tabela seguinte.

CAPÍTULO 13

Tabela 13.5 Mudança de solo nas sondagens dos furos 1, 2 e 3

SPT	Areia siltosa, amarela	Areia fina pouco argilosa, bege	Argila siltosa, vermelha e cinza
1	0 → 5,2 m	5,2 m → 9,8 m	9,8 m → 13,0 m
2	0 → 6,5 m	6,5 m → 10,5 m	10,5 m → 13,0 m
3	0 → 7,2 m	7,2 m → 11,0 m	11,0 m → 13,0 m
média	0 → 6,3 m	6,3 m → 10,4 m	10,4 m → 13,0 m

Para a determinação do módulo de deformabilidade e discretização das camadas, será definido um perfil de sondagem médio com base nos resultados obtidos nos ensaios.

Inicialmente deve-se determinar o módulo de deformabilidade (E_s) para cada tipo de solo. Neste caso será empregada a equação de Trofimenkov (1974) para areias e argilas:

$E_s = 3,4 \cdot q_c + 13$ em MPa → areias
$E_s = 4,9 \cdot q_c + 1,23$ em MPa → argilas

em que $q_c = K \cdot N_{SPT}$

Por meio da Tabela 7.5 (Capítulo 7) pode-se obter um valor de K que é igual a 0,53 para a areia siltosa e areia argilosa, e de 0,25 para a argila siltosa. A tabela seguinte apresenta os resultados obtidos para o módulo de deformabilidade (E_s) a cada metro.

Tabela 13.6 Resultados obtidos para o módulo de deformabilidade (E_s) a cada metro

Cota (m)	$N_{SPT\,1}$	$N_{SPT\,2}$	$N_{SPT\,3}$	$N_{MÉDIO}$	Espessura da camada média	Solo	E_s (kPa)
1	8	6	6	6,7			25.073
2	15	16	13	14,7			39.489
3	19	19	22	20,0			49.040
4	14	16	13	14,3	0 → 6,3 m	Areia siltosa	38.769
5	18	15	18	17,0			43.634
6	13	14	14	13,7			37.687
7	12	15	11	12,7			35.885
8	19	18	28	21,7	6,3 → 10,4 m	Areia fina pouco argilosa	52.103
9	25	32	33	30,0			67.060
10	30	42	38	36,7			79.133
11	34	40	37	37,0			57.625
12	39	39	42	40,0	10,4 → 13,0 m	Argila siltosa	61.300
13	45	43	44	44,0			66.200

Para os cálculos do recalque, é necessário determinar os seguintes parâmetros:

• Tensão líquida (σ^*) que é dada por $\sigma^* = \sigma_{adm} - \sigma_v$, sendo σ_v a sobrecarga na cota de apoio. Deve-se determinar o valor do peso específico da areia siltosa. Para isso

314

emprega-se a sugestão proposta por Godoy (1972), conforme visto no Capítulo 7. Neste caso será adotado o peso específico de 17 kN/m³. Sendo $z = 2$ m (cota de apoio), a tensão vertical (σ_v) resultante na cota de apoio será igual a 34 kPa, e assim a tensão líquida será $\sigma^* = 300 - 34 = 266$ kPa

- Correção decorrente do embutimento das sapatas (C_1):

$$C_1 = 1 - 0,5 \cdot \left(\frac{\sigma_v}{\sigma^*}\right) = 1 - 0,5 \cdot \left(\frac{34}{266}\right) = 0,936 \text{ (deve ser maior que 0,5)}$$

- Correção decorrente do efeito do tempo (C_2):

Para recalque imediato, $(t = 0) \rightarrow C_2 = 1 + 0,2 \cdot \log\left(\frac{t}{0,1}\right) = 1,00$

Conforme visto no Capítulo 7, para utilizar o método é necessário determinar o parâmetro I_z para cada camada, empregando-se o gráfico indicado a seguir.

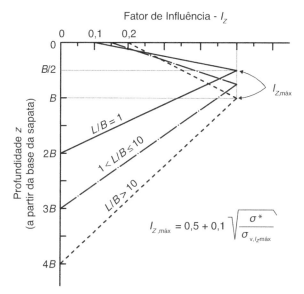

Figura 13.11 Gráfico utilizado no Capítulo 7 para determinar o parâmetro I_z para cada camada.

- Sapata 1 (1,15 m × 2,40 m) – sapata retangular ($L/B = 2,08$)

Bulbo → $3B = 3,45$ m, ou seja, cota –2,00 m a 5,45 m (não há mudança de solo nesta camada).

Tem-se que: z é a distância da base da sapata até o ponto médio da subcamada; $I_{z,máx}$ é calculado pela equação apresentada a seguir. A tensão $\sigma_{v,I_{z,máx}}$ é a tensão vertical efetiva dada a profundidade z onde ocorre o $I_{z,máx}$, conforme segue:

$$z = \frac{3}{4} \cdot B = \frac{3}{4} \cdot 1,15 = 0,86 \text{ m.}$$

$$I_{z,máx} = 0,5 + 0,1 \cdot \sqrt{\frac{\sigma^*}{\sigma_{v,I_{z,máx}}}} = 0,5 + 0,1 \cdot \sqrt{\frac{266}{17 \cdot (2,0 + 0,86)}} = 0,733$$

Capítulo 13

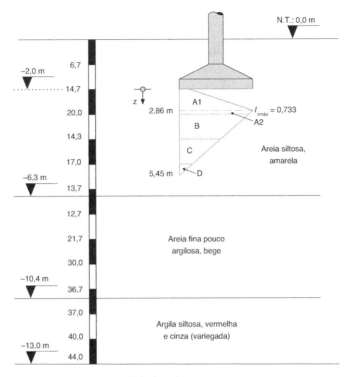

Figura 13.12 Gráfico de I_z para a sapata 1.

Tabela 13.7 Determinação de I_z para cada subcamada ($B < L \leq 10 \cdot B$)

Subcamada	z (m)	Equação	I_z
A1	0,43	$z \leq \dfrac{3}{4} \cdot B \Rightarrow I_z = \dfrac{4}{3} \cdot \left(\dfrac{z}{B}\right) \cdot (I_{z,máx} - 0,15) + 0,15$	0,441
A2	0,93		0,714
B	1,50	$\dfrac{3}{4} \cdot B < z \leq 3 \cdot B \Rightarrow I_z = \left[\dfrac{4}{3} - \dfrac{4}{9} \cdot \left(\dfrac{z}{B}\right)\right] \cdot I_{z,máx}$	0,552
C	2,50		0,269
D	3,25		0,057

Tabela 13.8 Cálculo do valor do produto $\left[\dfrac{I_z}{E_s} \cdot \Delta z\right]$, sendo Δz a espessura de cada subcamada

Subcamada	E_s (kPa)	Δz (m)	$\left[\dfrac{I_z}{E_s} \cdot \Delta z\right]$
A1	39.489	0,86	$9,60 \times 10^{-6}$
A2	39.489	0,14	$2,53 \times 10^{-6}$
B	49.040	1,00	$1,13 \times 10^{-5}$

(continua)

Projeto

Subcamada	E_s (kPa)	Δz (m)	$\left[\dfrac{I_z}{E_s} \cdot \Delta z\right]$
C	38.769	1,00	$6,94 \times 10^{-6}$
D	43.634	0,45	$5,88 \times 10^{-7}$
	Σ	3,45	$3,09 \times 10^{-5}$

Cálculo do recalque elástico:

$$s_e = C_1 \cdot C_2 \cdot \sigma^* \cdot \sum_{i=1}^{n}\left(\dfrac{I_z}{E_s} \cdot \Delta z\right)_i = 0,936 \cdot 1,00 \cdot 266 \cdot 3,09 \times 10^{-5} = 0,0077 \text{ m} = 7,7 \text{ mm}$$

- Sapata 2 (1,40 m × 1,40 m) – sapata quadrada ($L/B = 1,00$)

Bulbo → $2B = 2,80$ m, ou seja, cota –2,00 m a 4,80 m (não há mudança de solo nesta camada).

$$z = \dfrac{B}{2} = \dfrac{1,40}{2} = 0,70 \text{ m}$$

$$I_{z,\text{máx}} = 0,5 + 0,1 \cdot \sqrt{\dfrac{\sigma^*}{\sigma_{v,I_{z,\text{máx}}}}} = 0,5 + 0,1 \cdot \sqrt{\dfrac{266}{17 \cdot (2,0+0,70)}} = 0,741$$

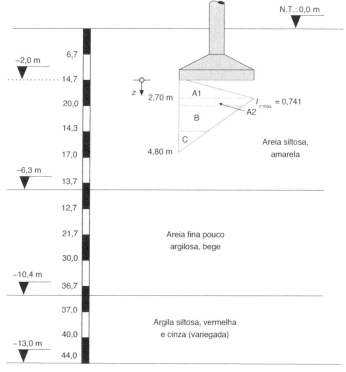

Figura 13.13 Gráfico de I_z para a sapata 2.

CAPÍTULO 13

Tabela 13.9 Determinação de I_z para cada subcamada ($L / B = 1$)

Subcamada	z (m)	Equação	I_z
A1	0,35	$z \leq \dfrac{B}{2} \Rightarrow I_z = 2 \cdot \left(\dfrac{z}{B}\right) \cdot (I_{z,máx} - 0,1) + 0,1$	0,421
A2	0,85	$\dfrac{B}{2} < z \leq 2 \cdot B \Rightarrow I_z = \left[\dfrac{4}{3} - \dfrac{2}{3} \cdot \left(\dfrac{z}{B}\right)\right] \cdot I_{z,máx}$	0,688
B	1,50		0,459
C	2,40		0,141

Tabela 13.10 Cálculo do valor do produto $\left[\dfrac{I_z}{E_s} \cdot \Delta z\right]$, sendo Δz a espessura de cada subcamada

Subcamada	E_s (kPa)	Δz (m)	$\left[\dfrac{I_z}{E_s} \cdot \Delta z\right]$
A1	39.489	0,70	$7,46 \times 10^{-6}$
A2	39.489	0,30	$5,23 \times 10^{-6}$
B	49.040	1,00	$9,36 \times 10^{-6}$
C	38.769	0,80	$2,91 \times 10^{-6}$
	Σ	2,80	$24,96 \times 10^{-6}$

Cálculo do recalque elástico:

$$s_e = C_1 \cdot C_2 \cdot \sigma* \cdot \sum_{i=1}^{n} \left(\frac{I_z}{E_s} \cdot \Delta z\right)_i = 0,936 \cdot 1,00 \cdot 266 \cdot 24,96 \times 10^{-6} = 0,0062 \text{ m} = 6,2 \text{ mm}$$

- Sapata 3 (1,05 m × 2,40 m) – sapata retangular ($L/B = 2,29$)

Bulbo $\to 3B = 3,15$ m, ou seja, cota –2,00 m a 5,15 m (não há mudança de solo nesta camada).

Sendo z a distância da base da sapata até o ponto médio da subcamada, é o $I_{z,máx}$ calculado pela equação seguinte, sendo o valor de $\sigma_{v,I_{z,\,máx}}$ a tensão efetiva dada a profundidade z onde ocorre o $I_{z,\,máx}$, ou seja, $z = \dfrac{3}{4} \cdot B = \dfrac{3}{4} \cdot 1,05 = 0,79$ m.

$$I_{z,máx} = 0,5 + 0,1 \cdot \sqrt{\frac{266}{17 \cdot (2,0 + 0,79)}} = 0,737$$

318

Projeto

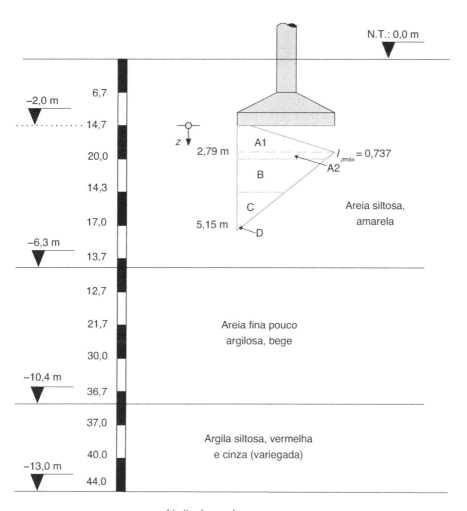

Figura 13.14 Gráfico de I_z para a sapata 3.

CAPÍTULO 13

Tabela 13.11 Determinação de I_z para cada subcamada ($B < L \leq 10 \cdot B$)

Subcamada	z (m)	Equação	I_z
A1	0,395	$z \leq \dfrac{3}{4} \cdot B \Rightarrow I_z = \dfrac{4}{3} \cdot \left(\dfrac{z}{B}\right) \cdot (I_{z,máx} - 0,15) + 0,15$	0,444
A2	0,895		0,703
B	1,50	$\dfrac{3}{4} \cdot B < z \leq 3 \cdot B \Rightarrow I_z = \left[\dfrac{4}{3} - \dfrac{4}{9} \cdot \left(\dfrac{z}{B}\right)\right] \cdot I_{z,máx}$	0,515
C	2,50		0,203
D	3,075		0,023

Tabela 13.12 Cálculo do valor do produto $\left[\dfrac{I_z}{E_s} \cdot \Delta z\right]$, sendo Δz a espessura de cada subcamada

Subcamada	E_s (kPa)	Δz (m)	$\left[\dfrac{I_z}{E_s} \cdot \Delta z\right]$
A1	39.489	0,79	$8,88 \times 10^{-6}$
A2	39.489	0,21	$3,74 \times 10^{-6}$
B	49.040	1,00	$1,05 \times 10^{-5}$
C	38.769	1,00	$5,23 \times 10^{-6}$
D	43.634	0,15	$5,27 \times 10^{-7}$
	Σ	3,15	$2,89 \times 10^{-5}$

Cálculo do recalque elástico:

$$s_e = C_1 \cdot C_2 \cdot \sigma^* \cdot \sum_{i=1}^{n} \left(\frac{I_z}{E_s} \cdot \Delta z\right)_i = 0,936 \cdot 1,00 \cdot 266 \cdot 2,89 \times 10^{-5} = 0,0072 \text{ m} = 7,2 \text{ mm}$$

• Sapata 4 (1,20 m × 1,20 m) – sapata quadrada ($L/B = 1,00$)

Bulbo → $2B = 2,40$ m, ou seja, cota –2,00 m a 4,40 m (não há mudança de solo nesta camada).

$$z = \frac{B}{2} = \frac{1,20}{2} = 0,60 \text{ m}.$$

$$I_{z,máx} = 0,5 + 0,1 \cdot \sqrt{\frac{266}{17 \cdot (2,0 + 0,60)}} = 0,745$$

320

Projeto

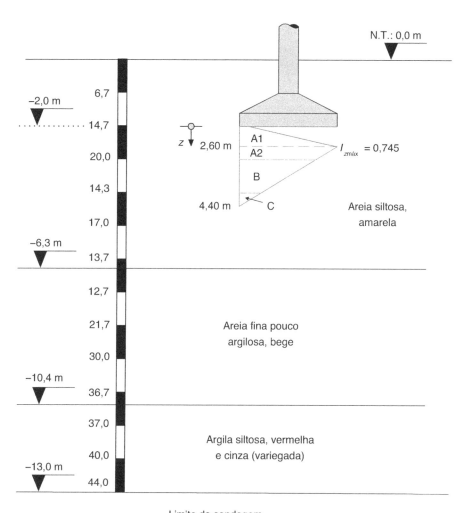

Figura 13.15 Gráfico de I_z para a sapata 4.

CAPÍTULO 13

Tabela 13.13 Determinação de I_z para cada subcamada ($L/B = 1$)

Subcamada	z (m)	Equação	I_z
A1	0,30	$z \leq \dfrac{B}{2} \Rightarrow I_z = 2 \cdot \left(\dfrac{z}{B}\right) \cdot (I_{z,máx} - 0,1) + 0,1$	0,423
A2	0,80		0,662
B	1,50	$\dfrac{B}{2} < z \leq 2 \cdot B \Rightarrow I_z = \left[\dfrac{4}{3} - \dfrac{2}{3} \cdot \left(\dfrac{z}{B}\right)\right] \cdot I_{z,máx}$	0,373
C	2,20		0,083

Tabela 13.14 Cálculo do valor do produto $\left[\dfrac{I_z}{E_s} \cdot \Delta z\right]$, sendo Δz a espessura de cada subcamada

Subcamada	E_s (kPa)	Δz (m)	$\left[\dfrac{I_z}{E_s} \cdot \Delta z\right]$
A1	39.489	0,60	$6,43 \times 10^{-6}$
A2	39.489	0,40	$6,71 \times 10^{-6}$
B	49.040	1,00	$7,61 \times 10^{-6}$
C	38.769	0,40	$8,56 \times 10^{-7}$
	Σ	2,40	$21,61 \times 10^{-6}$

Cálculo do recalque elástico:

$$s_e = C_1 \cdot C_2 \cdot \sigma^* \cdot \sum_{i=1}^{n} \left(\frac{I_z}{E_s} \cdot \Delta z\right)_i = 0,936 \cdot 1,00 \cdot 266 \cdot 21,61 \times 10^{-6} = 0,0054 \text{ m} = 5,4 \text{ mm}$$

- Sapata 5 (1,75 m × 1,75 m) – sapata quadrada ($L/B = 1,00$)

Bulbo → $2B = 3,50$ m, ou seja, cota –2,00 m a 5,50 m (não há mudança de solo nesta camada).

$$z = \frac{B}{2} = \frac{1,75}{2} = 0,875 \text{ m.}$$

$$I_{z,máx} = 0,5 + 0,1 \cdot \sqrt{\frac{266}{17 \cdot (2,0 + 0,875)}} = 0,733$$

322

Projeto

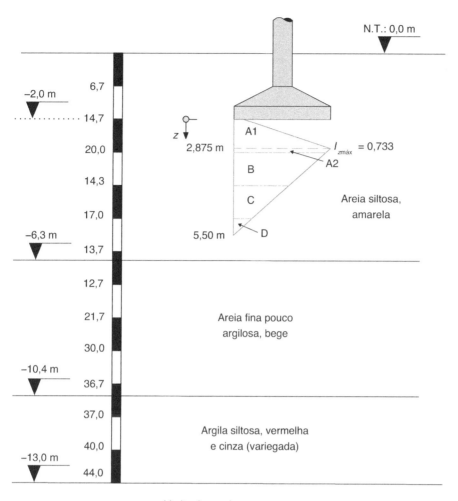

Figura 13.16 Gráfico de I_z para a sapata 5.

CAPÍTULO 13

Tabela 13.15 Determinação de I_z para cada subcamada ($L/B = 1$)

Subcamada	z (m)	Equação	I_z
A1	0,4375	$z \leq \dfrac{B}{2} \Rightarrow I_z = 2 \cdot \left(\dfrac{z}{B}\right) \cdot (I_{z,máx} - 0,1) + 0,1$	0,417
A2	0,9375		0,716
B	1,50	$\dfrac{B}{2} < z \leq 2 \cdot B \Rightarrow I_z = \left[\dfrac{4}{3} - \dfrac{2}{3} \cdot \left(\dfrac{z}{B}\right)\right] \cdot I_{z,máx}$	0,558
C	2,50		0,279
D	3,25		0,070

Tabela 13.16 Cálculo do valor do produto $\left[\dfrac{I_z}{E_s} \cdot \Delta z\right]$, sendo Δz a espessura de cada subcamada

Subcamada	E_s (kPa)	Δz (m)	$\left[\dfrac{I_z}{E_s} \cdot \Delta z\right]$
A1	39.489	0,875	$9,24 \times 10^{-6}$
A2	39.489	0,125	$2,27 \times 10^{-6}$
B	49.040	1,00	$1,14 \times 10^{-5}$
C	38.769	1,00	$7,20 \times 10^{-6}$
D	43.634	0,50	$8,02 \times 10^{-7}$
	Σ	3,50	$30,91 \times 10^{-6}$

Cálculo do recalque elástico:

$$s_e = C_1 \cdot C_2 \cdot \sigma^* \cdot \sum_{i=1}^{n} \left(\frac{I_z}{E_s} \cdot \Delta z\right)_i = 0,936 \cdot 1,00 \cdot 266 \cdot 30,91 \times 10^{-6} = 0,0077 \text{ m} = 7,7 \text{ mm}$$

• Sapatas 6 e 7 (1,45 m × 3,00 m) – sapata associada ($L/B = 2,07$)

Bulbo → $3B = 4,35$ m, ou seja, cota −2,00 m a 6,35 m (há mudança de solo nesta camada).

$$z = \frac{3}{4} \cdot B = \frac{3}{4} \cdot 1,45 = 1,0875 \text{ m.}$$

$$I_{z,máx} = 0,5 + 0,1 \cdot \sqrt{\frac{266}{17 \cdot (2,0 + 1,0875)}} = 0,725$$

324

Projeto

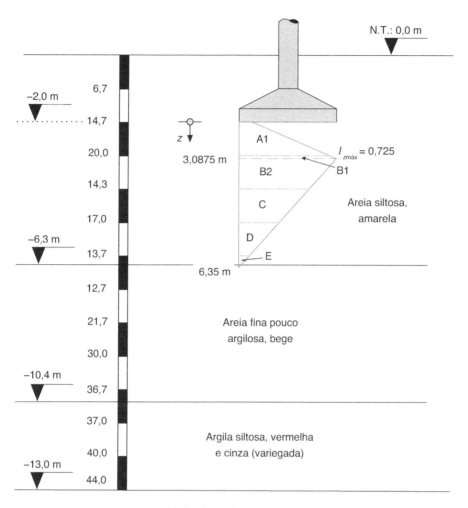

Figura 13.17 Gráfico de I_z para a sapata 6-7.

CAPÍTULO 13

Tabela 13.17 Determinação de I_z para cada subcamada ($B < L \leq 10 \cdot B$)

Subcamada	z (m)	Equação	I_z
A	0,50	$z \leq \dfrac{3}{4} \cdot B \Rightarrow I_z = \dfrac{4}{3} \cdot \left(\dfrac{z}{B}\right) \cdot (I_{z,\text{máx}} - 0,15) + 0,15$	0,414
B1	1,04		0,702
B2	1,54	$\dfrac{3}{4} \cdot B < z \leq 3 \cdot B \Rightarrow I_z = \left[\dfrac{4}{3} - \dfrac{4}{9} \cdot \left(\dfrac{z}{B}\right)\right] \cdot I_{z,\text{máx}}$	0,624
C	2,50		0,411
D	3,50		0,189
E	4,17		0,039

Tabela 13.18 Cálculo do valor do produto $\left[\dfrac{I_z}{E_s} \cdot \Delta z\right]$, sendo Δz a espessura de cada subcamada

Subcamada	E_s (kPa)	Δz (m)	$\left[\dfrac{I_z}{E_s} \cdot \Delta z\right]$
A	39.489	1,00	$1,05 \times 10^{-5}$
B1	49.040	0,0875	$1,25 \times 10^{-6}$
B2	49.040	0,9125	$1,16 \times 10^{-5}$
C	38.769	1,00	$1,06 \times 10^{-5}$
D	43.634	1,00	$4,33 \times 10^{-6}$
E	37.687	0,35	$3,62 \times 10^{-7}$
Σ		4,35	$38,64 \times 10^{-6}$

Cálculo do recalque elástico:

$$s_e = C_1 \cdot C_2 \cdot \sigma^* \cdot \sum_{i=1}^{n}\left(\dfrac{I_z}{E_s} \cdot \Delta z\right)_i = 0,936 \cdot 1,00 \cdot 266 \cdot 38,64 \times 10^{-6} = 0,0096 \text{ m} = 9,6 \text{ mm}$$

Opção 2 – recalque elástico das sapatas dos pilares P_6 e P_7.

- Sapata 6 (1,00 m × 1,90 m) - sapata retangular ($L/B = 1,90$)

Bulbo → $3B = 3,00$ m, ou seja, cota −2,00 m a 5,00 m (não há mudança de solo nesta camada).

$$z = \dfrac{3}{4} \cdot B = \dfrac{3}{4} \cdot 1,00 = 0,75 \text{ m.}$$

$$I_{z,\text{máx}} = 0,5 + 0,1 \cdot \sqrt{\dfrac{266}{17 \cdot (2,0 + 0,75)}} = 0,739$$

326

Projeto

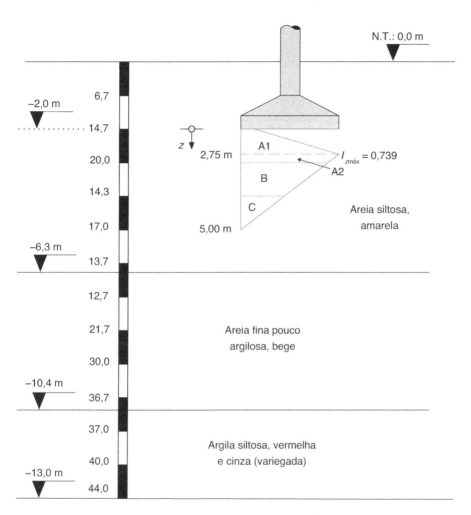

Limite da sondagem

Figura 13.18 Gráfico de I_z para a sapata 6.

Capítulo 13

Tabela 13.19 Determinação de I_z para cada subcamada ($B < L \le 10 \cdot B$)

Subcamada	z (m)	Equação	I_z
A1	0,375	$z \le \dfrac{3}{4} \cdot B \Rightarrow I_z = \dfrac{4}{3} \cdot \left(\dfrac{z}{B}\right) \cdot (I_{z,máx} - 0,15) + 0,15$	0,445
A2	0,875		0,698
B	1,50	$\dfrac{3}{4} \cdot B < z \le 3 \cdot B \Rightarrow I_z = \left[\dfrac{4}{3} - \dfrac{4}{9} \cdot \left(\dfrac{z}{B}\right)\right] \cdot I_{z,máx}$	0,493
C	2,50		0,164

Tabela 13.20 Cálculo do valor do produto $\left[\dfrac{I_z}{E_s} \cdot \Delta z\right]$, sendo Δz a espessura de cada subcamada

Subcamada	E_s (kPa)	Δz (m)	$\left[\dfrac{I_z}{E_s} \cdot \Delta z\right]$
A1	39.489	0,75	$8,45 \times 10^{-6}$
A2	39.489	0,25	$4,42 \times 10^{-6}$
B	49.040	1,00	$1,01 \times 10^{-5}$
C	38.769	1,00	$4,23 \times 10^{-6}$
	Σ	3,00	$27,2 \times 10^{-6}$

Cálculo do recalque elástico:

$$s_e = C_1 \cdot C_2 \cdot \sigma^* \cdot \sum_{i=1}^{n} \left(\frac{I_z}{E_s} \cdot \Delta z\right)_i = 0,936 \cdot 1,00 \cdot 266 \cdot 27,2 \times 10^{-6} = 0,0068 \text{ m} = 6,8 \text{ mm}$$

- Sapata 7 (1,30 m × 1,80 m) – sapata retangular ($L/B = 1,38$)

Bulbo → $3B = 3,90$ m, ou seja, cota –2,00 m a 5,90 m (não há mudança de solo nesta camada).

$$z = \frac{3}{4} \cdot B = \frac{3}{4} \cdot 1,30 = 0,975 \text{ m}.$$

$$I_{z,máx} = 0,5 + 0,1 \cdot \sqrt{\frac{266}{17 \cdot (2,0 + 0,975)}} = 0,729$$

328

Projeto

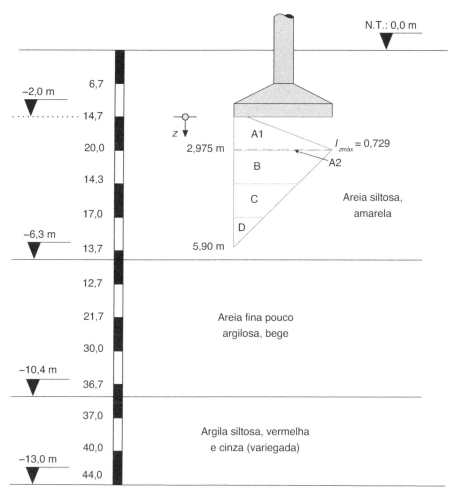

Figura 13.19 Gráfico de I_z para a sapata 7.

Tabela 13.21 Determinação de I_z para cada subcamada ($B < L \leq 10 \cdot B$)

Subcamada	z (m)	Equação	I_z
A1	0,4875	$z \leq \dfrac{3}{4} \cdot B \Rightarrow I_z = \dfrac{4}{3} \cdot \left(\dfrac{z}{B}\right) \cdot (I_{z,\text{máx}} - 0,15) + 0,15$	0,440
A2	0,9875	$\dfrac{3}{4} \cdot B < z \leq 3 \cdot B \Rightarrow I_z = \left[\dfrac{4}{3} - \dfrac{4}{9} \cdot \left(\dfrac{z}{B}\right)\right] \cdot I_{z,\text{máx}}$	0,726
B	1,50		0,598
C	2,50		0,349
D	3,45		0,112

CAPÍTULO 13

Tabela 13.22 Cálculo do valor do produto $\left[\dfrac{I_z}{E_s} \cdot \Delta z\right]$, sendo Δz a espessura de cada subcamada

Subcamada	E_s (kPa)	Δz (m)	$\left[\dfrac{I_z}{E_s} \cdot \Delta z\right]$
A1	39.489	0,975	$1,09 \times 10^{-5}$
A2	39.489	0,025	$4,60 \times 10^{-7}$
B	49.040	1,00	$1,22 \times 10^{-5}$
C	38.769	1,00	$9,00 \times 10^{-6}$
D	43.634	0,90	$2,31 \times 10^{-6}$
	Σ	3,90	$34,87 \times 10^{-6}$

Cálculo do recalque elástico:

$$s_e = C_1 \cdot C_2 \cdot \sigma^* \cdot \sum_{i=1}^{n} \left(\frac{I_z}{E_s} \cdot \Delta z\right)_i = 0,936 \cdot 1,00 \cdot 266 \cdot 34,87 \times 10^{-6} = 0,0087 \text{ m} = 8,7 \text{ mm}$$

Tabela 13.23 Recalques das sapatas

Sapata	Recalque total (mm)	Sapata	Recalque total (mm)
1	7,7	5	7,7
2	6,2	6	6,8
3	7,2	7	8,7
4	5,4	6-7	9,6

		Distância entre eixos (ℓ) (m)							
		P_1	P_2	P_3	P_4	P_5	P_6	P_7	P_6-P_7
Recalque diferencial (δ) (mm)	P_1	--	6,13	8,90	3,28	7,47	5,12	5,93	5,53
	P_2	1,5	--	2,77	3,13	3,06	6,15	5,32	5,66
	P_3	0,5	1,0	--	5,77	3,55	8,19	7,02	7,53
	P_4	2,3	0,8	1,8	--	4,01	3,61	3,48	3,46
	P_5	0,0	1,5	0,5	2,3	--	5,03	3,67	4,27
	P_6	0,9	0,6	0,4	1,4	0,9	--	1,50	--
	P_7	1,0	2,5	1,5	3,3	1,0	1,9	--	--
	P_6-P_7	1,9	3,4	2,4	4,2	1,9	--	--	--

Projeto

Recalque diferencial específico (δ/ℓ)								
	P_1	P_2	P_3	P_4	P_5	P_6	P_7	$P_6\text{-}P_7$
P_1	--	4087	17.800	1426	--	5689	5930	5530
P_2	--	--	2770	3913	2040	10.250	2128	1665
P_3	--	--	--	3206	7100	20.475	4680	3138
P_4	--	--	--	--	1743	2579	1055	**824**
P_5	--	--	--	--	--	5589	3670	2247
P_6	--	--	--	--	--	--	**789**	--

Analisando a tabela anterior e o critério proposto por Bjerrum (1963) (Fig. 7.3), verifica-se que o menor recalque diferencial específico ocorreu entre os pilares P_6 e P_7 (opção 2 de projeto) com um valor de 1:789, sendo adequado, e considerando-se o limite de 1:500 (limite de segurança para edifícios onde não são permitidas fissuras). Caso o projeto fosse realizado com a sapata associada ($P_6\text{-}P_7$), a situação de menor recalque diferencial específico seria entre os pilares P_4 e $P_6\text{-}P_7$, com um valor de 1:824, também superior àquele associado às condições de segurança onde não são permitidas as fissuras.

13.2 Projeto de Tubulões

São apresentadas aqui a planta de locação dos pilares (Fig. 13.1), as cargas na fundação (Tabela 13.24) de uma edificação a ser construída no perfil de subsolo representativo mostrado na Figura 13.9.

Tabela 13.24 Dados dos pilares

Pilar	Dimensões (m)	Cargas P_k (kN)
P_1	$0{,}30 \times 0{,}60$	1350
P_2	$0{,}40 \times 0{,}40$	1050
P_3	$0{,}30 \times 0{,}60$	1500
P_4	$0{,}40 \times 0{,}40$	820
P_5	$0{,}50 \times 0{,}50$	1400
P_6	$0{,}30 \times 0{,}60$	950
P_7	$0{,}80 \times 0{,}20$	1330

Folga $(f) = 2{,}5$ cm e $f_{ck} = 20$ MPa.

Em face do perfil de sondagem (Fig. 13.20) e sabendo que no edifício não haverá subsolos, a cota de apoio viável para os tubulões será de $-9{,}0$ m. Efetua-se o cálculo da tensão admissível utilizando o método semiempírico proposto por Alonso (1983), supondo que o diâmetro da base seja de 1 m, 2 m e 3 m, avalia-se a propagação dos bulbos de tensão para, por fim, adotar a tensão admissível.

Capítulo 13

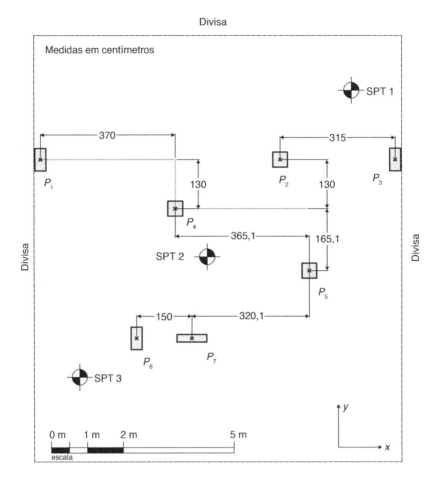

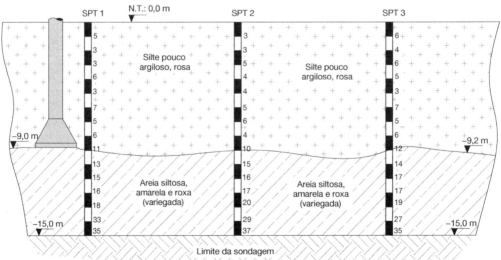

Figura 13.20 Perfil do subsolo.

Projeto

Foi feita uma análise do número médio de golpes considerando cada situação de sapata (quadrada e retangular) para cada sondagem realizada (Tabela 13.25).

Tabela 13.25 Valores do número médio de golpes (N_{SPT}) em função do bulbo.

	Bulbo – z (m)	D = 1 m	D = 2 m	D = 3 m
SPT 1		N_{SPT} = 12		
SPT 2	2 m	N_{SPT} = 13		
SPT 3		N_{SPT} = 13		
SPT 1			N_{SPT} = 14	
SPT 2	4 m		N_{SPT} = 15	
SPT 3			N_{SPT} = 15	
SPT 1				N_{SPT} = 18
SPT 2	6 m			N_{SPT} = 18
SPT 3				N_{SPT} = 18

Com base na análise da Tabela 13.25 e utilizando a Equação 13.3, proposta por Alonso (1983), foram determinadas as tensões admissíveis para cada situação (Fig. 13.21).

$$\sigma_{adm} = 33{,}33 \cdot \bar{N}_{SPT} \text{ (kPa)} \rightarrow N_{SPT} \leq 20 \qquad \text{Eq. 13.3}$$

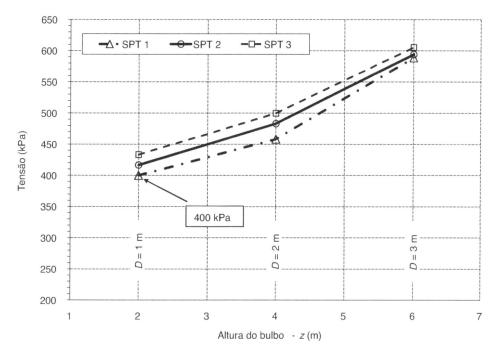

Figura 13.21 Variação da tensão admissível (tubulão).

Capítulo 13

Analisando os gráficos (Fig. 13.21), verifica-se que a menor tensão admissível obtida foi da ordem de 400 kPa, sendo, então, a tensão a ser utilizada neste projeto.

$$\sigma_{adm} = 400 \text{ kPa}$$

Em um projeto de tubulões não se majora a carga dos pilares, pois considera-se que o atrito lateral equilibra seu peso próprio. Esta afirmação pode ser adotada, pois no cálculo de tubulões em geral não se considera a carga lateral no cálculo da capacidade de carga.

- Dimensionamento – P_1 e P_4

No caso do pilar P_1, como haverá excentricidade, pois o centro de gravidade da sapata (CG) não coincidirá com o do pilar, será necessário empregar uma viga alavanca, que será engastada no pilar mais próximo P_4 (Fig. 13.22).

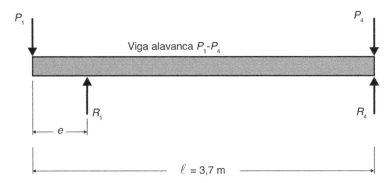

Figura 13.22 Esquema estático (P_1-P_4).

Etapas de cálculo:

1- Inicia-se o dimensionamento pelo cálculo da área da base do pilar (P_1).

$$A_{base1} = \frac{P_1}{\sigma_{adm}} = \frac{1350}{400} = 3,38 \text{ m}^2$$

2- De posse da área da base, determina-se o valor do raio do tubulão (falsa elipse), "r_i".

$$r_1 = \sqrt{\frac{A_{base1}}{3+\pi}} = \sqrt{\frac{3,38}{3+\pi}} = 0,74 \text{ m} \rightarrow r_1 = 0,75 \text{ m}$$

3- Cálculo da excentricidade "e"

$$e = r_1 - \frac{b}{2} - f = 0,75 - \frac{0,30}{2} - 0,025 = 0,575 \text{ m}$$

4- De posse do valor da excentricidade, é possível calcular a reação (R_1).

$$R_1 = P_1 \cdot \left(\frac{L_s}{L_s - e}\right) = 1350 \cdot \left(\frac{3,70}{3,70 - 0,575}\right) = 1598 \text{ kN}$$

Projeto

5- A área da base real (A'_{base1}) é determinada pela seguinte equação:

$$A'_{base1} = \frac{R_1}{\sigma_{adm}} = \frac{1598}{400} = 4,0 \text{ m}^2$$

6- Com o valor de A'_{base1} é possível calcular o lado "L_1" do tubulão do pilar P_1.

$$L_1 = \frac{A'_{base1} - \pi \cdot r_1^2}{2 \cdot r_1} = \frac{4,0 - \pi \cdot 0,75^2}{2 \cdot 0,75} = 1,49 \text{ m} \to L_1 = 1,50 \text{ m}$$

7- Verificação:

A relação entre as dimensões L e r do tubulão deve atender a condição: $\dfrac{L_1}{2 \cdot r_1} \leq 2,5$

$$\frac{1,50}{2 \cdot 0,75} = 1,0 \quad \text{Ok!}$$

8- O diâmetro do fuste será:

$$d_1 = \sqrt{\frac{4 \cdot R_1}{\pi \cdot \left(\dfrac{0,85 \cdot f_{ck}}{\gamma_c \cdot \gamma_f}\right)}} = \sqrt{\frac{4 \cdot R_1}{\pi \cdot \left(\dfrac{0,85 \cdot f_{ck}}{1,6 \cdot 1,4}\right)}} = \sqrt{\frac{3,355 \cdot R_1}{f_{ck}}} = \sqrt{\frac{3,355 \cdot 1598}{20.000}} = 0,52 \text{ m}$$

$$\to d_1 = 0,90 \text{ m}$$

A altura da base será determinada pela seguinte equação:

$$h_{B,1} = \frac{\tan 60°}{2}[(L_1 + 2 \cdot r_1) - d_1] = 0,866[(1,50 + 2 \cdot 0,75) - 0,90] \cong 1,85 \text{ m}$$

Como a altura da base é superior ao permitido pela NBR 6122, é necessário refazer os cálculos, fixando-se a altura em 1,80 m (NBR 6122) e calculando o novo diâmetro do fuste, mantendo o ângulo (α) e 60°.
Assim,

$$d_1 = L_1 + 2 \cdot r_1 - \left(\frac{2}{\tan 60°}\right) \cdot h_b = 1,50 + 2 \cdot 0,75 - 1,155 \cdot 1,80 = 0,92 \text{ m} \to d_1 = 0,95 \text{ m}$$

Dimensionar o tubulão do pilar P_4. Deve-se aliviar a carga do pilar em apenas metade de ΔP_1, conforme segue.

$$R_{4d} = P_{4d} - \frac{\Delta P_1}{2} = 820 - \frac{1598 - 1350}{2} = 696 \text{ kN}$$

Deve-se verificar o levantamento do pilar central: $P_4 - \Delta P_1 > 0$; neste caso, $P_{4d} = 820$ kN e $\Delta P_1 = 248$ kN. Portanto Ok!

A área da base do tubulão isolado do pilar P_4 será:

$$A_{base4} = \frac{R_{4d}}{\sigma_{adm}} = \frac{696}{400} = 1,74 \text{ m}^2$$

335

O diâmetro da base será:

$$D_4 = \sqrt{1{,}74} = 1{,}32 \text{ m} \rightarrow D_4 = 1{,}35 \text{ m}$$

O diâmetro do fuste será:

$$d_4 = \sqrt{\frac{3{,}355 \cdot R_4}{f_{ck}}} = \sqrt{\frac{3{,}355 \cdot 696}{20.000}} = 0{,}34 \text{ m} \rightarrow d_4 = 0{,}90 \text{ m}$$

A altura da base será:

$$h_{B4} = \tan 60° \cdot \left(\frac{D_4 - d_4}{2}\right) = \tan 60° \cdot \left(\frac{1{,}35 - 0{,}90}{2}\right) = 0{,}39 \text{ m} \rightarrow h_{B4} = 0{,}40 \text{ m}$$

- Dimensionamento – P_2 e P_3

No caso do pilar P_3, como haverá excentricidade, pois o centro de gravidade da sapata (CG) não coincidirá com o do pilar, será necessário empregar uma viga alavanca, que será engastada no pilar mais próximo P_2 (Fig. 13.23).

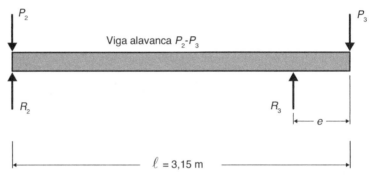

Figura 13.23 Esquema estático (P_2-P_3).

Etapas de cálculo:

1- Inicia-se o dimensionamento pelo cálculo da área da base do pilar (P_3)

$$A_{base3} = \frac{P_3}{\sigma_{adm}} = \frac{1500}{400} = 3{,}75 \text{ m}^2$$

2- De posse da área da base, determina-se o valor do raio do tubulão (falsa elipse), "r_i".

$$r_3 = \sqrt{\frac{A_{base3}}{3+\pi}} = \sqrt{\frac{3{,}75}{3+\pi}} = 0{,}78 \text{ m} \rightarrow r_3 = 0{,}80 \text{ m}$$

3- Cálculo da excentricidade "e"

$$e = r_3 - \frac{b}{2} - f = 0{,}80 - \frac{0{,}30}{2} - 0{,}025 = 0{,}625 \text{ m}$$

Projeto

4- De posse do valor da excentricidade, é possível calcular a reação (R_3).

$$R_3 = 1500 \cdot \left(\frac{3,15}{3,15-0,625} \right) = 1871 \text{ kN}$$

5- A área da base real (A'_{base3}) é determinada pela seguinte equação:

$$A'_{base3} = \frac{1871}{400} = 4,68 \text{ m}^2$$

6- Com o valor de A'_{base3} é possível calcular o lado "L_3" do tubulão do pilar P_3.

$$L_3 = \frac{4,68 - \pi \cdot 0,80^2}{2 \cdot 0,80} = 1,67 \text{ m} \rightarrow L_3 = 1,70 \text{ m}$$

7- Verificação:

A relação entre as dimensões L e r do tubulão deve atender a condição: $\dfrac{L_3}{2 \cdot r_3} \leq 2,5$

$$\frac{1,70}{2 \cdot 0,80} = 1,06 \quad \text{Ok!}$$

8- O diâmetro do fuste será:

$$d_3 = \sqrt{\frac{3,355 \cdot 1871}{20.000}} = 0,56 \text{ m} \rightarrow d_1 = 0,90 \text{ m}$$

A altura da base será determinada pela seguinte equação:

$$h_{B,3} = 0,866[(1,70 + 2 \cdot 0,80) - 0,90] = 2,10 \text{ m}$$

Como a altura da base (2,25 m) é superior ao permitido pela NBR 6122, é necessário refazer os cálculos, fixando-se a altura em 1,80 m (NBR 6122) e calculando o novo diâmetro do fuste, mantendo o ângulo (α) e 60°.

Assim,

$$d_3 = 1,70 + 2 \cdot 0,80 - 1,155 \cdot 1,80 = 1,22 \text{ m} \rightarrow d_1 = 1,25 \text{ m}$$

Dimensionar o tubulão do pilar P_2. Deve-se aliviar a carga do pilar em apenas metade de ΔP_3, conforme segue.

$$R_{2d} = 1050 - \frac{1871 - 1500}{2} = 864,50 \text{ kN}$$

Deve-se verificar o levantamento do pilar central: $P_2 - \Delta P_3 > 0$; neste caso, $P_{2d} = 1050$ kN e $\Delta P_3 = 371$ kN; portanto Ok!

9- A área da base do tubulão isolado do pilar P_4 será:

$$A_{base2} = \frac{R_{2d}}{\sigma_{adm}} = \frac{864,50}{400} = 2,16 \text{ m}^2$$

10- Diâmetro da base

$$D_2 = \sqrt{2,16} = 1,50 \text{ m}$$

337

CAPÍTULO 13

11- Diâmetro do fuste

$$d_2 = \sqrt{\frac{3{,}355 \cdot 864}{20.000}} = 0{,}34 \text{ m} \rightarrow d_2 = 0{,}90 \text{ m}$$

12- Altura da base

$$h_{B2} = \tan 60° \cdot \left(\frac{1{,}30 - 0{,}90}{2}\right) = 0{,}34 \text{ m} \rightarrow h_{B2} = 0{,}35 \text{ m}$$

- Dimensionamento – P_5
Trata-se de um pilar isolado; desta forma, o dimensionamento é simples.
1- Diâmetro da base

$$D_5 = \sqrt{\frac{4 \cdot 1400}{\pi \cdot 400}} = 2{,}11 \text{ m} \rightarrow D_5 = 2{,}15 \text{ m}$$

2- Diâmetro do fuste

$$d_5 = \sqrt{\frac{3{,}355 \cdot 1400}{20.000}} = 0{,}48 \text{ m} \rightarrow d_5 = 0{,}90 \text{ m}$$

3- Altura da base

$$h_{B5} = \tan 60° \cdot \left(\frac{2{,}15 - 0{,}90}{2}\right) = 1{,}08 \text{ m} \rightarrow h_{B5} = 1{,}10 \text{ m}$$

- Dimensionamento – P_6 e P_7
Como os pilares estão próximos, deve-se verificar a possibilidade de executá-los com base circular. Caso não seja possível, dimensiona-se com base em falsa elipse.

- Primeira tentativa – P_1 e P_2 circulares
Inicialmente dimensionam-se somente as bases para verificar se há espaço disponível.

$$\text{Pilar } P_6 - D_6 = \sqrt{\frac{4 \cdot 950}{\pi \cdot 400}} = 1{,}74 \text{ m} \rightarrow D_1 = 1{,}75 \text{ m}$$

$$\text{Pilar } P_7 - D_2 = \sqrt{\frac{4 \cdot 600}{\pi \cdot 350}} = 1{,}48 \text{ m} \rightarrow D_2 = 1{,}50 \text{ m}$$

Distância disponível = 1,50 m – 0,10 m (folga) = 1,40 m

$$r_1 + r_2 \leq 1{,}40 \text{ m} \rightarrow r_1 = \frac{1{,}75}{2} = 0{,}875 \text{ m e } r_2 = \frac{1{,}50}{2} = 0{,}75 \text{ m}$$

Assim, 0,875 + 0,75 = 1,625 m é maior que 1,40 m; então não é possível utilizar ambos circulares.

- Segunda tentativa – P_6 circular e P_7 falsa elipse

Considerando o P_6 como circular (raio = 0,875 m) e a distância disponível (1,40 m), o valor do raio do P_7 será:

$$r_1 = 1{,}40 - 0{,}875 = 0{,}525 \text{ m}$$

Projeto

Pilar 7 → Área da base $A_{base7} = \dfrac{1330}{400} = 3,325$ m^2

Lado (L_7) $L_7 = \dfrac{A_{base7} - \pi \cdot r_7^2}{2 \cdot r_7} = \dfrac{3,325 - \pi \cdot 0,525^2}{2 \cdot 0,525} = 2,34$ m → $L_7 = 2,35$ m

Verificação:

$L_7 < 3 \cdot r_7$; como L_1 (2,35 m) é maior que 3 r_7 (1,575 m), devem-se utilizar duas falsas elipses.

- Terceira tentativa – P_6 e P_7 em falsa elipse

Adotar valores para r_1 e r_2 (maiores): $r_1 + r_2 \leq S - 10$ cm; então, $r_1 + r_2 \leq 1,40$ m

Uma alternativa é adotar os raios proporcionalmente às cargas.

$$P_6 + P_7 = 2280 \text{ kN} \rightarrow P_6 = \dfrac{950}{2280} = 0,42$$

Então os raios serão: $r_6 = 0,42 \cdot 1,40 = 0,59$ m → $r_6 = 0,60$ m

Assim, $r_7 = 1,40 - 0,60 = 0,80$ m

Pilar 6 → Área da base $A_{base6} = \dfrac{P_6}{\sigma_{adm}} = \dfrac{950}{400} = 2,375$ m^2

Lado (L_6) do retângulo $L_6 = \dfrac{2,375 - \pi \cdot 0,60^2}{2 \cdot 0,60} = 1,04$ m → $L_6 = 1,05$ m

Verificação:

$L_6 < 3 \cdot r_6$ → $1,05 < 30,60 = 1,80$ Ok!

$$d_6 = \sqrt{\dfrac{3,355 \cdot 950}{20.000}} = 0,40 \text{ m} \rightarrow d = 0,90 \text{ m}$$

$h_{B,6} = 0,866[(1,05 + 2 \cdot 0,60) - 0,90] = 1,17$ m → $h_{B6} = 1,20$ m $\leq 1,80$ m Ok!

Pilar 7 → Área da base $A_{base7} = \dfrac{1330}{400} = 3,325$ m^2

Lado (L_7) do retângulo $L_7 = \dfrac{3,325 - \pi \cdot 0,80^2}{2 \cdot 0,80} = 0,82$ m → $L_7 = 0,85$ m

Verificação:

$L_7 < 3 \cdot r_7$ → $0,85 < 3\ 0,080 = 2,40$ Ok!

$$d_7 = \sqrt{\dfrac{3,355 \cdot 1330}{20.000}} = 0,47 \text{ m} \rightarrow d_7 = 0,90 \text{ m}$$

$h_{B,7} = 0,866[(0,85 + 2 \cdot 0,80) - 0,90] = 1,34$ m → $h_{B,7} = 1,35$ m

- Resumo:

| Pilar 6 | $L = 1,05$ m | $r = 0,60$ m | $d = 0,90$ m | $h_b = 1,20$ m |
| Pilar 7 | $L = 0,85$ m | $r = 0,80$ m | $d = 0,90$ m | $h_b = 1,35$ m |

Finalizado o dimensionamento das sapatas, em que suas dimensões são resumidas na Tabela 13.26.

Capítulo 13

Tabela 13.26 Resumo das dimensões e volumes dos tubulões

Pilar Nº	Fuste (d)	Base (D)	Altura (h_b)	Lado L	Raio base r_b [m]	V_{tc} [m³]	V_{cil} [m³]	V_f [m³]	V_{total} [m³]
–	[m]	[m]	[m]	[m]					
1	0,95		1,80	1,50	0,75	4,84	0,80	5,10	10,74
2	0,90	1,50	0,35			0,17	0,35	5,5	6,03
3	1,25		1,80	1,70	0,80	6,27	0,95	8,84	16,06
4	0,90	1,35	0,4			0,20	0,29	5,47	5,96
5	0,90	2,15	1,1			1,74	0,73	5,03	7,49
6	0,90		1,2	1,05	0,60	2,07	0,48	4,96	7,51
7	0,90		1,35	0,85	0,80	2,15	0,67	4,87	7,67
							Volume total		**61,46**

- Desenho do projeto

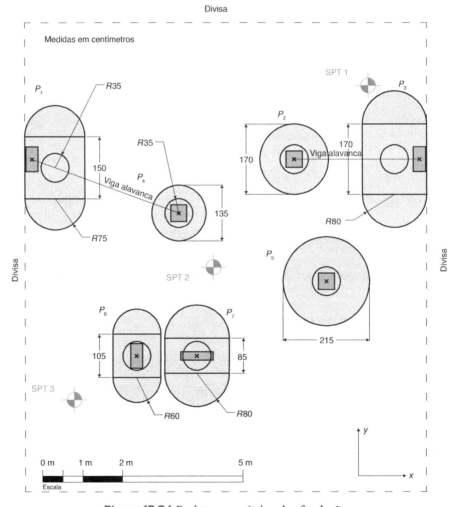

Figura 13.24 Projeto geométrico das fundações.

13.3 Projeto de Estacas

São apresentadas aqui a planta de locação dos pilares (Fig. 13.25), as cargas na fundação (Tabela 13.1) de uma edificação a ser construída no perfil de subsolo representativo mostrado na Figura 13.2.

Tabela 13.27 Dados dos pilares

Pilar	Dimensões (m)	Cargas P_k (kN)
P_1	0,30 × 0,60	750
P_2	0,40 × 0,40	660
P_3	0,30 × 0,60	680
P_4	0,40 × 0,40	460
P_5	0,50 × 0,50	660
P_6	0,30 × 0,60	590
P_7	0,80 × 0,20	700

Folga $(f) = 2,5$ cm.

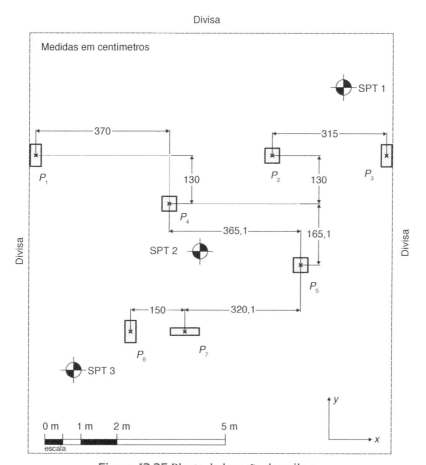

Figura 13.25 Planta de locação dos pilares.

Capítulo 13

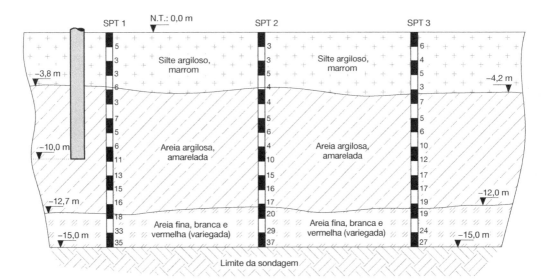

Figura 13.26 Perfil estratigráfico do subsolo representativo – perfil de sondagem.

Analisando o perfil de sondagem, verificou-se que não foi identificado o lençol freático, o que possibilita o emprego de estaca escavada a trado mecânico. Cabe destacar que é importante analisar as limitações de comprimento exequível para a estaca (equipamento × executor), bem como a faixa de valores do N_{SPT} que indicam a parada da estaca (Tabela 13.21).

Para a determinação da carga de projeto, devem ser avaliadas a carga estrutural da estaca ($R_{adm(estrutural)}$) e a carga admissível geotécnica ($R_{adm(geotécnica)}$). Para isso, inicialmente majoram-se as cargas dos pilares em 5 %, tendo em vista o peso próprio (Tabela 13.28).

$$P_d = 1,05 \cdot P_k$$

Tabela 13.28 Cargas dos pilares majoradas

Pilar	Cargas majoradas P_d (kN)
P_1	787,5
P_2	693,0
P_3	714,0
P_4	483,0
P_5	693,0
P_6	619,5
P_7	735,0

O valor da carga média (P_d) dos pilares é 675 kN. Para obter o diâmetro da estaca, em função das cargas dos pilares, e adotando um número de três estacas por pilar em

Projeto

média, resulta em uma carga média, por estaca, de 225 kN. Assim, por meio da utilização da Tabela 12.10, verifica-se que o diâmetro de 0,30 m atende às necessidades, pois apresenta carga estrutural de 280 kN, que é superior à carga média por estaca (225 kN).

Desta forma deverá ser adotado um comprimento tal que a carga admissível calculada por meio dos métodos apresentados no Capítulo 12 seja superior à carga média por estaca, conforme apresentado acima. Para isso deve-se variar o comprimento, sempre múltiplo de 1 m, até que ocorra convergência.

A partir de várias tentativas, verificou-se que 10 m seria o comprimento que atenderia a hipótese inicial ($R_{\text{adm(geotécnica)}} \geq 225$ kN). Sendo assim, apresentam-se, a seguir, os cálculos efetuados, os resultados obtidos e a interpretação. Cabe informar que foi feito o cálculo para cada furo de sondagem, conforme segue.

Obs.: A execução das estacas deste projeto deverá garantir que haja o contato entre o concreto da ponta e o solo. Dessa forma, o valor da resistência de ponta a ser adotado deverá ser menor ou igual à carga lateral calculada ($R_P \leq R_L$). Tal premissa será utilizada somente no cálculo da carga admissível do método de Aoki e Velloso, tendo em vista que sugere um fator de segurança global igual a dois (2,0). No caso dos métodos de Décourt e Quaresma e Teixeira, não será empregada essa limitação, pois os autores consideram o fator de segurança da ponta igual a quatro (4,0).

13.3.1 Método de Aoki e Velloso

Para o cálculo, será utilizada a média dos números de golpes de cada camada, como a seguir.

Tabela 13.29 Parâmetros de cálculo a serem empregados no método de Aoki e Velloso

Solo	Camada	SPT 1	SPT 2	SPT 3	α (%)	K(kPa)
Silte argiloso	0 → 4 m	$\bar{N}_{\text{SPT}} = 3,8$	$\bar{N}_{\text{SPT}} = 4,3$	$\bar{N}_{\text{SPT}} = 3,8$	3,4	230
Areia argilosa	0 → 10 m	$\bar{N}_{\text{SPT}} = 11,5$	$\bar{N}_{\text{SPT}} = 12,3$	$\bar{N}_{\text{SPT}} = 11,2$	3,0	600
	Ponta	$\bar{N}_{\text{SPT}} = 19,0$	$\bar{N}_{\text{SPT}} = 22,0$	$\bar{N}_{\text{SPT}} = 19,0$	3,0	600

Estaca escavada → $F_1 = 3,0$ e $F_2 = 6,0$ (Tabela 13.4)

- Sondagem (SPT 1)

Resistência lateral:

$$R_L = \left[\pi \cdot 0,30 \left(\frac{0,034 \cdot 230 \cdot 3,8}{6,0} \cdot 4,0 \right) \right] + \left[\pi \cdot 0,30 \left(\frac{0,030 \cdot 600 \cdot 11,5}{6,0} \cdot 6,0 \right) \right] =$$

$$= 213,8 \text{ kN}$$

Capítulo 13

Carga de ponta:

$$R_p = \frac{600 \cdot 19,0}{3,0} \cdot 0,071 = 269,8 \text{ kN}$$

Carga admissível → $R_{adm} = \dfrac{R_{rup}}{2,0} = \dfrac{483,6}{2,0} = 242 \text{ kN}$

∴ Carga admissível → 242 kN

- Sondagem (SPT 2)

Resistência lateral:

$$R_L = \left[\pi \cdot 0,30\left(\frac{0,034 \cdot 230 \cdot 4,3}{6,0} \cdot 4,0 \right) \right] + \left[\pi \cdot 0,30\left(\frac{0,030 \cdot 600 \cdot 12,3}{6,0} \cdot 6,0 \right) \right] =$$

$$= 229,8 \text{ kN}$$

Carga de ponta:

$$R_p = \frac{600 \cdot 22,0}{3,0} \cdot 0,071 = 312,4 \text{ kN}$$

Carga admissível → $R_{adm} = \dfrac{R_{rup}}{2,0} = \dfrac{542,2}{2,0} = 271 \text{ kN}$

∴ Carga admissível → 271 kN

- Sondagem (SPT 3)

Resistência lateral:

$$R_L = \left[\pi \cdot 0,30\left(\frac{0,034 \cdot 230 \cdot 3,8}{6,0} \cdot 4,0 \right) \right] + \left[\pi \cdot 0,30\left(\frac{0,030 \cdot 600 \cdot 11,2}{6,0} \cdot 6,0 \right) \right] =$$

$$= 208,7 \text{ kN}$$

Carga de ponta:

$$R_p = \frac{600 \cdot 19,0}{3,0} \cdot 0,071 = 269,8 \text{ kN}$$

Carga admissível → $R_{adm} = \dfrac{R_{rup}}{2,0} = \dfrac{478,5}{2,0} = 239 \text{ kN}$

∴ Carga admissível → 239 kN

344

Projeto

13.3.2 Método de Décourt e Quaresma

Para o cálculo, será utilizada a média dos números de golpes de cada camada, como aa seguir.

Tabela 15.30 Parâmetros de cálculo a serem empregados no método de Décourt e Quaresma

Solo	Camada	SPT 1	SPT 2	SPT 3	C (kPa)	
Silte argiloso	0 → 4 m	$\bar{N}_{SPT} = 4,0$	$\bar{N}_{SPT} = 4,3$	$\bar{N}_{SPT} = 4,0$	200	$\beta = 0,65$
Areia argilosa	0 → 10 m	$\bar{N}_{SPT} = 11,5$	$\bar{N}_{SPT} = 12,3$	$\bar{N}_{SPT} = 11,2$	400	$\beta = 0,50$
	Ponta	$\bar{N}_{SPT} = 18,7$	$\bar{N}_{SPT} = 21,3$	$\bar{N}_{SPT} = 19,0$		$\alpha = 0,50$

- Sondagem (SPT 1)

  Resistência lateral:

$$R_L = \left\{ 0,65 \cdot \pi \cdot 0,30 \cdot 4,0 \left[10 \cdot \left(\frac{4,0}{3} + 1 \right) \right] \right\} +$$

$$+ \left\{ 0,50 \cdot \pi \cdot 0,30 \cdot 6,0 \left[10 \cdot \left(\frac{11,5}{3} + 1 \right) \right] \right\} = 193,8 \text{ kN}$$

Carga de ponta:

$R_p = 0,50 \cdot 400 \cdot 19,0 \cdot 0,071 = 265,5$ kN

Carga de ruptura → $R_{rup} = 459$ kN

Carga admissível → $R_{adm} = \dfrac{R_L}{1,3} + \dfrac{R_p}{4,0} = 216$ kN

Carga admissível → 216 kN

- Sondagem (SPT 2)

$$R_L = \left\{ 0,65 \cdot \pi \cdot 0,30 \cdot 4,0 \left[10 \cdot \left(\frac{4,3}{3} + 1 \right) \right] \right\} +$$

$$+ \left\{ 0,50 \cdot \pi \cdot 0,30 \cdot 6,0 \left[10 \cdot \left(\frac{12,3}{3} + 1 \right) \right] \right\} = 203,8 \text{ kN}$$

Carga de ponta:

$R_p = 0,50 \cdot 400 \cdot 21,3 \cdot 0,071 = 302,5$ kN

Carga de ruptura → $R_{rup} = 506$ kN

Carga admissível → $R_{adm} = \dfrac{R_L}{1,3} + \dfrac{R_p}{4,0} = 232$ kN

Carga admissível → 232 kN

CAPÍTULO 13

- Sondagem (SPT 3)

$$R_L = \left\{ 0,65 \cdot \pi \cdot 0,30 \cdot 4,0 \left[10 \cdot \left(\frac{4,0}{3} + 1 \right) \right] \right\} +$$

$$+ \left\{ 0,50 \cdot \pi \cdot 0,30 \cdot 6,0 \left[10 \cdot \left(\frac{11,2}{3} + 1 \right) \right] \right\} = 191,0 \text{ kN}$$

Carga de ponta:

$R_p = 0,50 \cdot 400 \cdot 19,0 \cdot 0,071 = 269,8$ kN

Carga de ruptura → $R_{rup} = 461$ kN

Carga admissível → $R_{adm} = \dfrac{R_L}{1,3} + \dfrac{R_p}{4,0} = 214$ kN

Carga admissível → 214 kN

13.3.3 Método de Teixeira (1996)

Para o cálculo, será utilizada a média dos números de golpes de cada camada, como a seguir.

Tabela 13.31 Parâmetros de cálculo a serem empregados no método de Teixeira

Solo	Camada	SPT 1	SPT 2	SPT 3
Silte argiloso	0 → 4 m	$N_{SPT} = 3,8$	$N_{SPT} = 4,3$	$N_{SPT} = 3,8$
Areia argilosa	0 → 10 m	$N_{SPT} = 11,5$	$N_{SPT} = 12,3$	$N_{SPT} = 11,2$
	Ponta	$N_{SPT} = 18,7$	$N_{SPT} = 21,3$	$N_{SPT} = 19$

Estaca escavada → $\beta_T = 4,0$ (Tabela 11.8) e $\alpha_T = 200$ (Tabela 11.9)

- Sondagem (SPT 1)

Resistência lateral:

$R_L = (4,0 \cdot 3,8 \cdot \pi \cdot 0,30 \cdot 4,0) + (4,0 \cdot 11,5 \cdot \pi \cdot 0,30 \cdot 6,0) = 317,4$ kN

Carga de ponta:

$R_p = 200 \cdot 18,7 \cdot 0,071 = 265,5$ kN

Carga de ruptura → $R_{rup} = 583$ kN

Carga admissível → $R_{adm} = \dfrac{317,4}{1,5} + \dfrac{265,5}{4,0} = 278$ kN

Carga admissível → 278 kN

- Sondagem (SPT 2)

Resistência lateral:

$R_L = (4,0 \cdot 4,3 \cdot \pi \cdot 0,30 \cdot 4,0) + (4,0 \cdot 12,3 \cdot \pi \cdot 0,30 \cdot 6,0) = 343,1$ kN

Projeto

Carga de ponta:

$R_p = 200 \cdot 21,3 \cdot 0,071 = 302,5$ kN

Carga de ruptura $\rightarrow R_{rup} = 646$ kN

Carga admissível $\rightarrow R_{adm} = \dfrac{343,1}{1,5} + \dfrac{302,5}{4,0} = 304$ kN

Carga admissível $\rightarrow 304$ kN

- Sondagem (SPT 3)

Resistência lateral:

$R_L = (4,0 \cdot 3,8 \cdot \pi \cdot 0,30 \cdot 4,0) + (4,0 \cdot 11,2 \cdot \pi \cdot 0,30 \cdot 6,0) = 310,6$ kN

Carga de ponta:

$R_p = 200 \cdot 19,0 \cdot 0,071 = 269,8$ kN

Carga de ruptura $\rightarrow R_{rup} = 580$ kN

Carga admissível $\rightarrow R_{adm} = \dfrac{310,6}{1,5} + \dfrac{269,8}{4,0} = 275$ kN

Carga admissível $\rightarrow 275$ kN

A tabela a seguir mostra o resumo dos resultados obtidos da carga admissível para cada método e sondagem utilizados.

Tabela 13.32 Resumo dos resultados obtidos da carga admissível para cada método e sondagem utilizados, com o cálculo da média entre eles

	Aoki e Velloso	Décourt e Quaresma	Teixeira	Média
SPT 1	242 kN	216 kN	278 kN	**278 kN**
SPT 2	271 kN	232 kN	304 kN	**304 kN**
SPT 3	239 kN	214 kN	275 kN	**275 kN**
Média	**251 kN**	**221 kN**	**286**	

Média geral = 252 kN

Desvio-padrão = 29 kN

Coeficiente de variação = 12 %

Carga admissível mínima = 223 kN

Carga admissível máxima = 281 kN

O gráfico a seguir mostra a distribuição dos valores obtidos por cada método e sondagem empregados.

Capítulo 13

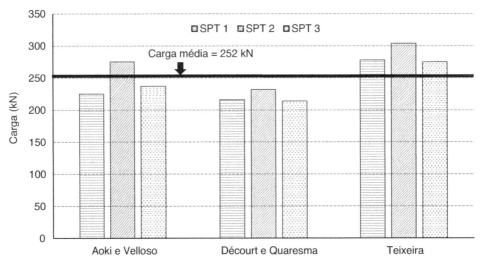

Figura 13.27 Distribuição dos valores obtidos por cada método e sondagem empregados.

Considerando que a dispersão dos resultados é aceitável, tendo em vista o coeficiente de variação obtido (12 %), será utilizado o valor de carga admissível de 250 kN.

A fase seguinte trata de avaliar a excentricidade entre o centro de gravidade do pilar de divisa e o bloco de coroamento. Para isso, deve-se atentar para a distância máxima que o equipamento pode se aproximar do vizinho, caso haja alguma parede. Neste caso deve-se consultar a empresa executora para verificar a limitação do equipamento. Para o caso da estaca desse projeto, a distância mínima entre a borda da estaca e a parede do vizinho é de 0,30 m (conforme consulta à empresa executora).

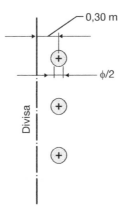

Figura 13.28 Distância mínima entre o centro da estaca e a parede do vizinho (divisa).

Projeto

Desta forma a excentricidade será:

$$e = \left[\left(0,30 + \frac{\phi}{2} \right) - \frac{b}{2} \right]$$

Pilar P_1 = Pilar P_3 (0,30 m × 0,60 m)

$$e = \left[\left(0,30 + \frac{0,30}{2} \right) - \frac{0,30}{2} - 0,025 \right] = 0,275 \text{ m}$$

A reação dos pilares será:
Pilar 1

$$R_1 = P_{1d} \cdot \left(\frac{\ell}{\ell - e_1} \right) = 787,5 \left(\frac{3,70}{3,70 - 0,275} \right) = 850 \text{ kN}$$

Pilar 3

$$R_3 = P_{3d} \cdot \left(\frac{\ell}{\ell - e_1} \right) = 714 \left(\frac{3,70}{3,70 - 0,275} \right) = 771 \text{ kN}$$

A tabela a seguir apresenta a correção do número de estacas empregando o fator de eficiência.

Determinação do número mínimo de estacas por pilar empregando-se a Equação 13.4.

$$n_{\text{estacas}} = \frac{P_i}{R_{\text{adm}}} \cdot \frac{1}{\in} \qquad \text{Eq. 13.4}$$

Como não se tem conhecimento da quantidade de estacas por pilar, será adotada, inicialmente, a eficiência de 100 % ($\in$) para, em seguida, fazer a verificação e posterior aplicação do fator de eficiência.

Tabela 13.33 Número de estacas por pilar (cálculo inicial)

Pilar	Cargas majoradas P_d (kN)	n_{estacas}
P_1 – divisa	850,0	$\dfrac{850,0}{250} = 3,4 \Rightarrow 4$ estacas
P_2	693,0	$\dfrac{693,0}{250} = 2,8 \Rightarrow 3$ estacas
P_3 – divisa	771,0	$\dfrac{771,0}{250} = 3,1 \Rightarrow 4$ estacas
P_4	483,0	$\dfrac{483,0}{250} = 1,9 \Rightarrow 2$ estacas
P_5	693,0	$\dfrac{693,0}{250} = 2,8 \Rightarrow 3$ estacas
P_6	619,5	$\dfrac{619,5}{250} = 2,5 \Rightarrow 3$ estacas
P_7	735,0	$\dfrac{735,0}{250} = 2,9 \Rightarrow 3$ estacas

349

Capítulo 13

É possível observar que em média existem três estacas por pilar. Na sequência será aplicado o fator de eficiência, e, para este exemplo, será empregada a metodologia de Feld.

- Bloco de duas estacas:

$$\epsilon = \left[\frac{2 \cdot \left(\frac{15}{16} \right)}{2} \right] = 0,9375$$

- Bloco de três estacas (triângulo):

$$\epsilon = \left[\frac{3 \cdot \left(\frac{14}{16} \right)}{3} \right] = 0,875$$

- Bloco de três estacas (em linha):

$$\epsilon = \left[\frac{2 \cdot \left(\frac{15}{16} \right) + 1 \cdot \left(\frac{14}{16} \right)}{3} \right] = 0,917$$

- Bloco de quatro estacas (quadrado):

$$\epsilon = \left[\frac{4 \cdot \left(\frac{13}{16} \right)}{4} \right] = 0,8125$$

- Bloco de quatro estacas (em linha):

$$\epsilon = \left[\frac{2 \cdot \left(\frac{15}{16} \right) + 2 \cdot \left(\frac{14}{16} \right)}{4} \right] = 0,9063$$

Projeto

Tabela 13.34 Número de estacas por pilar (verificação)

Pilar	$n_{estacas}$	Formato bloco	Situação
P_1 – divisa	$\dfrac{850,0}{250} \cdot \dfrac{1}{0,9063} = 3,8 \Rightarrow 4\ \text{estacas}$	Linha	Ok!
P_2	$\dfrac{693,0}{250} \cdot \dfrac{1}{0,875} = 3,2 \Rightarrow 4\ \text{estacas}$	Triângulo	recalcular
P_3 – divisa	$\dfrac{771,0}{250} \cdot \dfrac{1}{0,9063} = 3,4 \Rightarrow 4\ \text{estacas}$	Linha	Ok!
P_4	$\dfrac{483,0}{250} \cdot \dfrac{1}{0,9375} = 2,1 \Rightarrow 3\ \text{estacas}$	Linha	recalcular
P_5	$\dfrac{693,0}{250} \cdot \dfrac{1}{0,875} = 3,2 \Rightarrow 4\ \text{estacas}$	Quadrado	recalcular
P_6	$\dfrac{619,5}{250} \cdot \dfrac{1}{0,875} = 2,8 \Rightarrow 3\ \text{estacas}$	Triângulo	Ok!
P_7	$\dfrac{735,0}{250} \cdot \dfrac{1}{0,8125} = 3,6 \Rightarrow 4\ \text{estacas}$	Quadrado	Ok!

Tabela 13.35 Número de estacas por pilar (correção)

Pilar	$n_{estacas}$	Formato bloco	Situação
P_2	$\dfrac{693,0}{250} \cdot \dfrac{1}{0,8125} = 3,4 \Rightarrow 4\ \text{estacas}$	Quadrado	Ok!
P_4	$\dfrac{483,0}{250} \cdot \dfrac{1}{0,875} = 2,2 \Rightarrow 3\ \text{estacas}$	Triângulo	Ok!
P_5	$\dfrac{693,0}{250} \cdot \dfrac{1}{0,8125} = 3,4 \Rightarrow 4\ \text{estacas}$	Quadrado	Ok!

A próxima etapa é efetuar o desenho de locação das estacas e o projeto do bloco de coroamento, observando as seguintes recomendações:

• Espaçamento "s" (mínimo) entre eixos de estacas:

Moldadas *in loco*: $s_{min} = 3,0 \cdot \phi = 3,0 \cdot 0,30 = 0,90\ \text{m}$

• Cobrimento "c" entre eixo da estaca e bordo do bloco:

$$c = 0,15 + \frac{\phi}{2} = 0,15 + \frac{0,30}{2} = 0,30\ \text{m}$$

Capítulo 13

- Desenho do projeto:

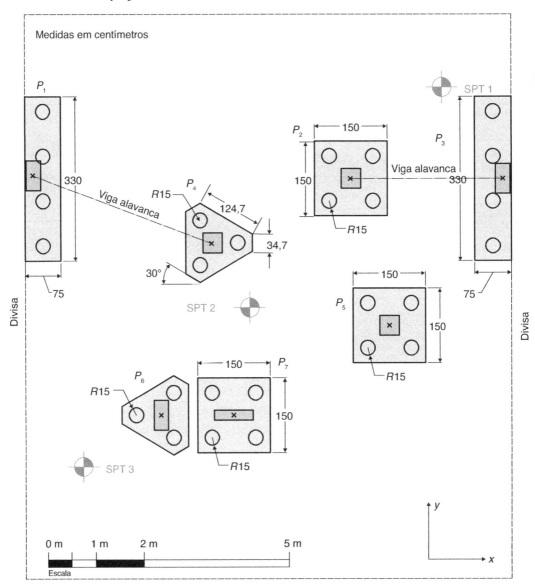

Figura 13.29 Projeto geométrico das fundações.

Referências

ABEF – ASSOCIAÇÃO BRASILEIRA DE EMPRESAS DE ENGENHARIA DE FUNDA-ÇÕES E GEOTECNIA. *Manual de Execução de Fundações e Geotecnia*. São Paulo: Pini, 2016.

ABNT – ASSOCIAÇÃO BRASILEIRA DE NORMAS TÉCNICAS. *NBR 8036: Programação de sondagens de simples reconhecimento dos solos para fundações de edifícios*. Rio de Janeiro: ABNT, 1983.

ABNT – ASSOCIAÇÃO BRASILEIRA DE NORMAS TÉCNICAS. *NBR 6489: Prova de carga direta sobre terreno de fundação*. Rio de Janeiro: ABNT, 1984.

ABNT – ASSOCIAÇÃO BRASILEIRA DE NORMAS TÉCNICAS. *NBR 6502: Rochas e solos*. Rio de Janeiro: ABNT, 1995.

ABNT – ASSOCIAÇÃO BRASILEIRA DE NORMAS TÉCNICAS. *NBR 6484: Solo - Sondagens de Simples Reconhecimento com SPT - Método de Ensaio*. Rio de Janeiro: ABNT, 2001.

ABNT – ASSOCIAÇÃO BRASILEIRA DE NORMAS TÉCNICAS. *NBR 8681: Ações e segurança nas estruturas - Procedimento*. Rio de Janeiro: ABNT, 2003.

ABNT – ASSOCIAÇÃO BRASILEIRA DE NORMAS TÉCNICAS. *NBR 12131: Estacas - provas de carga estática - método de ensaio*. Rio de Janeiro: ABNT, 2006.

ABNT – ASSOCIAÇÃO BRASILEIRA DE NORMAS TÉCNICAS. *NBR 13208: Estacas - Ensaios de carregamento dinâmico*. Rio de Janeiro: ABNT, 2007.

ABNT – ASSOCIAÇÃO BRASILEIRA DE NORMAS TÉCNICAS. *NBR 8800: Projeto de estruturas de aço e de estruturas mistas de aço e concreto de edifícios*. Rio de Janeiro: ABNT, 2008.

ABNT – ASSOCIAÇÃO BRASILEIRA DE NORMAS TÉCNICAS. *NBR 11682: Estabilidade de encostas*. Rio de Janeiro: ABNT, 2009.

ABNT – ASSOCIAÇÃO BRASILEIRA DE NORMAS TÉCNICAS. *NBR 6122: Projeto e execução de fundações*. Rio de Janeiro: ABNT, 2019.

ABNT – ASSOCIAÇÃO BRASILEIRA DE NORMAS TÉCNICAS. *NBR 7222: Concreto e argamassa - Determinação da resistência à tração por compressão diametral de corpos de prova cilíndricos*. Rio de Janeiro: ABNT, 2011.

ABNT – ASSOCIAÇÃO BRASILEIRA DE NORMAS TÉCNICAS. *NBR 6118 - Projeto de estruturas de concreto - Procedimento*. Rio de Janeiro: ABNT, 2014.

ALBIERO, J. H.; CINTRA, J. C. A. Análise e projeto de fundações profundas: tubulões e caixões. In: *Fundações: teoria e prática*. 3. ed. São Paulo: Pini, 2016, p. 802.

ALONSO, U. R. *Exercícios de fundações*. 2. ed. São Paulo: Blucher, 1983.

Referências

AMERATUNGA, J.; SIVAKUGAN, N.; DAS, B. M. *Correlations of Soil and Rock Properties in Geotechnical Engineering*. [s.l.: s.n.].

AOKI, N.; VELLOSO, D. DE A. *An approximate method to estimate the bearing capacity of piles*. Panamerican Conference on Soil Mechanics and Foundations Engineerging. *Anais...* Buenos Aires: ICSMFE, 1975.

BERBERIAN, D. *Engenharia de Fundações*. 3. ed. [s.l.: s.n.].

BJERRUM, L. *Allowable settlement of structures*. European Conference Soil Mechanics Foundation Engineer. *Anais...* Weisbaden: 1963.

BRASIL. NR 18 – *Condições e meio ambiente de trabalho na indústria da construção*. Brasília, 1978.

BURLAND, J. B.; BROMS, B. B.; DE MELLO, V. F. B. *Behaviour of Foundations and Structures*. IX ICSMFE. *Anais...* Tokyo: ICSMFE, 1977.

CINTRA, J. C. A.; AOKI, N. *Fundações por Estacas Projeto Geotécnico*. 1. ed. São Paulo: Oficina de Textos, 2010.

DANZIGER, B. R.; VELLOSO, D. DE A. *Correlações entre SPT e os Resultados dos Ensaios de Penetração Contínua*. VIII Congresso Brasileiro de Mecânica dos Solos e Engenharia de Fundações. *Anais...* Porto Alegre: ABMS, 1986.

DAS, B. M. *Shallow Foundation: Bearing Capacity and Settlement*. 2. ed. [s.l.] Taylor & Francis Group, 2009.

DAS, B. M. *Fundamentos de engenharia geotécnica*. 7. ed. São Paulo: Cengage Learning, 2011.

DE MELLO, V. F. B. *The Standard Penetration Test*. 4th Panamerican Conference on Soil Mechanics and Foundation Engineering. *Anais...* Porto Rico, San Juan: 1971.

DE MELLO, V. F. B. Deformações como Base Fundamental de Escolha da Fundação. *Geotecnia Journal*, n. 12, p. 55-75, 1975.

DE MIO, G. *Condicionantes geológicos na interpretação de ensaios de piezocone para identificação estratigráfica na investigação geotécnica e geoambiental*. São Carlos: Universidade de São Paulo, 16 dez. 2005.

DE ROSA, R. L. *Modificação das fórmulas de Chellis e de Uto et al. a partir dos resultados do método Case*. [s.l.] Escola Politécnica da Universidade de São Paulo, 2000.

DÉCOURT, L. Ultimate Bearing Capacity of Large Bored Piles in a Hard. In: *De Mello Volume*. São Paulo: [s.n.]. p. 89-120.

DÉCOURT, L. *Load-Detection Prediction For Laterally Loaded Piles Based on N-SPT Values*. IV International Conference On Piling and DEEP Foundations Institute STRESA. *Anais...* Stresa: DEEP Foundations Institute, 1991.

DÉCOURT, L. *Behavior of Foundations Under Working Load Conditions*. XI International Conference on Soil Mechanics and Geotechnical Engineering. *Anais...* Foz do Iguaçu: ABMS, 1999.

DÉCOURT, L. Análise e Projeto de Fundações Profundas. In: FALCONI, F. F. et al. (Eds.). *Fundações: teoria e prática*. 3 ed. ed. São Paulo: Pini, 2016, p. 802.

DÉCOURT, L. *Quebrando Paradigmas na Engenharia de Fundações*. 13ª Palestra Milton Vargas da ABMS. *Anais...* 2017.

DÉCOURT, L.; QUARESMA, A. R. *Capacidade de carga de estacas a partir de valores SPT*. Congresso Brasileiro de Mecânica dos Solos e Engenharia de Fundações. *Anais...* Rio de Janeiro: ABMS, 1978.

DEERE, D. U.; DEERE, D. W. The Rock Quality Designation (RQD) Index in Practice. *American Society for Testing and Materials*, p. 91-101, 1988.

Referências

FLEMING, K. et al. *Piling Engineering*. 3rd ed. London and New York: Taylor & Francis Group, 2009.

GEOSYSTEM GATECH. *In-situ testing devices*. Disponível em: <http://geosystems.ce.gatech.edu/misc/links.htm>. Acesso em: 16 fev. 2018.

GODOY, N. S. DE. *Fundações: Notas de aula, Curso de graduação*. São Carlos. Escola de Engenharia de São Carlos - Universidade de São Paulo, 1972.

GODOY, N. S. DE. *Estimativa da capacidade de carga de estacas a partir de resultados de penetrômetro estático*. [s.l.] Palestra proferida na Escola de Engenharia de São Carlos - Universidade de São Paulo, 1983.

HARA, A. et al. Shear Modulus and Shear Strength of Cohesive Soils. *Soils and Foundations*, v. 14(3), p. 1-12, 1974.

HATANAKA, M.; UCHIDA, A. Empirical Correlation between Penetration Resistance and Internal Friction Angle of Sandy Soils. *Soils and Foundations*, v. 36, n. 4, p. 1-9, 6 nov. 1996.

JANBU, N.; BJERRUM, L.; KJAERNSLI, B. *Veiledning ved losning av fundamenteringsoppgaver.Norwegian Geotechnical Institute Publication*. Oslo, 1956.

KULHAWY, F. H.; MAYNE, P. W. *Manual on Estimating Soil Properties for Foundation Design*. New York: Eletric Power Research Institute, 1990.

LIEBHERR. *Drilling methods for deep foundations*. Disponível em: <https://www.liebherr.com/shared/media/construction-machinery/deep-foundation/pdf/brochures/liebherr-broshure-solutions-for-deep-foundation-11948142-english.pdf>. Acesso em: 16 fev. 2018.

MEYERHOF, G. G. The Ultimate Bearing Capacity of Foudations. *Géotechnique*, v. 2, n. 4, p. 301-332, dez. 1951.

MEYERHOF, G. G. Bearing capacity and settlement of pile foundations. *ASCE Journal of the Geotechnical Engineering Division*, v. 102, n. GT3, p. 197-228, 1976.

MILITITSKY, J. et al. *Previsão de Recalques em Solos Granulares Utilizando Resultados de SPT: Revisão Crítica*. VII Congresso Brasileiro de Mecânica dos Solos e Engenharia de Fundações. *Anais...* Olinda (Recife): ABMS, 1982.

MUHS, H.; WEISS, K. *Inclined load tests on shallow strip footing*. VIII International Conference on Soil Mechanics and Foundation Engineer. *Anais...* Moscow: 1973.

NAVAL FACILITIES ENGINEERING COMMAND (NAVFAC). *Design Manual 7.02, Foundations & Earth Structures*. Washington, D.C.: Government Printing Office, 1986.

O'NEILL, W. M.; REESE, C. L. Drilled Shafts: Construction Procedures and Design Methods. In: *Publication Nº FHWA-IF-99-025*. Washington, D.C.: Federal Highway Administration, 1999, p. 758.

PACIFIC EARTHQUAKE ENGINEERING RESEARCH CENTER (PEER). *Wufeng - Site A - Boring with SPT and Vane Shear Tests*. Disponível em: <http://peera.berkeley.edu/lifelines/research_projects/3A02/wufeng-site-a.html>. Acesso em: 16 fev. 2018.

PEIXOTO, A. S. P. *Estudo do ensaio SPT-T e sua aplicação na prática de engenharia de fundações*. [s.l.] Universidade Estadual de Campinas, 2001.

QUARESMA, A. R. et al. Investigações Geotécnicas. In: HACHICH, W. et al. (Eds.). *Fundações: teoria e prática*. 3. ed. São Paulo: Pini, 2016, p. 802.

QUARESMA FILHO, A.; PENNA, A. S. D.; ALBUQUERQUE, P. J. R. DE. Investigação de campo. In: NEGRO, A. (Ed.). *Twin Cities - Solos das regiões metropolitanas de São Paulo e Curitiba*. [s.l.] ABMS, 2012.

RANZINI, S. M. T. SPTF. *Solos e Rochas*, v. 11, p. 29-30, 1988.

ROCA FUNDAÇÕES. *Tubulões sob ar comprimido*. Disponível em: <https://www.aecweb.com.br/prod/e/servico-tuluoes-sobre-ar-comprimido_9755_46811>. Acesso em: 16 fev. 2017.

Referências

ROGÉRIO, P. R. G. *Cálculos de Fundações*. São Paulo: [s.n.].

SCHLIECHER, F. Zur Theorie des Baugrundes. *Der Bauingenieur*, v. 7, p. 931-935, 949-952, 1926.

SCHMERTMANN, J. H. Static cone to compute settlement over sand. *Journal of the Soil Mechanics and Foundations Division*, v. 96, n. 8, p. 1011, 1970.

SCHMERTMANN, J. H.; HARTMAN, J. P.; BROWN, P. R. *Improved strain influence factor diagrams*. v. 104, n. 8, p. 1131, 1978.

SCHNAID, F.; ODEBRECHT, E. *Ensaios de campo e suas aplicações à engenharia de fundações*. 2. ed. São Paulo: Oficina de Textos, 2012.

SCHULTZE, E.; SHERIF, G. *Prediction of Settlements from Evaluated Settlement Observation on Sands*. Conference on Soil Mechanics and Foundation Engineer. *Anais...* 1973.

SKEMPTON, A. W. The Bearing Capacity of Clays. In: *Reprinted from Building Research Congress*. London: ICE Publishing, 1951, p. 180-189.

SKEMPTON, A. W.; MACDONALD, D. H. The Allowable Settlements of Buildings. *Proceedings of the Institution of Civil Engineers*, v. 5, n. 6, p. 727-768, nov. 1956.

SOUZA FILHO, J.; ABREU, P. S. B. *Procedimentos para controle de cravação de estacas pré-moldadas de concreto*. XI COBRAMSEG. *Anais...* Salvador: ABMS, 1990.

SOWERS, G. F. *Shallow foundations*. New York: McGraw-Hill, 1962.

TECNOLOGIA EM SONDAGENS GEOFÍSICAS (TECGEO). *Sondagem Elétrica Vertical – SEV*. Disponível em: <https://www.tecgeofisica.com.br/blank-c21w2>. Acesso em: 16 fev. 2018.

TEIXEIRA, A. H. *Análise, Projeto e Execução de Fundações*. 3º Seminário de Engenharia de Fundações Especiais e Geotecnia PROJETO. *Anais...* Rio de Janeiro: ABNT: ABMS, 1996.

TEIXEIRA, A. H.; GODOY, N. S. DE. Análise, projeto e excução de fundações rasas. In: HACHICH, W. et al. (Eds.). *Fundações: teoria e prática*. 2. ed. São Paulo: Pini Ltda, 2016, p. 802.

TERZAGHI, K. *Theoretical Soil Mechanics*. New York: John Wiley & Sons, Inc., 1943.

TERZAGHI, K.; PECK, R. B. *Soil mechanics in engineering practice*. 2nd. ed. New York: Wiley, 1967.

TERZAGHI, K.; PECK, R. B.; MESRI, G. *Soil Mechanics in Engineering Practice*. 3. ed. New York-Chichester-Brisbane-Toronto-Singapure: John Wiley & Sons, Inc., 1996.

TOMLINSON, M.; WOODWARD, J. *Pile design and construction practice*. 5. ed. London and New York: Taylor & Francis Group, 2008.

TROFIMENKOV, J. G. *Penetration Testing in URSS*. Proceedings of the European Symposium on Penetration Testing ESOPT. *Anais...* Stockholm: Swedish Geotechnical Society, 1974, v. 1, p. 147-154.

WEBB, D. L. *Settlement of structures on deep alluvial sandy sediments in Durban, South Africa*. Conference on In Situ Behaviour of Soil and Rock. *Anais...* London: Institution of Civil Engineers, 1969.

Índice

A

Ações nas fundações, 21
Água superficial e subterrânea, 21
Alimentador de hélices, 218
Alívio de cargas devido a viga alavanca, 21
Altura da base, 177
Amostrador-padrão do tipo Raymond, 46
Ângulo(s), 177
   de atrito, 73
      interno das areias, 42
Artesianismo, 33, 55
Atrito negativo, 22, 28, 205

B

Barretes (retangular escavada com *clamshell*), 208
Bloco(s), 5, 18
   de capeamento ou coroamento, 248
   de coroamento, 9
   de fundação, 6, 62
   escalonado ou pedestal, 6
Bucha, 220

C

Caçamba, 208
Cálculo
   da tensão, 135
   do volume de concreto, 185
   dos recalques, 100
Camisa metálica, 19
Capacidade de carga, 243, 246, 247
   admissível, 233, 234
   de estacas isoladas, 231
   de fundação direta, 64

dos tubulões, 171
total (na ruptura), 233, 234
Carga(s)
   admissível, 243, 246
      (escavada a céu aberto), 247
      ou carga resistente de projeto para
         estacas, 25
      (pré-moldada, perfil, raiz e Franki), 247
      sobre uma estaca ou tubulão, 19
   centradas, 23
   de ruptura lateral, 246
   excêntricas, 23
   horizontais, 23
Causas de recalques, 97
Centros de gravidade, 248
Classificação das estacas, 203
Cobrimento "c" entre eixo da estaca e bordo do
  bloco, 249
Coeficiente(s)
   de capacidade de carga, 66
   de empuxo em repouso, 42
   de Poisson, 35, 104
   de redução dos fatores de capacidade de carga
     para esforços inclinados, 70
   de segurança, 34
Coesão, 72
Colapso
   catastrófico, 4
   funcional da edificação, 4
Comportamento(s)
   da estaca, 248
   de atrito ou flutuante, 17
   de ponta, 15
   misto, 17
Cone penetration test, 39, 108
Cone resistivo, 39
Cota de arrasamento, 20
Critérios adicionais, 24

Índice

D

Danos
    arquitetônicos, 95
    estruturais, 95
    funcionais, 95
Deep sounding, 39
Desempenho, 31
Determinação(ões)
    da carga admissível em tubulões, 26
    da tensão admissível ou tensão resistente de
      projeto a partir do ELU, 22
Diâmetro(s)
    da base, 176
    do fuste, 176
Diep sondering, 39
Dimensionamento, 27, 247
    das fundações, 94
      rasas, 140
      superficiais, 23
    de tubulões, 175
    econômico, 141
    estrutural, 23, 29
    geométrico, 23
    geotécnico, 141
Dimensões mínimas, 143
Distribuição
    de tensões
      de Boussinesq, 103
      no solo de apoio da base, 175
    uniforme de tensões, 140
DMT sísmico, 43
Duas falsas elipses, 179

E

Efeito(s)
    da inundação do maciço, 8
    de camada espessa de argila mole/estacas pré-
      moldadas, 28
    de carregamento assimétrico sobre
      solo mole, 28
    de grupo de estacas ou tubulões, 20, 28
    de recalques em estruturas, 95
    dinâmicos, 97
Engenharia de fundações, 1
Ensaio(s)
    de carregamento dinâmico, 26
    de palheta (*Vane Test*), 35, 37
    de penetração
      contínua (EPC), 39
      do cone (CPT, CPTu, SCPTu), 35, 39
      dilatométrico (DMT), 35, 42
    do pressiômetro de Ménard, 44

pressiométrico (PMT), 35, 43
    SPT (*Standard Penetration Test*), 46
Equação
    de Schleicher, 104
    de Trofimenkov, 115, 120, 314
Escavação(ões)
    de túneis, 97
    em áreas adjacentes à fundação, 97
Esforços transversais, 27
Espaçamento "*s*" (mínimo) entre eixos
    de estacas, 249
Estaca(s), 9, 19, 203
    ação mista, 9
    brocas – trado manual (acima do N.A.), 206
    de ancoragem, 9
    de atrito (flutuante), 9
    de compactação, 9
    de concreto, 226
    de deslocamento, 222
    de madeira, 222
    de ponta, 9, 205
    de substituição, 19
    de sustentação, 204
    de tração, 9
    escavada
      (com fluido estabilizante), 208
      mecanicamente (sem fluido
        estabilizante), 206
    flutuantes, 204
    Franki, 206, 220
    hélice
      contínua (monitorada), 216
      de deslocamento, 219
    isoladas e grupos de estacas, 267
    metálicas, 30, 223, 248
    mistas, 230
    moldadas *in loco* ou de substituição, 206
    prensadas (mega), 229
    raiz (*Pile Radice*), 210
    Strauss, 206, 211
Estacão, 19
Estado(s)
    Limite de Serviço (ELS), 19
    Limite Último (ELU), 19
Estimativa
    do módulo de deformabilidade do solo, 108
    dos esforços nas fundações, 288
Extensômetros elétricos (*strain gage*), 239

F

Falsa elipse, 178
Fatores de forma, 67

Índice

Fórmula(s)
  das filas e colunas, 268
  de Brix, 234, 235
  de capacidade de carga, 64
  de Converse-Labarre, 269
  de Eytelwein, 235
  de Janbu; Bjerrum; Kjaernsli, 129
  de Schliecher, 129
  de Schmertmann e Schmertmann; Hartman; Brown, 129
  de Skempton, 87, 130
  de Terzaghi, 86, 130
  dinâmicas, 26, 234
  do Engineering News, 234, 235
  dos holandeses (Woltmann), 234, 235
  estáticas, 232
  geral de Sowers, 133
  semiempíricas, 77, 173, 240
  teórica para solos arenosos, 171
Frasco de areia, 33
Fundação(ões), 3
  por tubulões, 13
  profundas, 5, 9, 15, 19, 25, 166
  rasas ou diretas, 5, 15
  sobre rocha, 23
  superficial (rasa ou direta), 18

G

Geofones, 35
Grandeza fundamental, 25

H

Heterogeneidade do subsolo, 97
Hollow Auger, 211
Horizonte resistente, 15

I

Implantação ou procedimentos para instalação de estacas, 205
Imprecisão dos métodos de cálculo, 97
Índice(s)
  de tensão horizontal, 42
  do material, 42
  RQD, 52
Influência do nível d'água, 71
Interação
  dos elementos estruturais, 14
  fundação-estrutura, 21
Investigações
  de campo, 20
  de laboratório, 20

L

Lençóis empoleirados, 33
Limitações, 290
Limites de Atterberg, 33

M

Mecânica dos solos, 2
Método(s)
  Chicago, 167
  da frigideira, 33
  de Aoki e Velloso, 241, 343
  de Burland; Broms; De Mello, 107
  de Décourt e Quaresma, 243, 345
  de Feld, 269
  de Janbu; Bjerrum; Kjaernsli, 106
  de Schliecher, 103
  de Schmertmann e Schmertmann; Hartman; Brown, 105, 106
  de Schultze e Sherif, 108
  de sondagem à percussão, 46
  de Teixeira, 246, 346
  dinâmicos, 26, 234
  estáticos, 26
  geofísicos
    geoelétricos, 35
    sísmicos, 35
  Gow, 168
Metodologia(s)
  de Feld, 350
  para determinação da tensão admissível ou tensão resistente de projeto, 22
Modelo CamKoMeter, 44
Modificação na forma das sapatas, 144
Módulo(s)
  de cisalhamento inicial do solo, 43
  de deformabilidade do solo, 42
  dilatométrico, 42
Momento fletor, 141

N

Número mínimo necessário de estacas para pilar(es), 249

O

Over Consolidation Ratio (OCR), 42

P

Peso(s)
  específico do solo (γ), 74
  próprio das fundações, 21

359

Índice

Piezocone (CPTU), 39
    sísmico (SCPTU), 39
Pilares
    de divisa, 181
    em "L", 143
Placas totalmente
    flexíveis, 98, 99
    rígidas, 99, 100
Poços, 44
Posição do nível d'água (N.A.), 34, 71
Pressões de contato e recalques, 98
Processos
    diretos, 44
    indiretos, 35
    semidiretos, 35
Profundidade de apoio, 175
Programação da investigação do subsolo, 53
Projeto(s)
    de estacas, 341
    de sapatas, 302
    de tubulões, 331
Propriedade dos solos, 97
Prospecção geotécnica, 34
Provas de carga, 26
    em fundação direta ou rasa, 74
    em fundação profunda, 236

Q

Quake, 236

R

Radier(s), 5, 6, 18, 62
    flexível, 6, 63
    rígidos, 8, 63
Razão de sobreadensamento (RSA), 42
Rebaixamento do lençol freático, 97
Recalque(s), 20
    admissível, 95
        das estruturas, 96
    de estruturas, 94
    diferencial(ais), 95, 143
        específico, 20, 95
    elástico(s), 94, 103, 129
    imediato, 94
    limites, 97
    por adensamento, 101, 130
        primário, 94
    por compressão secundária, 94
    total, 94

Reconhecimento(s)
    da estratigrafia do subsolo, 42
    geológico, 20
    geotécnico, 21
Repique, 20
Resistência(s)
    ao cisalhamento não drenada de argilas, 42
    de base, 15
    de ponta, 232, 233, 242, 244, 246
    lateral, 241, 243
    por atrito lateral, 232, 233
Resistividade elétrica, 35
Rock Quality Designation (RQD), 52
Ruptura(s)
    geral, 66
    intermediária, 69
    local, 68

S

Sapata(s), 5, 18, 62
    apoiadas em cotas diferentes, 143
    associadas, 5, 19, 145
    corridas, 5, 19, 62, 70
    de divisa, 145
    de fundação, 5
    isoladas, 140
    quadradas ou circulares, 70
    retangular(es), 6, 70
Sísmica de refração, 35
Sistema(s)
    em cargueira, 74
    em tirantes, 74
Solos
    arenosos, 98, 130, 133
    argilosos, 99, 130, 132, 172
    coesivos – argilosos, 232
    colapsíveis, 23, 97
    expansivos, 23
    não coesivos – arenosos, 233
Sondagem(ns)
    a trado, 44
    de simples reconhecimento (SPT) e com
        torque (SPT-T), 46
    mista, 53
    rotativa, 52
Standard Penetration Test (SPT), 110
Subsídios mínimos requeridos pelo programa de
    investigação do subsolo, 32
Superestrutura, 21
Superposição
    de bases, 177
    de sapatas, 144

Índice

T

Tensão(ões)
 admissível, 22, 136
  de uma fundação superficial, 20
 de projeto, 78
 resistente de projeto, 22
Teoria(s)
 da elasticidade, 103
 de Skempton, 69
 de Terzaghi, 65
Termos, 19
Terreno, 21
Torquímetro, 50
Tração, 27
Tremonha, 208
Trincheiras, 44

Tubulão(ões), 9, 19
 a ar comprimido ou pneumáticos, 169
 a céu aberto, 10, 167
  com revestimento, 167
  não revestidos, 10
  revestidos, 10
  sem revestimento, 167
 com base
  circular, 185
  em "falsa elipse", 186
 isolado, 175
 pneumáticos, 9, 12

V

Variações nas cargas previstas para a fundação, 97
Viga de equilíbrio, 20
 ou viga alavanca, 147